U0228458

深地工程结构混凝土理论与技术

刘娟红 著

科学出版社

北京

内 容 简 介

随着资源需求的日益增大和开采强度的不断增加,煤矿、金属矿相继转入深部开采阶段,但深部复杂地质环境下混凝土结构和材料面临一系列新的问题。深部地层高地应力、高地温、高渗水压、强腐蚀等环境特点严重威胁着混凝土结构的安全。

本书是作者团队十余年来围绕深地工程结构混凝土领域开展和取得的研究与实践成果的总结,从理论和技术角度系统介绍了在"三高一腐蚀"环境下深地工程结构混凝土的劣化过程和机理,以及高强度、高韧性水泥基复合材料在深地结构工程中的应用。本书基于材料学、力学、化学、土木工程、矿业工程等多学科的交叉融合,将理论、技术和工程实践结合在一起,具有科学性、先进性和应用性。

本书可供土木工程、矿业工程、建筑材料等相关专业的研究、设计、施工等科技人员以及高等院校师生参考。

图书在版编目(CIP)数据

深地工程结构混凝土理论与技术 / 刘娟红著. -- 北京:科学出版社,2024. 8. -- ISBN 978-7-03-079268-6

Ⅰ. TU94

中国国家版本馆 CIP 数据核字第 2024R04M47 号

责任编辑:牛宇锋 乔丽维 / 责任校对:任苗苗
责任印制:肖 兴 / 封面设计:蓝正设计

科 学 出 版 社 出版
北京东黄城根北街 16 号
邮政编码:100717
http://www.sciencep.com

北京市金木堂数码科技有限公司印刷
科学出版社发行 各地新华书店经销
*
2024 年 8 月第 一 版 开本:720×1000 1/16
2024 年 8 月第一次印刷 印张:22
字数:441 000
定价:198.00 元
(如有印装质量问题,我社负责调换)

序

随着资源需求的日益增大和开采强度的不断增加,浅部资源已濒临枯竭,煤矿、金属矿相继转入深部开采阶段。深地矿藏资源和空间开发属于国家重大战略需求,埋深 2500m 资源开采具有重要战略价值。超深立井是通往深地的咽喉要道,在深部复杂地质环境下立井井壁和硐室混凝土材料面临一系列新的问题,深部地层高地应力、高地温、高渗水压、强腐蚀(三高一腐蚀)等环境特点严重威胁着井壁混凝土结构的安全。

混凝土在深地复杂环境下的服役安全性是深地工程关注的重点之一。普通高强混凝土难以满足深地工程长寿命安全服役的要求,"三高一腐蚀"环境对混凝土材料的力学性能、抗渗性能、抗腐蚀性能等提出了更为苛刻的要求。研究深地混凝土面临的地质力学、地质化学、水热变化及其对混凝土结构劣化的影响机理,开发深地高性能混凝土材料是一项重要且有挑战性的科学研究和技术创新。目前,国内外针对这一领域的研究成果很少,且缺乏系统性,至今未见相关研究的著作介绍这方面的研究进展。《深地工程结构混凝土理论与技术》一书是刘娟红教授十余年来围绕深地工程结构混凝土领域开展和取得的研究成果,具有较高的理论水平、专业深度及学术价值。

该书概述了深地工程的特点、深地工程混凝土的国内外研究现状和存在的问题,阐述了对矿井井壁混凝土的破坏情况调查与机理分析,全面系统地论述了初始损伤、三向受压状态下井壁混凝土硫酸盐腐蚀劣化特征及其性能演化规律,提出了深地高应力环境下混凝土冲击倾向性的定义、影响因素和表征方法,研究了静动荷载作用下高韧性井壁混凝土破坏特征及能量演化机制,论述了温度与复合盐耦合作用下混凝土性能演变机理及井壁材料 C-(A)-S-H 结构演化和纳米力学性能,最后介绍了高韧性高抗蚀井壁混凝土在中国黄金集团纱岭金矿深地结构工程中的应用。该书是该研究领域的首部著作。

期望这本学术著作为我国深地工程结构材料的研究和应用提供参考,引发思考和更深入、广泛的研究,为推动我国地下空间开发的技术水平、提升深地工程的质量和服役寿命发挥积极作用。

岳清瑞

2024 年 5 月 30 日

前　言

随着资源需求的日益增大和开采强度的不断增加,浅部资源已濒临枯竭,煤矿、金属矿相继转入深部开采阶段,但深部复杂地质环境下混凝土结构和材料面临一系列新的问题,深部地层高地应力、高地温、高渗水压、强腐蚀等环境特点严重威胁着混凝土结构的安全。①高地应力:如山东黄金三山岛在建 2000m 深井,最大地应力达 70MPa,深部复杂的地质条件和应力环境易导致冲击地压等动力灾害发生。冲击地压是井巷内的岩体内部聚积大量弹性能量,当岩体力学系统在外界荷载的作用下达到强度极限时,能量会突然、猛烈释放。释放的能量不仅会破坏岩体的结构,也会破坏设备并造成人员伤亡。高地应力对我国深部矿产资源的开发提出了前所未有的挑战。②高地温:目前在建矿井的井筒深度往往大于 1200m,随着井筒深度的增加,井筒附近地层的温度逐渐增加,−1600m 井筒深度处地温可达50℃。高地温和化学腐蚀的耦合作用加速了井壁和硐室结构材料的腐蚀破坏。③高渗水压:深部地层高渗水压会作用于井壁和硐室结构,当井壁出现裂缝时,高渗水压导致富含侵蚀性离子的地下水进入混凝土,从而引起混凝土内部钢筋的腐蚀。当井壁产生贯穿裂缝时,高渗水压会造成井筒结构漏水,严重时会诱发透水事故。④强腐蚀:许多矿井位于地下水丰富区域,如我国的内蒙古、宁夏等西部地区以及东部沿海地区,矿井深层地下水中富含 Cl^-、SO_4^{2-}、HCO_3^-、Mg^{2+}、Na^+、Ca^{2+}等离子,这些离子可与混凝土发生化学反应,并造成混凝土井壁和硐室结构发生腐蚀破坏,从而显著缩短井壁和硐室的使用寿命。为保证深地工程结构的服役安全,研究深部复杂地质条件下混凝土性能的演变和失效过程中能量的耗散规律,设计高耐久性和低冲击倾向的混凝土井壁等支护材料具有重大的理论和现实意义。

本书是作者团队近十余年来开展的深地工程结构混凝土理论和技术研究与实践的成果总结,并得到了"十三五"国家重点研发计划的资助。作者对在役矿井井筒破坏调研及破坏机理分析的基础上,从理论和技术角度系统阐述了在"三高一腐蚀"环境下,矿井工程井壁混凝土的劣化过程和机理、深地高应力环境下混凝土冲击倾向性的表征、静动荷载作用下混凝土破坏特征及能量演化机制、温度与复合盐耦合作用下混凝土性能演变及机理,以及高强度、高韧性水泥基复合材料在深地结构工程中的应用。

全书共 11 章。第 1 章主要概述深地工程的特点、深地工程结构混凝土的国内外研究现状和存在的问题;第 2 章介绍对黄淮地区临涣煤矿和童亭煤矿副井井壁混凝土的破坏情况调查与机理分析;第3～6章论述多种条件下井壁混凝土硫酸盐腐蚀劣化特征及其性能演化规律和评价;第7章阐述深地高应力环境下混凝土冲击倾向性的定义、影响因素和表征方法;第8章重点论述静动荷载作用下高韧性井壁混凝土破坏特征及能量演化机制;第9、10章论述温度与复合盐耦合作用下混凝土性能演变及机理和井壁材料 C-(A)-S-H 结构演化及纳米力学性能;第11章介绍高韧性高抗蚀井壁混凝土在纱岭金矿深地结构工程中的应用。

　　作者课题组赵力、周昱程博士研究生以及薛杨、张啸宇、黄舜、郭子栋、姜佳男等硕士研究生参加了一些相关的研究工作;书中第6章是作者作为主要研究人员参加并完成的淮北矿业集团一相关项目中的部分内容;程立年、周大卫、邹敏、郭凌志等博士研究生参加了书稿的整理和校对工作。特此表示感谢!

　　本书内容是作者多年来从事深地工程结构混凝土相关领域的科学研究、教学与工程实践的积累,在研究和撰写书稿的过程中参阅了大量的文献资料,也得到了一些专家和同行的启发与帮助。在此一并向相关作者和专家表示衷心的感谢!

　　由于作者水平有限,书中难免存在不足之处,恳请读者指正。

目　　录

第1章 绪 论

1.1 深地工程结构混凝土概述

科技的发展都依赖于不可再生的矿物资源。自工业革命后,人们对矿产资源的需求量已经超过人口增长速度的5倍[1]。人类使用的80%以上物质均源自矿业,矿产资源是国家经济发展的重要物质基础。我国金属矿产量和消费量均居世界第一,十种有色金属产量连续17年居世界第一,钢铁产量已经连续25年居世界首位,占全球的50%(图1-1)。煤炭资源依旧长期是我国的主要能源,占我国一次能源消费总量的70%以上。

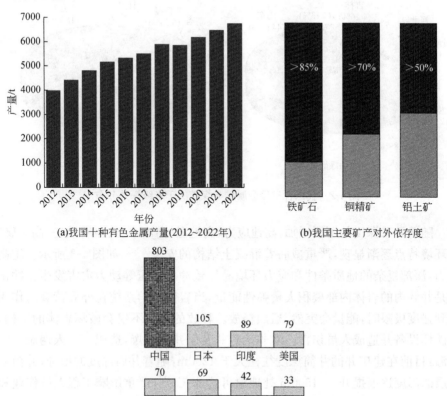

(a)我国十种有色金属产量(2012~2022年)　　(b)我国主要矿产对外依存度

(c)主要钢铁生产国及其产量(单位:百万t/年)

图1-1 我国的金属资源产量及与主要钢铁生产国的对比

　　经过数百年的开采,地球表面有限的资源已经濒临耗尽[2]。然而,能源是国家繁荣和经济可持续发展的基础和支撑[3-5],因此国家高度重视,2004 年经国务院审议通过了《全国危机矿山接替资源找矿规划纲要(2004～2010 年)》。2009 年中国科学院提出的"中国地下四千米透明计划"指出,力争到 2040 年中国重要地下区域4000m 成为"透明"[6]。从理论上讲,地球内部可利用的成矿空间分布在从地表到地下 10000m,目前世界先进水平勘探开采深度已达 2500～4000m,而我国大多小于 500m,向地球深部进军是我们必须解决的战略科技问题。

　　21 世纪以来,我国矿山事业迅猛发展,开采深度已达千米的金属矿井有 16 座左右,煤矿约 47 座[7]。这些千米级深井在我国各省的分布情况如图 1-2 所示,其中个别矿井的深度已经达到 1500m。千米级金属矿井在山东省和河南省的比例最高,均为 18.75%;千米级煤矿井在山东省的占比最高,达到 44.67%。在国外,南非的十多座金矿开采深度已超 3000m[6],与之相比,我国对于深部矿产资源的开发程度还远远不够。

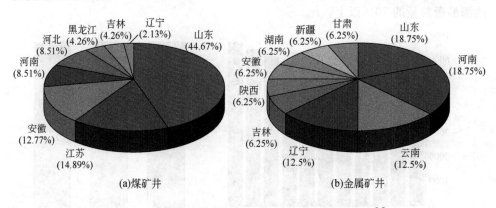

图 1-2　我国各省份金属矿与煤矿的千米级深井分布[7]

　　随着开采深度的不断增加,高地应力、高地温、高渗水压、强腐蚀(三高一腐蚀)等环境特点逐渐显现,严重威胁着混凝土结构的安全[8-10],如图 1-3 所示。①高地应力:深部复杂的地质条件和应力环境易导致冲击地压等动力灾害发生。冲击地压是井巷内的岩体内部聚积大量弹性能量,当岩体力学系统在外界荷载的作用下达到强度极限时,能量会突然、猛烈释放。释放的能量不仅会破坏岩体的结构,也会破坏设备并造成人员伤亡。南非某矿井发生井下岩爆,造成 437 人遇难。②高地温:目前在建矿井的井筒深度往往大于 1200m,随着井筒深度的增加,井筒附近地层的温度逐渐提升,－1500m 处地温可达 60℃[11],严重影响工程人员作业和设备运转。同时,高地温和复合盐腐蚀的耦合作用加速了井壁和硐室结构材料的腐蚀破坏。③高渗水压:深部地层高渗水压会作用于井壁和硐室结构,当井壁出现裂缝时,高渗水压导致富含侵蚀性离子的地下水进入混凝土,从而引起混凝土内部钢筋或钢纤维的腐蚀。当井壁产生贯穿裂缝时,高渗水压会造成井筒结构漏水,严重时会诱发透水事故。2010 年山西某矿发生透水事故,造成 38 人遇难。④强腐蚀:许多矿井位于地下水丰富区域,如我国的内蒙古、宁夏等西部地区以及东部沿海地区,矿井深层地下水中富含 Cl^-、SO_4^{2-}、HCO_3^-、Mg^{2+}、Na^+、Ca^{2+} 等离子,这些离子可与混凝土、锚杆和锚索等发生化学反应,并造成井壁和硐室结构发生腐蚀破坏,从而显著缩短井壁和硐室的使用寿命。前期对淮北某矿井壁混凝土进行调查,发现受地下水侵蚀 20 年后的混凝土出现大面积破坏现象。诸多不确定的因素和环境特征对深部工程建设提出了前所未有的挑战[12]。

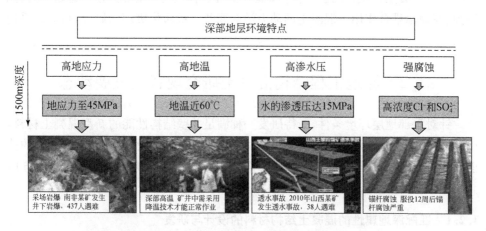

图 1-3 深部地层“三高一腐蚀”环境特点

当金属矿、煤矿进入深部开采阶段时,工程岩体由浅部线性岩石力学行为向深部非线性岩石力学行为转变[13]。深部地层复杂的应力场增加了井壁、硐室等结构失效的风险,主要表现为巷道支护困难,井筒、马头门及硐室等部位发生严重变形破坏。马头门周围巷道和硐室的数量较多、断面较大,易产生应力集中。与此同时,马头门是井筒和巷道的连接部分,其受力状态十分复杂,特别是在高应力条件下,极易发生失稳破坏,从而影响马头门上段和下段井筒结构的安全。例如,山东济北矿区唐口煤矿副井井筒垂直深度 1038m,在副井井筒竣工后的安装过程中,发现马头门底板附近(上 9m、下 7m)以及与巷道连接处的井壁均发生严重变形破坏,主要表现为井壁开裂、突出和井筒直径缩小。其中,井壁突出变形的最大值超过 400mm,致使该段已安装好的罐道梁发生严重弯曲变形,并造成罐笼无法安装。

研究人员在冲击地压发生机理、冲击倾向性指标确定以及冲击地压预报和防治方面进行了大量的理论和试验研究,提出了很多冲击地压产生和孕育的机理以及预测预报的理论和方法,但随着矿井开采深度的不断增加,尤其是重点矿区已经步入千米以深,以冲击地压、矿震等为代表的开采动力灾害发生频率、规模和危害程度都明显加剧。全国 150 余座矿山受到此类动力灾害威胁,对井下人员构成生命威胁。深部地层的高地应力和强腐蚀环境均会影响混凝土结构的失效行为。在高温和侵蚀性离子的作用下,深地工程混凝土结构的脆性增加。当受到高地应力作用时,混凝土更易发生类似于"岩爆"的冲击破坏。

对于井筒、马头门等结构混凝土破坏问题,国内外的研究大多是从设计、施工或者破坏后的治理方面进行研究,而没有从混凝土材料的韧性方面进行设计,更没有考虑在高地温、强腐蚀环境下深地工程混凝土的耐久性。而深地工程混凝土材料以高强混凝土为主,并无应对深部地下工程岩体灾害的措施;对于高地应力、强腐蚀、高地温耦合作用下混凝土的动力学性能及能量演化机理的研究,目前几乎是空白。

1.2　深地工程结构混凝土研究现状及发展动态

针对深部地层环境条件,亟待研发一种满足井壁结构性能的新型混凝土材料,以保证矿井的安全服役,相关研究包括材料性能的分析与设计、多因素影响下的性能变化机理及微结构时空演化规律等多个方面,研究进展主要从以下四个方面介绍。

1.2.1　匹配深地属性的混凝土结构材料的设计与研发

1. 深部岩体的冲击倾向性研究

在深地工程建设中,冲击地压问题日趋严重,促使国内外众多学者与研究人员对矿井开采中冲击地压的机理、预测和防治进行了深入研究。研究表明,冲击地压与岩体自身是否具有冲击倾向性有关。研究人员将冲击倾向性(岩石所具有的积蓄变形能并产生冲击破坏的性质)作为衡量岩体是否具有冲击破坏危险及发生概率大小的主要预测指标。四十余年来,国内外对岩体的冲击倾向性特征进行了大量的研究,时间线如图 1-4 所示。其中,南非、波兰等国家的学者早期就对冲击倾向性理论做了相当多的探究。Kidybiński[14]依托上西里西亚一些在役矿井,对岩层产生冲击地压的可能性进行了分类,并提出应变能储存指标 W_{ET}(单轴一次加卸载作用下应变能与耗散能的比例)、爆破效率比 η(材料失效时碎块飞出的动能与最大弹性应变能之比)、流变比 θ(动态阻力率/破坏速度,除以平均应力松弛率)作为评价岩层冲击倾向性的指标,并结合地应力数据,对岩爆行为进行了预测。Singh[15,16]提出冲击能量释放指数(bursting energy release index,BERI),在矿山规划、设计和运营阶段评价容易发生冲击地压的岩层。

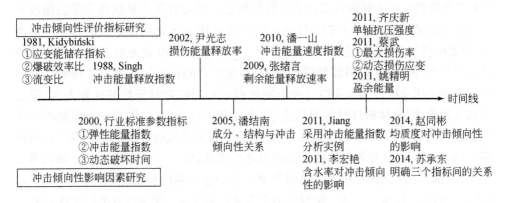

图 1-4　岩体冲击倾向性研究的时间线

　　我国对于冲击倾向性的研究始于 1978 年，虽然起步较晚，但发展迅猛，已经基本建立了较实用的冲击倾向性评价体系[17]，并提出将弹性能量指数、冲击能量指数、动态破坏时间三个指标作为我国煤矿冲击危险性评价的行业标准参数指标[18]。苏承东等[19]对平顶山矿区四组岩样进行了弹性能量指数、冲击能量指数和动态破坏时间三个参数的测定，明确了它们之间存在的相互关系，对矿区不同区域发生冲击破坏的可能性进行了预测。Jiang 等[20]采用冲击能量指数联合南非、澳大利亚的数据库分析巷道回填对岩层冲击倾向性的影响，表明冲击能量指数随着巷道回填量的增加而减小。赵同彬等[21]对不同均质度的岩石冲击倾向性进行了研究，发现均质度增大，岩石破坏由塑性向脆性方向转化，冲击能量指数增大，动态破坏时间缩短，导致其强冲击倾向性的特征。另外，还有一些学者研究了岩石的物质成分[22]、含水率[23]等与冲击倾向性的关系，进一步提出影响冲击倾向性的多种因素。

　　除这些指标外，很多学者也提出了其他指标来评价岩石的冲击倾向性。齐庆新等[24]基于大量的试验数据，发现了现行岩石冲击倾向性标准中存在的不足，提出了采用单轴抗压强度 R_c 评价岩石冲击倾向性，并给出了相应的判据范围（$R_c <$ 7MPa 为无冲击倾向性、7MPa $\leqslant R_c <$ 14MPa 为弱冲击倾向性、$R_c \geqslant$ 14MPa 为强冲击倾向性）。姚精明等[25]以岩体的盈余能量 W_s（岩样峰前储存的弹性能 W_{ec} 与峰后残余变形耗散能 W_r 之差，即 $W_s = W_{ec} - W_r$）来提升岩层冲击倾向性评价的准确性，其反应能量转化为碎块爆裂而出的动能，可以表征岩体发生冲击地压的难易和猛烈程度；同时姚桥矿 7251 工作面岩样的案例说明了盈余能量比常用冲击倾向性指标更能反映现场冲击破坏频发的内在因素。张绪言等[26]针对岩石冲击倾向性存在能量与时间的关系，提出剩余能量释放速率 W_T（盈余能量 W_s 与动态破坏时间

DT 的比值,即 $W_T = W_s/DT$),并采用此指标对大同矿区忻州窑、同家梁及煤峪口 3 个矿井的岩层冲击倾向性进行了有效的判定。尹光志等[27]从损伤力学的角度研究岩体内部的能量机制,并提出损伤能量释放率 W_{ed}(岩体内部储存的弹性应变能 W_e 与损伤耗散能 W_d 的比值,即 $W_{ed} = W_e/W_d$)概念,并在此基础上对砚石台矿井的岩层发生冲击地压的可能性进行分析,为该矿井的正常运作提出了预警。蔡武等[28]同样依据损伤力学,并结合冲击能量指数和弹性能量指数的计算方式,提出了最大损伤率(岩体破坏时的损伤速率)和动态损伤应变(岩体残余强度初始应变与损伤达到最大时的应变之差)两个指标,为岩石冲击倾向性的发展提供了新的道路。潘一山等[29]从外界作用的岩体应力角度出发,提出了冲击能量速度指数 W_{ST}(岩石单轴压缩过程中,冲击能量指数 W_{ST} 与动态破坏时间的比值,即 $W_{ST} = K_E/DT$)、临界软化区域系数 K_ρ、临界应力系数新参数 $K_{KE\varphi}$,很好地从外因方面补充评价了冲击倾向性。

2. 深地工程结构混凝土冲击倾向性研究

在深部高地应力条件下,由于应力过于集中,马头门、硐室、巷道等部位的混凝土结构易产生变形鼓起、片帮、冒顶等破坏,在某些矿区也会发生类似于冲击地压的混凝土矿柱瞬时性破坏现象,而现在的深地工程仍以常规混凝土进行建设,未对预防混凝土产生冲击破坏方面做过多考虑。岩石属于天然存在的材料,而混凝土是可以根据实际需求进行复合的人工产物,两者在强度等级、孔隙等方面存在一定的相似性,但在均质性和成分上有很大差异。因此,需要对混凝土材料开展相关的研究,研发一种具备低冲击倾向性的混凝土井壁材料,以应对深部地下工程的动力学灾害。

目前尚无一套适用的评价混凝土冲击倾向性的完整体系,在井壁混凝土材料属性方面,研发适宜深部工程的低冲击倾向性混凝土仍是空白。为抵抗深部地层动力灾害,设计人员一般仅考虑提高井壁混凝土的强度,但是他们却忽视了混凝土强度越高,破坏时所释放能量越猛烈的现实情况。因此,亟待研发一种适用于高地应力、高地温、高渗水压、强腐蚀等深地环境的混凝土材料,以确保矿井的安全生产。

1.2.2　深地环境影响下混凝土的破坏行为

1. 深地环境的地应力

矿井的动态灾害是一种能量的转换形式,动态灾害的形成主要包括孕育、发展和发生三个阶段。孕育和发展阶段是材料不断吸收外部输入的能量的过程,发生阶段是指能量达到材料所能储存的临界阈值而导致的突然进发[7],最终形成岩爆、剥落和分区破裂现象[30]。

在中国东部沿海地区的多个千米级深井地下 1500m 处实测地应力可达 45MPa 以上,矿井的深部地层处于持续的高压缩状态,原位材料内部将储存大量的弹性能量[31,32]。由于地下空间的开采,区域内应力重分布,形成了马头门、硐室等关键结构部位出现应力集中的现象。除此以外,底层爆破岩石亦会对井壁混凝土产生动力影响,引起内部损伤。

准确地判定深部工程材料的强度与变形破坏规律是向深部探索的必然要求,混凝土、岩石等是典型的非均质材料,其内部存在界面过渡区(interfacial transition zone,ITZ)、孔洞以及裂隙,它们的存在可能导致材料立即破坏[33]。材料的应力-应变曲线可能相近,但它们的破坏形式存在明显的差异性,能量释放情况也相差较大。处于深部的结构材料面临的是"临界静态应力+轻微扰动"和"弹性静态应力+冲击扰动"等多种复杂应力环境[30],现有的强度理论和破坏准则很难有效地分析混凝土与岩石这种复杂的强度变化和整体破坏行为[34]。

2. 深部岩体的破坏与能量特征

"宇宙的变化过程中,除了能量的流动和渗透于宇宙的合理秩序之外,没有什么是永恒不变的。"[35]能量的流动是物质变化的本质特征,其驱动着材料状态的转化,从能量的角度可以更加明确地解析深部工程材料的变形与破坏行为及其微结构特征。当材料单元受外荷载作用时,在不考虑热交换的条件下,基于热力学第一定律,可以将外力输入能量 U 分为单元弹性能 U^e 和单元耗散能 $U^{d\,[36]}$,即 $U=U^e+U^d$。单元耗散能源于单元材料的塑性变形与损伤,该行为不可逆;单元弹性能源于单元材料的形状或体积的可恢复弹性形变[37],其在一定条件下可逆。当单元能量达到材料的单元表面能时,其逐渐开始破裂,部分能量由于块体之间的摩擦而消耗,绝大部分能量以碎块动能、声波能和热能等形式向外释放[38]。

诸多学者均从能量的角度剖析深地工程中岩石类材料的变形与破坏行为,为矿井岩爆灾害寻求预测和防护机制。华安增等[39]以大理石为研究目标进行加卸围压试验,发现加压致使岩石发生剪切破坏,该过程以吸收能量为主,而卸压导致岩石发生拉伸破坏,该过程释放能量。谢和平等[36]从能量角度揭示了岩石变形破坏整个过程的能量耗散和释放特征,应力-应变曲线能更好地描述岩石破坏这一特性,并提出了基于能量耗散的强度丧失准则和基于可释放应变能的整体破坏准则;从理论上验证了能量转化理论判断岩石破坏过程的合理性,并宏、微观结合突破了不同阶段岩石的能量耗散与释放问题[40]。考虑到深部地层应力场的复杂性,彭瑞东等[41]深入探究了不同围压等各种加载模式下岩石的损伤演化和能量转化过程,最终形成一套系统的理论与试验方法。张志镇等[42]采用MTS系统对砂岩进行三轴加卸载试验,分析了不同围压作用下岩石的输入、积聚和耗散能量特征,定义了能量迭代增长因子μ及岩石破坏预警的临界状态。Jin等[33]研究了含单一裂纹岩石类材料在单轴压缩状态下的破坏过程,发现输入能量、变形能量和耗散能量均随着裂纹角度的扩大而增加,从细观上揭示了输入能量与裂纹发育及整体破坏间的相关关系。Li等[43]探索不同三轴加卸载方式下硬岩的能量演化特征,提出塑性应变能占总应变能的比例可以很好地反映花岗岩的变形情况,对实际工程的预警工作具有重要指导作用。

考虑到岩石受动力加载的问题,黎立云等[44]对砂岩进行分离式霍普金森压杆(split Hopkinson pressure bar,SHPB)撞击试验,得到了不同冲击速度下岩石破坏的总吸收能、总耗散能及其损伤程度,明确了砂岩受动力荷载作用的破坏行为和能量演化特征。Zhang等[45]同样用SHPB装置以不同的速度对岩石进行冲击作用,表明了岩石碎块飞出动能与冲击速度呈正相关,并通过扫描电子显微镜(scanning electron microscope,SEM)推测了裂纹的发育路径与动力荷载间的相关关系。Bagde等[46]对岩石进行了动态循环荷载作用,证明了岩石的尺寸与动力破坏所需的能量有关(长径比$L/D=1$较$L/D=2$需要的能量增加一倍),岩石能量的释放值随着动力作用次数的增加而减小,对岩石输入的能量越多,越容易引发岩爆。

在向地球深部进军的过程中,有关研究人员均将目光投向深层岩石的蓄能水平和释能大小,而忽略了作为支护材料的混凝土是与岩石相近的弹塑性材料,其非均质性远超过岩石,受高地应力以及各方面扰动影响,混凝土的变化特征和破坏行为更难以把控,在多个千米级深井中发现了混凝土材料出现类似"岩爆"的现象。为抵抗高地应力的作用,工程人员一味地提高混凝土的标号来提升混凝土吸收能量的阈值,但是混凝土内部储存的弹性能越多,当释放的刹那其转化成的动能越多,破坏力不可估计。

3. 混凝土受荷载作用的能量特征

一些学者对混凝土破坏过程中的能量特性进行了试验研究和数值模拟。Song等[47,48]研究了混凝土在单轴循环荷载作用下的耗能情况,发现能量耗散累积速度、损伤增长速率与最大循环载荷水平呈指数函数关系,与最小循环荷载水平呈对数函数关系,并且其能量耗散、损伤情况与应力路径存在一定的相关性(图1-5)。Nakamura等[49]事先对混凝土引入1~2条纵向裂纹再对其进行抗压试验,分析纵向裂缝对混凝土压缩断裂能的影响,表明裂缝形状是降低压缩断裂能的重要因素,并提出了裂纹宽度对混凝土抗压强度影响的折减模型。Khalilpour等[50]总结了影响混凝土断裂能的因素:①W/C(水灰比)越大,混凝土界面过渡区的孔隙越大,导致其断裂能降低；②试件尺寸越大，裂纹扩展所需要的能量越多；③初始裂纹深度越大，吸收和断裂能量越少等。Lei 等[51]进行的混凝土疲劳试验表明，在循环试验的第二阶段，各循环内的能量耗散不变，且与应力水平呈指数函数关系，并根据材料能量耗散过程，提出了一种新的混凝土疲劳寿命预测方法，并通过试验验证了该方法。

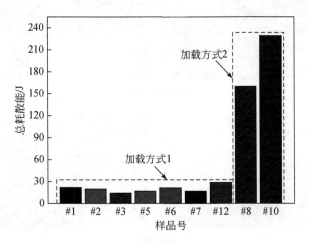

图 1-5　不同循环加载方式对混凝土能量耗散特征的影响[48]

近年来，全球恐怖活动的增加造成结构混凝土遭受冲击破坏[52]，为保证建筑物能够承受爆炸冲击的巨大伤害(图 1-6)，研究人员开始对混凝土材料的抗冲击性能展开大量的研究。Lu 等[53]通过 100mm SHPB 装置对不同等级掺量的柔性颗粒(泡沫聚苯乙烯)混凝土和刚性颗粒(氧化铝空心球)混凝土进行冲击试验，结果证明 20％体积掺量的柔性颗粒或 40％体积掺量的刚性颗粒可以改善混凝土的能量吸收特性，奠定了其在工程界应用的广阔前景。Saxena 等[54]以落锤试验研究掺聚乙烯对苯二酸酯碎料对混凝土力学性能的影响，发现碎料的掺加虽然会降低混凝土的抗压强度，但其具有更好的能量吸收能力。Buck 等[55]通过数值模拟计算了在较低水平动力荷载作用下超高性能混凝土(ultra-high performance concrete，UHPC)的耗能来源，发现其损伤在耗能中所占比例不到 0.5％。

对于混凝土受静力荷载作用下的能量特性，大多数学者集中于其断裂能的研究。而动力荷载对混凝土的影响以总吸收能和总耗散能为主。混凝土内部的能量演化过程反映了其内部结构微细观的变化，国内外一些学者已经得到了大量关于岩石及部分高层、跨海大桥和高速铁路等地上建筑混凝土受静、动荷载作用下的破坏行为及能量特征等结果，但是对深部地层长期受到复杂地应力影响的混凝土内部能量变化过程涉及极少，低冲击倾向性混凝土的设计、制备以及能量演化特征更

(a)普通钢筋混凝土

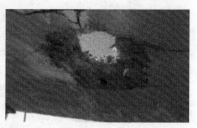

(b)UHPC

图 1-6　混凝土遭受冲击破坏

是未见相关报道。因此,对于深地混凝土受复杂地应力作用的破坏特性及微细观演化机理等方面,需要深入研究。

1.2.3　深地环境服役混凝土中水化产物以及性能劣化机理

1. 深地环境下腐蚀离子和地温对水化产物的影响

矿井所处地下环境极为复杂,井壁混凝土不仅需要承受地应力、围岩、自重和开采扰动等力学因素作用,而且常年受到地下水、微生物等环境因素的侵蚀[56]。诸多矿井的地下水富含 Ca^{2+}、Mg^{2+}、Na^+、K^+、HCO_3^-、SO_4^{2-}、Cl^- 等离子,尤其在我国的内蒙古、宁夏以及东部沿海地区。例如,在内蒙古和宁夏等西部地区,硫化物污染使得矿井中 SO_4^{2-} 浓度大幅增加,促使混凝土发生硫酸盐腐蚀;在青海和内蒙古等盐湖地区,Cl^- 和 SO_4^{2-} 浓度高达数万毫克每升[57];新疆地下水中 SO_4^{2-} 浓度达到 21299mg/L;东部地区役龙固矿井−531.34～−635.00m地下水中 SO_4^{2-} 浓度达到 5500mg/L 以上,而 HCO_3^- 浓度也达到 1000mg/L。国内在建的三山岛、新城和纱岭等千米级滨海金矿−1500m地下水中 Cl^- 浓度为 3800～4500mg/L,

SO_4^{2-} 浓度亦有数百毫克每升。上述离子可与混凝土发生化学反应,造成混凝土井壁结构和硐室结构的腐蚀破坏。

随着矿井建设深度的增加,井下地层的温度逐渐增加,1500m 深井的地温可达 60℃。高地温促进混凝土中胶凝材料的水化和矿物掺合料的火山灰反应,改善混凝土孔结构,抵抗化学离子的侵入。高地温也会加剧井壁结构的腐蚀,温度每升高 10℃,腐蚀反应的速率增加 2~3 倍。高地温会加速混凝土中钢筋的腐蚀劣化,导致混凝土结构的强度迅速丧失[58,59]。因此,深地环境中服役的混凝土存在着水化增益和腐蚀劣化两个过程。

2.腐蚀因素对混凝土性能的影响

在东部沿海和西部盐湖地区,地下水中化学离子渗入混凝土内部,与基体发生一系列化学反应,其中,矿井地下水中对混凝土威胁最大的是 SO_4^{2-} 和 Cl^-。

(1)SO_4^{2-} 腐蚀是一个复杂的物理、化学和力学过程,经过大量学者的研究,该过程目前仍存在诸多争论[60]。SO_4^{2-} 对混凝土基体的破坏分为三种类型:

①通常 SO_4^{2-} 易与熟料水化生成的氢氧化钙发生反应生成石膏(式(1-1)),石膏再次与未水化的铝酸三钙(C_3A)反应生成钙矾石(式(1-2)),同时低硫型水化硫铝酸钙(AFm)也会与 SO_4^{2-} 结合形成钙矾石(式(1-3))[61],伴随着结晶水的形成,新生成物体积膨胀,最终导致混凝土基体开裂[62]。氢氧化钙的消耗促使水化硅酸钙(C-S-H)部分脱钙而软化,基体失去胶结功能[63]。有学者认为[64],造成破坏的腐蚀物相是由 SO_4^{2-} 浓度决定的,SO_4^{2-} 浓度低于 1000mg/L 时腐蚀物相以钙矾石为主,SO_4^{2-} 浓度在 1000~8000mg/L 时处于钙矾石与石膏共存的局面,而当 SO_4^{2-} 浓度高于 8000mg/L 时石膏占主导地位。同样在酸性环境中,石膏直接成为引起混凝土膨胀、剥落和强度退化的主要原因[65]。例如,硫酸镁对混凝土的侵蚀过程主要为硫酸镁与水化生成物氢氧化钙反应生成石膏和氢氧化镁(式(1-4)),由于氢氧化镁的不溶性,引起浆体整体碱度降低,C-S-H 脱钙现象加剧而石膏大量形成,最终导致硬化净浆的石膏型膨胀破坏[66]。

$$SO_4^{2-} + Ca(OH)_2 + 2H_2O \longrightarrow CaSO_4 \cdot 2H_2O + 2OH^- \tag{1-1}$$

$$3[CaSO_4 \cdot 2H_2O] + 3CaO \cdot Al_2O_3 + 26H_2O \longrightarrow 3CaO \cdot Al_2O_3 \cdot 3CaSO_4 \cdot 32H_2O \tag{1-2}$$

$$3CaO \cdot Al_2O_3 \cdot CaSO_4 \cdot 12H_2O + 2CaSO_4 + 20H_2O \longrightarrow 3CaO \cdot Al_2O_3 \cdot 3CaSO_4 \cdot 32H_2O \tag{1-3}$$

$$MgSO_4 + Ca(OH)_2 \longrightarrow CaSO_4 + Mg(OH)_2 \tag{1-4}$$

②在潮湿环境中的水泥基材料,若孔溶液中同时存在 SO_4^{2-} 和 CO_3^{2-},在硫酸盐侵蚀下可能生成碳硫硅钙石(图 1-7)[67],该过程由表及里,最终形成毫无胶结能

力的烂泥状产物,材料丧失承载能力。在 15℃ 以下的低温环境中,这种腐蚀行为更加严重。Irassar 等[68]发现石灰石粉掺量为 20% 的砂浆(环境温度 20℃±2℃)受 5% 硫酸钠侵蚀比普通纯水泥砂浆更严重,侵蚀过程中首先生成钙矾石,后期产生石膏,最终以碳硫硅钙石破坏结束。Bellmann 等[69]也通过试验表明,掺入碳酸钙会生成碳硫硅钙石,同时通过添加矿物掺合料等措施降低 C-S-H 的 Ca/Si 可以有效阻滞碳硫硅钙石的生成。他们均表示石灰石粉为溶液提供了 CO_3^{2-},容易诱发碳硫硅钙石型硫酸盐破坏。但刘娟红等[70]通过长期的腐蚀试验,表明水泥材料中掺入大量石灰石粉并不是生成碳硫硅钙石的主要原因,腐蚀环境中存在 CO_3^{2-} 才会导致碳硫硅钙石型硫酸盐破坏。

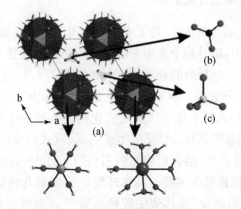

图 1-7　碳硫硅钙石模型[68]

(a)b 视角下的 $[Ca_3Si(OH)_6 \cdot 12H_2O]^{4+}$;(b) CO_3^{2-};(c) SO_4^{2-}

③Na_2SO_4 吸水后形成 $Na_2SO_4 \cdot 10H_2O$,体积膨胀 4~5 倍[71]。Zhang 等[72]在研究低浓度硫酸盐长期腐蚀的过程中,发现干湿循环造成混凝土孔溶液中水分不断蒸发,盐结晶析出引起膨胀破坏(图 1-8)。王海龙等[73]同样通过试验发现,干湿循环作用下易发生 Na_2SO_4 物理结晶膨胀,并协同腐蚀产物的共同作用产生破坏。

(2)Cl^- 一般情况下主要是对钢筋混凝土内部的钢筋造成腐蚀,海洋环境中的建筑结构受到 Cl^- 的影响出现性能退化的现象最为常见。现在国内外海工钢筋混凝土的耐久性主要是依靠 Fick 第二定律或改进的 Fick 第二定律进行测定的,Cl^- 在混凝土中的扩散主要是以理想扩散(Fick 第二定律)为基础,通过考虑温度、Cl^- 浓度、养护龄期和水胶比等因素进行修正[74]。为保证混凝土内部钢筋不被锈蚀,Cao 等[75]和 Angst 等[76]分别总结了中国和欧洲地区钢筋混凝土中临界 Cl^- 浓度和测定方法,为实际工程应用提供相关经验。在一些极端的环境中,还会出现氯盐的冻融现象,Wang 等[77]以此设计试验对钢筋混凝土在 3.5% NaCl 溶液中进行

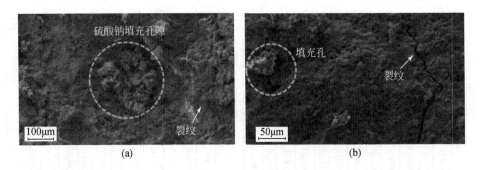

图 1-8　物理结晶破坏[73]

(a)和(b)均是 Na₂SO₄ 引起的微观裂纹

200 次冻融循环试验,注意到即使所有混凝土都出现了剥落现象,由于温度较低、氧气供应不足等原因,钢筋仍处于钝化区。除钢筋腐蚀破坏外,也有学者在对活性粉末混凝土(reactive powder concrete,RPC)进行了 NaCl 溶液冻融循环试验,发现了 NaCl 的物理结晶破坏现象[78]。

腐蚀离子的存在会对混凝土及钢筋造成破坏,同时显著削弱混凝土的荷载承受能力。Wasim 等[79]调查发现,受海洋等环境的长期影响,钢筋混凝土结构的承载能力明显下降。Haufe 等[80]研究证实,受硫酸盐侵蚀后,波特兰水泥混凝土和矿渣水泥混凝土的抗拉强度均损失明显(图 1-9)。Zhang 等[81]的研究表明,钢纤维混凝土在 3.0% NaCl 溶液中经过 250 次冻融循环后出现了微细观裂纹,其冲击强度明显下降。综上可知,腐蚀环境导致混凝土各方面力学性能退化。

目前,阻止 SO_4^{2-}、Cl^- 等有害离子侵蚀最好的方法就是通过降低水胶比、掺入矿物掺合料和改善养护方式等来提高混凝土的抗渗性[82],以保证混凝土的耐久性能。但是,对于深地环境下化学离子对混凝土的宏细观结构变化特征缺少深入探究。

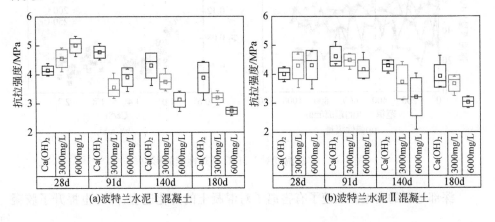

(a)波特兰水泥 I 混凝土　　　　　(b)波特兰水泥 II 混凝土

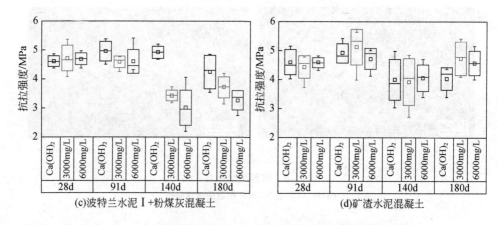

(c)波特兰水泥 I +粉煤灰混凝土　　　　　　　　(d)矿渣水泥混凝土

图 1-9　　不同种类混凝土受硫酸盐侵蚀后的抗拉强度[80]

3.高地温对混凝土水化产物与腐蚀行为的影响

温度可以加速材料内部化学离子的反应速率,进而影响整体的宏观力学性能。Verbeck 等[83]发现较高的养护温度对混凝土内部的水化行为有促进作用,进而增强混凝土早期的宏观强度。Shen 等[84]观察到高温(250℃)养护可以增加混凝土中超高密度 C-S-H 的浓度,并导致 Ca/Si 降低(图 1-10),故高温可改善 UHPC 的力学性能。同时,Qin 等[85]通过建立化学-运移-损伤模型和试验验证协同评估温度对水泥基材料外部硫酸盐侵蚀的影响,发现温度升高,硫酸盐的扩散加速且化学反应速率增大,水泥基材料的膨胀更明显,但在此过程中温度对该类材料的水化反应提升并不明显。

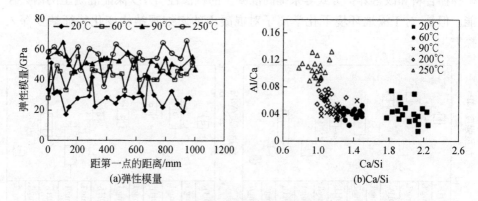

(a)弹性模量　　　　　　　　　　　　　(b)Ca/Si

图 1-10　　养护温度对 UHPC 微观性能的影响[84]

深部地层的高地温加速了有害离子对混凝土的劣化进程,同时也提升了胶凝材料水化和火山灰反应程度,促使结构进一步致密。形成的腐蚀产物控制在一定的范围内时,能起到填补孔隙、提高混凝土强度的作用;而当腐蚀产物含量超过一定的界限时,就会引起混凝土的膨胀型开裂破坏。深地超1500m工程中的高地温和高浓度腐蚀离子对混凝土的影响有利有弊,但是温度和复合盐耦合作用下的混凝土腐蚀行为尚未明确。

1.2.4 深地环境服役混凝土微结构特征

1. C-(A)-S-H 结构

混凝土材料的力学性能和耐久性对结构工程安全服役起到重要的作用。通常情况下,受力学、化学和离子传输等因素的影响,混凝土的破坏主要是在界面,与水化产物有关。水化硅(铝)酸钙(C-(A)-S-H)作为水化产物中主要的凝胶体,其结构形式决定着混凝土性能。C-(A)-S-H 的分子结构形式极为复杂,即不同结构 C-(A)-S-H 的相关性能存在差异性,并对混凝土的宏观性能影响极大。

早在 1918 年就有学者对水泥水化产物的本质进行了讨论[86],此后,Powers 和 Brunauer 开始通过试验来确定 C-(A)-S-H 的结构形式,1947 年他们首先提出了水泥浆的模型(P-B 模型)[87],发现波特兰水泥的水化产物是胶体状的,但不是完全的非晶态,净浆中包裹了一些微晶体——氢氧化钙。在 P-B 模型中,水可以分为未发生反应的毛细水、在凝胶孔中的吸收水和未蒸发的化学结合水(层间水)。如图 1-11(a)所示,凝胶整体被视为一个球形,球形中央(灰色区域)是未反应的水泥颗粒,外圈是水化产物 C-S-H 凝胶(黑点区域),球体间环绕着孔隙水(A),如果水胶比足够低,孔隙水减少,则球体与球体之间会相互贯穿(B)。

1952 年,Bernal 等[88]通过 C_3S 的水化合成 C-S-H,该 C-S-H 是一种 CaO 层(CaO 单元之间间距 1.1nm)与无限硅链相结合的层状结构,类似于托贝莫来石晶体,这种 C-S-H 结构后续被证实与试验结果相一致[86]。1968 年,Feldman 等[89]提出了 F-S 模型,该模型表示如果缺陷层暴露于水中,水将重新进入孔中(图 1-11(b))。F-S 模型证明了层间水是 C-S-H 的一部分,丰富了 C-S-H 结构。除此以外,1986 年 Taylor[90]进一步对硅链进行分析,表明它是由三个四面体(一个硅原子和四个氧原子组成一个四面体)构成的,其中两个四面体的两个氧原子与 CaO 层配对,而第三个桥接四面体起硅链的链接作用。2000 年,Jennings[91]在纳米尺度测定出 C-S-H 呈球形,如图 1-11(c)所示,球形中央灰色区域是钙硅链,白色带点区域是层间水,球形外附深色层是吸附水,同时外部浅色区域是纳米孔中的自由水(CM Ⅰ模型)。Jennings 对 C-S-H 长久以来固定的比容提出了疑惑,并解释了 C-S-H 存在两种不同体积分数的孔隙,即两种球状体的排列组成,一种低密度 C-S-H

和一种高密度 C-S-H,且高密度 C-S-H 的硬度要高于低密度 C-S-H。2008 年,Jennings[92]再次提出 CM Ⅱ模型(图 1-11(d)),以此明确了球状体堆积而成的两种孔隙形式:1~3nm 的小凝胶孔和 3~12nm 的大凝胶孔,球状体内小于 1nm 的孔称为内凝胶孔。

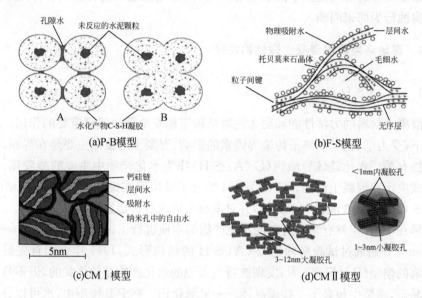

图 1-11　C-(A)-S-H 结构模型

2.环境因素对 C-(A)-S-H 的影响

现实环境因素错综复杂,温度和化学离子等均会对混凝土性能产生长期的不可逆影响,其中很大的因素归结于 C-(A)-S-H 结构形式的变化。因此,研究典型环境因素对 C-(A)-S-H 结构特征的影响是混凝土科学研究的基础性问题。

Irbe 等[93]采用^{29}Si、^{27}Al 核磁共振(nuclear magnetic resonance,NMR)结合 X 射线衍射(X-ray diffraction,XRD)等手段研究不同 Al/Si(0.05 和 0.1)的合成 C-A-S-H 与 C-K-A-S-H 分别在 3g/L 和 30g/L SO_4^{2-} 环境中的纳米结构和物相变化特征,结果表明钙矾石只有在氢氧化钙的饱和 pH 以上才会形成;脱钙作用增加了 C-(K)-A-S-H 的主链长度;在同样 SO_4^{2-} 浓度环境中,C-A-S-H 生成的钙矾石要多于 C-(K)-A-S-H;SO_4^{2-} 浓度提升十倍,钙矾石含量增加较少;在 3g/L 的低浓度中,SO_4^{2-} 与 C-A-S-H 的去质子化硅醇基结合,在 30g/L 的高浓度中,SO_4^{2-} 还与 C-A-S-H 中的其他位点集合,这对探究外部环境 SO_4^{2-} 对混凝土结构的侵蚀研究提供了宝贵的基础科学性依据。

Zhu 等[94]通过[29]Si NMR 以及热重(thermogravimetry,TG)、XRD、傅里叶红外光谱(Fourier transform infrared spectrometer,FTIR)等技术表征不同 Ca/Si 的合成 C-S-H 相纳米结构在超低温(−170℃)作用下的稳定性,结果证明低 Ca/Si (0.84)的 C-S-H 原子结构在低温环境中更为稳定,Ca/Si=1.5 的 C-S-H 相每个硅酸盐四面体平均层间 Ca^{2+} 的数量减少最明显,Ca/Si=2.0 的 C-S-H 相出现轻微聚合,这项研究从机理上为 LNG 储罐等在超低温环境中服役的混凝土的选择与设计提供了根据。Sevelsted 等[95]做了[13]C、^{27}Al 和[29]Si NMR 试验,探索三种 Ca/Si (0.66、1.0、1.5)的合成 C-S-H 以及两种 Ca/Si(1.0、1.5)的合成 C-(A)-S-H 样品在室温和高湿度环境中 1~12 周后的 C-(A)-S-H 分解行为,结果表明随着 Ca/Si 的增加,C-(A)-S-H 的分解速率逐渐降低;C-(A)-S-H 的碳化先是硅酸盐四面体夹层中的 Ca^{2+} 率先脱去,然后是主链中的 Ca^{2+} 被消耗,最终形成一种包含 Q^3 和 Q^4 硅酸盐四面体的非晶型硅相;[27]Al 谱表明,所有与 C-S-H 链结合的 Al 均在碳化过程中被消耗,这项研究从原子、分子层面揭示了混凝土主要物相受 CO_2 影响的劣化机制。

以上研究均通过合成不同原子比例的类似 C-(A)-S-H 物相来研究混凝土的性能演变,但是在混凝土实际工程中,通过不同比例的水泥、粉煤灰、矿粉、硅灰、水及减水剂等形成的胶凝体系很难确保内部 C-(A)-S-H 的 Ca/Si 与 Al/Si 及其浓度分布,根据合成 C-(A)-S-H 的规律难以直接判断实际混凝土结构的纳米结构和性能。Bo[96]研究了常用的四种胶凝材料(100%波特兰水泥、30%波特兰水泥+70%粉煤灰和矿粉等、50%C_2S 水泥+50%粉煤灰等、100%碱激发粉煤灰)在两个温度(25℃常温和 85℃高温)中养护 28 天后的水化历程及 C-(A)-S-H 结构变化,最终证明了含有矿物掺合料的胶凝材料在常温下养护 28 天后生成 C-S-H、C-A-S-H 和 (N,C)-A-S-H 等物相,其力学性能要优于纯水泥材料;高温可以促进 C-(A)-S-H 结构的变化,提升其 3 天强度,但 28 天强度提升不大。Shen 等[84]采用[29]Si NMR 和纳米压痕技术研究五种养护方式(标养 28 天,60℃蒸养 48h,90℃蒸养 48h,1.7MPa高压与 200℃养护 8h,2.1MPa 高压与 250℃养护 8h)对 UHPC 纳米尺度力学性能和微结构的影响,计算了五种养护方式所生成的 C-(A)-S-H 相的平均主链长度及 C-S-H 种类分布[97](图 1-12),得到了高温、高压对混凝土宏、微观力学性能的强化作用,最终为大型跨海桥梁等工程建设提供了保障。

混凝土中 C-(A)-S-H 相的微结构特征及其纳米尺度力学性能对抵抗深地高地应力和腐蚀介质具有重要意义。

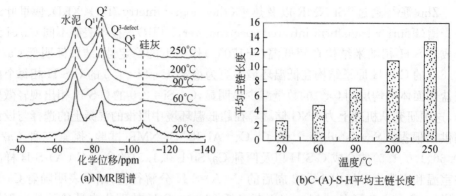

(a)NMR图谱　　　　　　　　　(b)C-(A)-S-H平均主链长度

图 1-12　不同养护方式对 UHPC 中 C-(A)-S-H 的影响[83]

1.3　深地工程结构混凝土目前研究存在的问题

根据相关研究的分析,从深地工程结构混凝土的材料属性、力学行为、腐蚀劣化和微结构特征方面总结了目前存在的四个理论薄弱环节。

(1)在深地工程结构混凝土材料属性方面,研发适宜深部工程的低冲击倾向性混凝土仍是空白。为抵抗深部地层动力灾害,现有的设计一般是提高井壁混凝土的强度,但是忽视了混凝土强度越高,破坏时越易发生爆裂的现象,亟需研发一种能兼顾强度和韧性的混凝土材料,确保矿井建设和生产的安全。

(2)在深地工程结构混凝土的力学行为方面,材料的破坏与微结构时空演化特征不够明确。深部工程高地应力和爆破工程导致灾害频发,对于适于深部地层的低冲击倾向性混凝土受不同种类荷载作用下的变形行为、能量特征及损伤程度的差异性未深入探讨,服役井壁混凝土的微结构特征与演化需要进一步明确。

(3)在深地工程结构混凝土腐蚀劣化方面,各种盐类混杂条件下混凝土腐蚀机理尚未明确,矿井深部环境混凝土原位腐蚀行为的研究力度有待提升。

(4)在深地工程结构混凝土微结构特征方面,对于材料的微观化学结构的变化与纳米尺度力学性能未有相关深入研究。C-(A)-S-H 凝胶作为混凝土中最主要的凝胶体,深部地层典型的高地温环境对其影响较大,其微结构特征决定了其宏观性能,但对此的研究仍未有明确的进展。

针对以上四点问题,本书在对在役矿井井筒破坏调研及破坏机理分析的基础上,从理论和技术角度系统阐述深地"三高一腐蚀"环境下,应力-温度-化学介质耦合作用导致混凝土微结构性能的变化以及冲击倾向性的变化,揭示动力荷载作用下的能量演化机制,提出深地极端环境下混凝土材料的性能调控技术原型,为极端环境下深地工程建设和动力灾害的有效控制提供理论依据和技术支撑,并为深部地下工程混凝土材料寻求一条新的技术路线,为东部沿海和西部盐湖区域深部矿产资源高效开发提供技术支撑和安全保障。

参 考 文 献

[1] Fairhurst C. Some challenges of deep mining[J]. Engineering, 2017, 3(4): 527-537.

[2] Cai M F, Brown E T. Challenges in the mining and utilization of deep mineral resources[J]. Engineering, 2017, 3(4): 432-433.

[3] 谢和平, 鞠杨, 高明忠, 等. 煤炭深部原位流态化开采的理论与技术体系[J]. 煤炭学报, 2018, 43(5): 1210-1219.

[4] 王金华, 谢和平, 刘见中, 等. 煤炭近零生态环境影响开发利用理论和技术构想[J]. 煤炭学报, 2018, 43(5): 1198-1209.

[5] 谢和平, 王金华, 王国法, 等. 煤炭革命新理念与煤炭科技发展构想[J]. 煤炭学报, 2018, 43(5): 1187-1197.

[6] 蔡美峰, 薛鼎龙, 任奋华. 金属矿深部开采现状与发展战略[J]. 工程科学学报, 2019, 41(4): 417-426.

[7] Chen X J, Li L Y, Wang L, et al. The current situation and prevention and control counter-measures for typical dynamic disasters in kilometer-deep mines in China[J]. Safety Science, 2019, 115: 229-236.

[8] Feng X T, Liu J P, Chen B R, et al. Monitoring, warning, and control of rockburst in deep metal mines[J]. Engineering, 2017, 3(4): 538-545.

[9] Han Q Y, Zhang Y, Li K Q, et al. Computational evaluation of cooling system under deep hot and humid coal mine in China: A thermal comfort study [J]. Tunnelling and Underground Space Technology, 2019, 90: 394-403.

[10] Bomberg M, Miettinen H, Wahlström M, et al. Post operation inactivation of acidophilic bioleaching microorganisms using natural chloride-rich mine water[J]. Hydrometallurgy, 2018, 180: 236-245.

[11] Bahafid S, Ghabezloo S, Duc M, et al. Effect of the hydration temperature on the microstructure of Class G cement: C-S-H composition and density [J]. Cement and Concrete Research, 2017, 95: 270-281.

[12] Ranjith P G, Zhao J, Ju M H, et al. Opportunities and challenges in deep mining: A brief review[J]. Engineering, 2017, 3(4): 546-551.

[13] Xie H P, Ju Y, Gao F, et al. Groundbreaking theoretical and technical conceptualization of fluidized mining of deep underground solid mineral resources[J]. Tunnelling and Underground Space Technology, 2017, 67: 68-70.

[14] Kidybiński A. Bursting liability indices of coal[J]. International Journal of Rock Mechanics and Mining Sciences & Geomechanics Abstracts, 1981, 18(4): 295-304.

[15] Singh S P. Burst energy release index[J]. Rock Mechanics and Rock Engineering, 1988, 21(2): 149-155.

[16] Singh S P. Classification of mine workings according to their rockburst proneness[J]. Mining Science and Technology, 1989, 8(3): 253-262.

[17] 王淑坤, 齐庆新, 曾永志. 我国煤岩冲击倾向研究的进展[J]. 煤矿开采, 1998, 3(3): 3-5.

[18] 国家煤炭工业局. 煤层冲击倾向性分类及指数的测定方法(MT/T 174—2000)[S]. 北京: 中国煤炭工业出版社, 2001.

[19] 苏承东, 高保彬, 袁瑞甫, 等. 平顶山矿区煤层冲击倾向性指标及关联性分析[J]. 煤炭学报, 2014, 39(S1): 8-14.

[20] Jiang Y D, Wang H W, Zhao Y X, et al. The influence of roadway backfill on bursting liability and strength of coal pillar by numerical investigation[J]. Procedia Engineering, 2011, 26: 1125-1143.

[21] 赵同彬, 尹延春, 谭云亮, 等. 基于颗粒流理论的煤岩冲击倾向性细观模拟试验研究[J]. 煤炭学报, 2014, 39(2): 280-285.

[22] 潘结南, 孟召平, 刘保民. 煤系岩石的成分、结构与其冲击倾向性关系[J]. 岩石力学与工程学报, 2005, 24: 4422-4427.

[23] 李宏艳. 煤岩物理力学性质与冲击倾向性关系[J]. 煤矿开采, 2011, 16(3): 43-46,55.

[24] 齐庆新, 彭永伟, 李宏艳, 等. 煤岩冲击倾向性研究[J]. 岩石力学与工程学报, 2011, 30(S1): 2736-2742.

[25] 姚精明, 闫永业, 李生舟, 等. 煤层冲击倾向性评价损伤指标[J]. 煤炭学报, 2011, 36(S2): 353-357.

[26] 张绪言, 冯国瑞, 康立勋, 等. 用剩余能量释放速度判定煤岩冲击倾向性[J]. 煤炭学报, 2009, 34(9): 1165-1168.

[27] 尹光志, 张东明, 代高飞, 等. 脆性煤岩损伤模型及冲击地压损伤能量指数[J]. 重庆大学学报(自然科学版), 2002, 25(9): 75-78, 89.

[28] 蔡武, 窦林名, 韩荣军, 等. 基于损伤统计本构模型的煤层冲击倾向性研究[J]. 煤炭学报, 2011, 36(S2): 346-352.

[29] 潘一山, 耿琳, 李忠华. 煤层冲击倾向性与危险性评价指标研究[J]. 煤炭学报, 2010, 35(12): 1975-1978.

[30] Li X B, Gong F Q, Tao M, et al. Failure mechanism and coupled static-dynamic loading theory in deep hard rock mining: A review[J]. Journal of Rock Mechanics and Geotechnical Engineering, 2017, 9(4): 767-782.

[31] 李飞, 由爽, 纪洪广, 等. 高水力条件下深部砂岩的强度与储能交互特征[J]. Journal of Central South University, 2020, 27(10): 3053-3062.

[32] 纪洪广, 苏晓波, 权道路, 等. 受载岩石能量演化特征的研究进展[J]. 金属矿山, 2020, (4): 1-9.

[33] Jin J, Cao P, Chen Y, et al. Influence of single flaw on the failure process and energy mechanics of rock-like material[J]. Computers and Geotechnics, 2017, 86: 150-162.

[34] Xie H P, Li L Y, Peng R D, et al. Energy analysis and criteria for structural failure of

rocks[J]. Journal of Rock Mechanics and Geotechnical Engineering, 2009, 1(1): 11-20.

[35] 肖纪美. 材料能量学:材料能量的关系·计算和应用[J]. 北京科技大学学报, 1999, 21(2): 105-108.

[36] 谢和平, 鞠杨, 黎立云. 基于能量耗散与释放原理的岩石强度与整体破坏准则[J]. 岩石力学与工程学报, 2005, 24(17): 3003-3010.

[37] Meyers M A, Chawla K K. Mechanical Behavior of Materials[M]. Cambridge: Cambridge University Press, 2008.

[38] 陈旭光, 张强勇. 岩石剪切破坏过程的能量耗散和释放研究[J]. 采矿与安全工程学报, 2010, 27(2): 179-184.

[39] 华安增, 孔园波, 李世平, 等. 岩块降压破碎的能量分析[J]. 煤炭学报, 1995, 20(4): 389-392.

[40] 赵忠虎, 谢和平. 岩石变形破坏过程中的能量传递和耗散研究[J]. 四川大学学报(工程科学版), 2008, 40(2): 26-31.

[41] 彭瑞东, 鞠杨, 高峰, 等. 三轴循环加卸载下煤岩损伤的能量机制分析[J]. 煤炭学报, 2014, 39(2): 245-252.

[42] 张志镇, 高峰. 单轴压缩下岩石能量演化的非线性特性研究[J]. 岩石力学与工程学报, 2012, 31(6): 1198-1207.

[43] Li D Y, Sun Z, Xie T, et al. Energy evolution characteristics of hard rock during triaxial failure with different loading and unloading paths[J]. Engineering Geology, 2017, 228: 270-281.

[44] 黎立云, 徐志强, 谢和平, 等. 不同冲击速度下岩石破坏能量规律的实验研究[J]. 煤炭学报, 2011, 36(12): 2007-2011.

[45] Zhang Z X, Kou S Q, Jiang L G, et al. Effects of loading rate on rock fracture: Fracture characteristics and energy partitioning[J]. International Journal of Rock Mechanics and Mining Sciences, 2000, 37(5): 745-762.

[46] Bagde M N, Petroš V. Fatigue and dynamic energy behaviour of rock subjected to cyclical loading[J]. International Journal of Rock Mechanics and Mining Sciences, 2009, 46(1): 200-209.

[47] Song Z Y, Frühwirt T, Konietzky H. Characteristics of dissipated energy of concrete subjected to cyclic loading[J]. Construction and Building Materials, 2018, 168: 47-60.

[48] Song Z Y, Konietzky H, Frühwirt T. Hysteresis energy-based failure indicators for concrete and brittle rocks under the condition of fatigue loading[J]. International Journal of Fatigue, 2018, 114: 298-310.

[49] Nakamura H, Nanri T, Miura T, et al. Experimental investigation of compressive strength and compressive fracture energy of longitudinally cracked concrete [J]. Cement and Concrete Composites, 2018, 93: 1-18.

[50] Khalilpour S, BaniAsad E, Dehestani M. A review on concrete fracture energy and effective parameters[J]. Cement and Concrete Research, 2019, 120: 294-321.

［51］ Lei D, Zhang P, He J T, et al. Fatigue life prediction method of concrete based on energy dissipation[J]. Construction and Building Materials, 2017, 145: 419-425.

［52］ Yoo D Y, Banthia N. Mechanical and structural behaviors of ultra-high-performance fiber-reinforced concrete subjected to impact and blast[J]. Construction and Building Materials, 2017, 149: 416-431.

［53］ Lu S, Xu J Y, Bai E L, et al. Effect of particles with different mechanical properties on the energy dissipation properties of concrete[J]. Construction and Building Materials, 2017, 144: 502-515.

［54］ Saxena R, Siddique S, Gupta T, et al. Impact resistance and energy absorption capacity of concrete containing plastic waste[J]. Construction and Building Materials, 2018, 176: 415-421.

［55］ Buck J J, McDowell D L, Zhou M. Effect of microstructure on load-carrying and energy-dissipation capacities of UHPC[J]. Cement and Concrete Research, 2013, 43: 34-50.

［56］ 赵力. 硫酸盐环境中立井井壁混凝土腐蚀劣化特征及机理研究[D]. 北京:北京科技大学, 2018.

［57］ 余红发. 盐湖地区高性能混凝土的耐久性、机理与使用寿命预测方法[D]. 南京:东南大学, 2004.

［58］ Pour-Ghaz M, Isgor O B, Ghods P. The effect of temperature on the corrosion of steel in concrete. Part 1: Simulated polarization resistance tests and model development[J]. Corrosion Science, 2009, 51(2): 415-425.

［59］ Gastaldi M, Bertolini L. Effect of temperature on the corrosion behaviour of low-nickel duplex stainless steel bars in concrete[J]. Cement and Concrete Research, 2014, 56: 52-60.

［60］ Ma X. Cement paste degradation under external sulfate attack: An experimental and numerical research[D]. Delft: Delft University of Technology, 2018.

［61］ Müllauer W, Beddoe R E, Heinz D. Sulfate attack expansion mechanisms[J]. Cement and Concrete Research, 2013, 52: 208-215.

［62］ Sotiriadis K, Nikolopoulou E, Tsivilis S. Sulfate resistance of limestone cement concrete exposed to combined chloride and sulfate environment at low temperature[J]. Cement and Concrete Composites, 2012, 34(8): 903-910.

［63］ Khan M S H, Kayali O, Troitzsch U. Effect of NaOH activation on sulphate resistance of GGBFS and binary blend pastes[J]. Cement and Concrete Composites, 2017, 81: 49-58.

［64］ Irassar E F, Bonavetti V L, Gonzalez M. Microstructural study of sulfate attack on ordinary and limestone Portland cements at ambient temperature[J]. Cement and Concrete Research, 2003, 33(1): 31-41.

［65］ Irassar E F. Sulfate attack on cementitious materials containing limestone filler—A review[J]. Cement and Concrete Research, 2009, 39(3): 241-254.

［66］ Bonen D. A microstructural study of the effect produced by magnesium sulfate on plain and silica fume-bearing Portland cement mortars[J]. Cement and Concrete Research, 1993,

23(3): 541-553.

[67] Scholtzová E, Kucková L, Kožíšek J, et al. Experimental and computational study of thaumasite structure[J]. Cement and Concrete Research, 2014, 59: 66-72.

[68] Irassar E F, Bonavetti V L, Trezza M A, et al. Thaumasite formation in limestone filler cements exposed to sodium sulphate solution at 20℃[J]. Cement and Concrete Composites, 2005, 27(1): 77-84.

[69] Bellmann F, Stark J. Prevention of thaumasite formation in concrete exposed to sulphate attack[J]. Cement and Concrete Research, 2007, 37(8): 1215-1222.

[70] 刘娟红, 宋少民, 高萌. 水泥基材料在腐蚀环境中生成碳硫硅钙石的机理研究[J]. 建筑材料学报, 2017, 20(6): 846-853.

[71] Flatt R J, Scherer G W. Hydration and crystallization pressure of sodium sulfate: A critical review[J]. MRS Online Proceedings Library, 2002, 712(1): 221-226.

[72] Zhang Z Y, Jin X G, Luo W. Long-term behaviors of concrete under low-concentration sulfate attack subjected to natural variation of environmental climate conditions[J]. Cement and Concrete Research, 2019, 116: 217-230.

[73] 王海龙, 董宜森, 孙晓燕, 等. 干湿交替环境下混凝土受硫酸盐侵蚀劣化机理[J]. 浙江大学学报(工学版), 2012, 46(7): 1255-1261.

[74] 陈燕娟. 多因素耦合作用下混凝土微结构演化及氯离子传输模拟[D]. 南京: 东南大学, 2017.

[75] Cao Y, Gehlen C, Angst U, et al. Critical chloride content in reinforced concrete—An updated review considering Chinese experience[J]. Cement and Concrete Research, 2019, 117: 58-68.

[76] Angst U, Elsener B, Larsen C K, et al. Critical chloride content in reinforced concrete—A review[J]. Cement and Concrete Research, 2009, 39(12): 1122-1138.

[77] Wang Z D, Zeng Q, Wang L, et al. Corrosion of rebar in concrete under cyclic freeze-thaw and Chloride salt action[J]. Construction and Building Materials, 2014, 53: 40-47.

[78] Wang Y, An M Z, Yu Z R, et al. Durability of reactive powder concrete under chloride-salt freeze-thaw cycling[J]. Materials and Structures, 2016, 50(1): 1-9.

[79] Wasim M, Ngo T D, Abid M. Investigation of long-term corrosion resistance of reinforced concrete structures constructed with various types of concretes in marine and various climate environments[J]. Construction and Building Materials, 2020, 237: 117701.

[80] Haufe J, Vollpracht A. Tensile strength of concrete exposed to sulfate attack[J]. Cement and Concrete Research, 2019, 116: 81-88.

[81] Zhang W M, Chen S H, Zhang N, et al. Low-velocity flexural impact response of steel fiber reinforced concrete subjected to freeze-thaw cycles in NaCl solution[J]. Construction and Building Materials, 2015, 101: 522-526.

[82] Mehta P K. Sulfate attack on concrete—A critical review[J]. Material Science of Concrete, 1992, 3: 105-130.

[83] Verbeck G J, Helmuth R H. Structure and physical properties of cement paste[C]// Proceedings of the 5th International Conference on the Chemistry of Cement, Tokyo, 1968: 1-32.

[84] Shen P L, Lu L N, He Y J, et al. The effect of curing regimes on the mechanical properties, nano-mechanical properties and microstructure of ultra-high performance concrete[J]. Cement and Concrete Research, 2019, 118: 1-13.

[85] Qin S S, Zou D J, Liu T J, et al. A chemo-transport-damage model for concrete under external sulfate attack[J]. Cement and Concrete Research, 2020, 132: 106048.

[86] Richardson I G. The calcium silicate hydrates[J]. Cement and Concrete Research, 2008, 38(2): 137-158.

[87] Papatzani S, Paine K, Calabria-Holley J. A comprehensive review of the models on the nanostructure of calcium silicate hydrates[J]. Construction and Building Materials, 2015, 74: 219-234.

[88] Bernal J D, Jeffery J W, Taylor H F W. Crystallographic research on the hydration of Portland cement. A first report on investigations in progress[J]. Magazine of Concrete Research, 1952, 4(11): 49-54.

[89] Feldman R F, Sereda P J. A model for hydrated Portland cement paste as deduced from sorption-length change and mechanical properties[J]. Matériaux et Construction, 1968, 1(6): 509-520.

[90] Taylor H F W. Proposed structure for calcium silicate hydrate gel[J]. Journal of the American Ceramic Society, 1986, 69(6): 464-467.

[91] Jennings H M. A model for the microstructure of calcium silicate hydrate in cement paste[J]. Cement and Concrete Research, 2000, 30(1): 101-116.

[92] Jennings H M. Refinements to colloid model of C-S-H in cement: CM-II[J]. Cement and Concrete Research, 2008, 38(3): 275-289.

[93] Irbe L, Beddoe R E, Heinz D. The role of aluminium in C-A-S-H during sulfate attack on concrete[J]. Cement and Concrete Research, 2019, 116: 71-80.

[94] Zhu X P, Qian C, He B, et al. Experimental study on the stability of C-S-H nanostructures with varying bulk CaO/SiO_2 ratios under cryogenic attack[J]. Cement and Concrete Research, 2020, 135: 106114.

[95] Sevelsted T F, Skibsted J. Carbonation of C-S-H and C-A-S-H samples studied by ^{13}C, ^{27}Al and ^{29}Si MAS NMR spectroscopy[J]. Cement and Concrete Research, 2015, 71: 56-65.

[96] Bo Q. Temperature effect on performance of Portland cement versus advanced hybrid cements and alkali-fly ash cement[D]. Madrid: University of Madrid, 2018.

[97] Constantinides G, Ulm F J. The effect of two types of C-S-H on the elasticity of cement-based materials: Results from nanoindentation and micromechanical modeling[J]. Cement and Concrete Research, 2004, 34(1): 67-80.

第2章　矿井工程井筒腐蚀因素调查与破坏机理分析

2.1　概　　述

自 1987 年以来,我国华东地区的淮北、大屯、徐州、永夏和兖州等矿区在深厚表土层中用冻结法和钻井法施工的井筒井壁在服役期间先后有 50 余个发生破裂灾害,严重影响了矿井的生产,危及矿井的安全,迫使部分矿井暂时停产(海孜煤矿、临涣煤矿等先后停产 2~8 个月),造成了重大的经济损失。事故发生后,采用"纵向让,横向抗"的原则,对各井筒破坏段井壁进行了处理,在破坏范围内用槽钢做井圈贴井壁做水平加固,竖向用钢轨与井圈连接加固,使其形成网状结构,并且对加固段再进行分层破壁注浆。注浆后井壁无渗水,初期效果良好,基本上控制住了井壁的纵向压缩变形和横向变形。

20 世纪 90 年代末至今,临涣煤矿和童亭煤矿副井井壁加固层与原井壁间出现大量渗水,基岩段井壁也出现若干贯通井壁的出水点。出现渗水后,井壁过水面周向长度占井壁周长的 1/3~1/2 不等,在出水长期冲刷下的井壁,过水之处的混凝土呈现溃烂或鼓胀破坏,混凝土强度显著降低,井筒的自身安全让人担忧。

作者所在课题组在 2012 年和 2013 年两次对黄淮地区临涣煤矿和童亭煤矿副井井壁的破坏情况进行调查,对含水层至基岩段井壁内部贯通的出水点及过水面范围做全面统计,应用超声检测仪和混凝土回弹仪对井壁过水面、干湿交替面及未过水井壁混凝土进行无损检测,并采用 SEM、EDS、XRD 等手段对不同深度被腐蚀的井壁混凝土进行微观分析。通过对黄淮地区井筒破裂调查的有关资料分析,认为地下水中侵蚀介质对井壁混凝土的腐蚀破坏是不可忽视的重要因素。

2.2　临涣、童亭煤矿副井井壁腐蚀现状调查

2.2.1　临涣煤矿副井腐蚀破坏情况

1. 临涣煤矿概况

临涣煤矿位于淮北市西南部濉溪县境内,北距淮北市 40km,东距宿州市

30km,位置示意图如图 2-1 所示。井田位于童亭煤矿背斜北部倾伏端,西以骑路周断层为界,西北以骑路周断层与海孜煤矿为界,东至大辛家断层,南至东南以赵口断层和小陈家断层为界,并分别与童亭煤矿和杨柳煤矿接壤,西南起太原组顶界。其地理坐标:东经 116°34′25″~116°44′27″,北纬 33°36′05″~33°40′47″。主井口坐标:$x=3722987.999$,$y=39465994.920$。矿井东西走向长 13km,南北倾向宽 4~5km,矿区面积 49.6617km²。

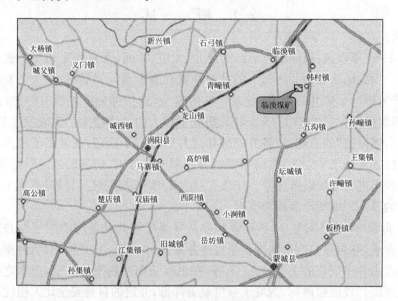

图 2-1　临涣煤矿位置示意图

矿区位于淮北平原,地势平坦,海拔 20.78~28.58m,西北高、东南低;浍河从矿区中部通过,为一中小型季节性河流,地表河流均属淮河水系,主要有颖河、西肥河、茨淮新河、涡河、浍河、新汴河、濉河等,河水受大气降水控制,属雨源型河流,各河平均流量 3.52~72.10m³/s,年平均水位高度 14.73~26.56m。该区气候温和,属季风温暖带半温润性气候,平均气温 14.1℃,最高气温 40.3℃,最低气温 -10.9℃,年平均降雨量 737mm,全年无霜期 210 天,冻结期一般在十二月上旬至次年二月中旬,冻土深度可达 190mm。临涣煤矿地层属华北型沉积,揭露地层有奥陶系、石炭系、二叠系、第三系和第四系,地层总厚度大于 1228.28m。含煤地层为石炭系、二叠系,沉积环境体系为:陆表海沉积、碎屑滨岸带、三角洲和河流体系。

临涣煤矿原设计产量 180 万 t,含有可采煤层八层,煤种是良好的配焦煤与动力煤。矿井于 1977 年 6 月开工,采用立井方式开凿 4 个井筒,即主井、副井、东西翼各一风井,井筒结构特征及施工方法如表 2-1 所示,1985 年 12 月竣工投产。

表 2-1　临涣煤矿井筒结构特征及施工方法

井筒名称	井筒净直径 /m	井筒深度 /m	提升方式	表土层厚 /m	施工方法	井壁厚度及结构
主井	6.5	479.7	多绳摩擦	245.1	冻结法	350mm、800mm、500mm, 三层钢筋混凝土
副井	7.2	479.7	多绳摩擦	245.1	冻结法	800mm、500mm,双层钢筋混凝土
西风井	6.0	305.5	有梯子间	244.4	钻井法	550mm,预制钢筋混凝土
东风井	5.0	280.5	有梯子间	244.0	钻井法	500mm,预制钢筋混凝土

临涣煤矿副井井筒净直径 7.2m,井筒深度 479.7m,其中表土和风化带 275m,采用冻结法施工,其余基岩部分采用打眼放炮法施工,基岩段壁厚 0.5m。冻结法施工部分,外壁采用下行滑膜,短段掘砌。掘砌局部平行作业,内壁采用上行滑膜。基岩部分采用掘砌单行作业。掘进采用光面爆破,喷锚作临时支护。副井穿过的岩石倾角一般都比较小(5°~15°),多为泥岩和砂岩。其中中砂岩 6 层,总厚度 67.59m,占全岩石总厚度的28.6%;细砂岩 11 层,总厚度 37.82m,占全岩石总厚度的 15%;粉砂岩 8 层,总厚度 27.83m,占全岩石总厚度的 11%;泥岩 16 层,总厚度 66.58m,占全岩石总厚度的 26%。在垂直深度 395~406m 和 408~424m 处可见火山岩,总厚度 26.34m。在垂直深度 295m、315m、425m 分别穿过煤层,煤层厚度 0.18~0.55m。副井的地质复杂,含水丰富,特别是 K2 和 K3 砂岩段,在垂直深度 400m 左右有一个落差达 17m 的断层。临涣煤矿副井基岩段井壁混凝土配合比如表 2-2 所示。

表 2-2　临涣煤矿副井基岩段井壁混凝土配合比　　　（单位:kg/m³）

混凝土标号	水	水泥	砂	石
C30	176	400(P.O 32.5)	620	1224
C35	193	410(P.O 42.5)	656	1123
C40	205	500(P.O 42.5)	645	1110

注:括号中为水泥标号。

2.临涣煤矿副井腐蚀破坏情况

临涣煤矿副井是临涣、海孜和童亭三个煤矿中第一个发生井壁破裂的井筒,首次发生破坏的时间为 1987 年 7 月 12 日,在垂直深度 239~241m 处的钢筋混凝土井壁突然发生大块片状剥落,形成一个高 2m 的不规则闭合环状剥落带,剥落深度 100~200mm,破裂段涌水量 1t/h。内层钢筋裸露,竖筋向井心弯曲,横筋则向井心内凸弯曲。破坏带上部井壁混凝土有多处起皮和裂纹。

临涣煤矿副井于 1987 年 7 月 23 日至 1987 年 7 月 28 日分 2 次进行加固,第一次套圈喷混凝土,第二次注浆,注浆段高 31m。采用 20♯ 槽钢制成外径 7.1m 的井圈,用 5♯ 槽钢作背板,按 0.5m 的圈距,配合"["形挂钩背复支撑井壁,接着用 15kg/m 钢轨按 1m 间距将各层井圈卡连接成一体。为使背板贴井壁,在背板与井圈之间用铸铁楔楔紧,最后用 C20 混凝土喷射充填空隙。

20 世纪 90 年代末,临涣煤矿副井穿越基岩风化段井壁出现若干出水点,部分出水点呈现春夏季渗水、秋冬季干枯,其他出水点也大致呈春夏季出水量较大、秋冬季出水量较小的特征。秋冬季透水量为 2～4t/天,春夏季透水量为 7～9t/天。出水点呈现显著的方位性,即出水点均位于井筒的一侧。水位下降是地层压缩的应力来源,在同一砂层厚度条件下,水位下降越多,地表沉降越大。但影响水位下降的因素较多,当砂层较薄,补给条件不好时,即使失水量不多,也可能引起水位下降很多。临涣煤矿西风井、东风井已分别下降 150m、170m,成为矿区两个水位降落漏斗之一,使得含水下降的过程中形成有一定流向的水力通路,使井壁外侧混凝土不同方位所处水体的流动产生差异。迎着水流方向的井壁水体中的 SO_4^{2-} 不断更新,腐蚀不断进行,而背着水流方向的井壁附近水体由于流动性较弱,对井壁的腐蚀较小,从而未发生破坏。

2013 年现场测试中,加固段喷射混凝土未出现破坏迹象,但是加固段与原有井壁之间有渗水,并且加固段下方 0.3m 井壁上有多个渗水点,是井壁上流水的主要来源。去除井壁表面沉积层后,可明显看见井壁表层混凝土有鼓胀现象,如图 2-2 所示。井壁表层混凝土强度基本丧失,腐蚀层厚度为 30～40mm。

图 2-2　加固段下方出水点(左)和加固段下方井壁表面(右)

2.2.2　童亭煤矿副井腐蚀破坏情况

1. 童亭煤矿概况

童亭煤矿位于淮北市濉溪县境内,行政区划隶属五沟镇,北距淮北市约 42km,东距宿州市 30km,位置示意图如图 2-3 所示。矿井西北以赵口断层为界与临涣煤矿毗邻,东以第 4 勘探线为界与杨柳煤矿接壤,南以孟集断层、张家断层、F5 断层及 10 煤层露头为技术边界。其地理坐标:东经 $116°36'09''\sim116°43'00''$,北纬 $33°35'21''\sim33°39'54''$。井口坐标:$x=3720802$,$y=39467893$。东西走向长 10km,南北倾向宽 $2\sim4$km,矿井面积约 24.15km^2。

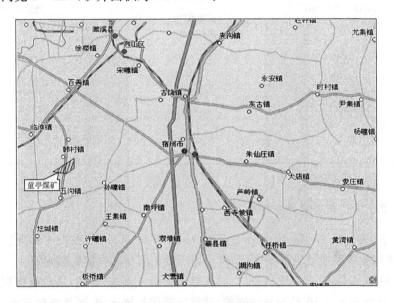

图 2-3　童亭煤矿位置示意图

该矿所处的井田内地势平坦,地表自然标高 $25\sim28$m,总体表现为北高南低之势,均为 $201.50\sim291.67$m 的厚层新生界松散层覆盖。井田中部有浍河流过,属淮河水系,流量受季节影响,变化较大,雨季可形成内涝,积水深度 0.50m。最高洪水水位为 28.34m,最大洪峰流量为 865m^3/s(1965 年 7 月),区内农用沟渠纵横交错,村庄星罗棋布。由于井下煤层开采造成地表沉降,目前已逐步形成面积约 4.06km^2 的塌陷区,积水深度随季节性变化较为明显,一般深度为 $0.5\sim4.2$m。童亭煤矿井田内揭露的地层有奥陶系、石炭系、二叠系、第三系和第四系,石炭系、二叠系为含煤地层,其上被第三系、第四系松散层所覆盖。

童亭煤矿的矿井采用立井多水平开拓,中央分列式通风,开采上线－265m,第一水平标高－500m。目前开凿有立井 3 个,即主井、副井及位于井田偏东的风井,共有三个立井井筒(主井、副井和风井),主、副井地面标高28.4m。新生界第四纪松散层厚230.5m(地界标高202.0m)。主、副井井筒表土层采用钻井法施工,预制井壁每节高 5m。童亭煤矿井筒结构特征及施工方法如表 2-3 所示。

表 2-3　童亭煤矿井筒结构特征及施工方法

井筒名称	井筒净直径/m	井筒深度/m	提升方式	表土层厚/m	施工方法	井壁厚度及结构
主井	(上口～139.5m)5.5 (130.5～293.6m)3.0 (239.6m 以下)5.0	594.75	多绳摩擦落地绞车	230	钻井法	139.5m 以上,钢筋混凝土预制井壁 139.5～293.65m,450 钢筋混凝土预制井壁
副井	(上口～300m)6.8 (300m 以下)6.5	553.79	多绳摩擦轮绞车	230	钻井法	600mm,钢筋混凝土预制井壁
风井	5.0	298.46	有梯子间	225	冻结法	900mm,双层钢筋混凝土井壁

2.童亭煤矿副井腐蚀破坏情况

童亭煤矿于 1979 年 10 月动工兴建,1989 年 11 月投产,在投产不到三年的时间内,井筒相继发生了破坏,破坏部位均处于表土层与基岩接触面附近。

1991 年 4 月 15 日井筒检查时,发现井壁混凝土剥落、掉皮,出现裂缝现象。从 4 月 15 日起至 8 月 10 日副井加固前,井壁破裂段扩展迅速,剥落深度逐渐加大,破坏部位均处于表土层与基岩接触面附近,垂直深度为 185.80～255.80m,共计 70m,破裂发生在三隔上部、四含底部到基岩层风化带,在 46 节与 47 节接茬口之上(垂直深度230.8m,恰好在表土层与基岩风化带的界面处),混凝土剥落最为严重。到 1991 年 6 月底,该处剥落深度加大,露筋 6 根,破坏深度约为 100mm,到 7 月底则露出竖筋 18 根,连成一片,并且有的钢筋发生弯曲。另一剥落严重的部位在垂直深度 195.8m,位于三隔上部砂质黏土的底界面,即 39 节与 40 节接茬口,为全周性剥落,宽度 1000mm,深度 40～70mm。其他全周性剥落部位还有 40～41 节、45～46 节、47～48 节、48～49 节等接桩处。在两层剥落严重的部位之间(41～42 节、42～43 节、44～45 节)20 余米井段的范围内,4 个接茬口仅为轻度剥落。

1991 年 8 月 10 日至 12 月 5 日,进行抢险加固。在井筒破坏范围内,用 20♯ 槽钢作井圈,贴井壁做水平加固,间距 0.5m,竖向用 15kg/m 钢轨间距 1.0m 与井圈连接加固,使其形成网状结构,以增加径向刚度。井圈采用分段上行式,段内下行式。每段 15m,加固 75m(垂直深度 182~257m),架设井圈 150 道。9 月 19 日至 12 月 4 日对加固段进行分层破壁注浆,每层间距 5m,布孔 4~7 个,孔深 2.7~3.0m。共 16 层 100 孔,注水泥 1150t,水玻璃 71t,注浆压力 70kg/cm²,注浆后井壁无渗水,效果良好。

1993 年 8 月 15 日至 9 月 15 日,进行二次加固。1993 年再次进行变形观测,副井压缩量最大为 33mm,此时竖向附加应力趋于稳定。1993 年 11 月至 12 月,对副井加固段进行喷射混凝土加固,混凝土配比为 1∶2∶2(水泥∶砂∶石子),水泥标号不低于 52.5 号,中粗砂、石子粒度 5~8mm,速凝剂为水泥用量的 4%,喷混凝土厚度 200mm,混凝土强度不低于 C20,副井喷混凝土 311m³,金属网 1602m²。童亭煤矿副井破坏及加固示意图如图 2-4 所示。

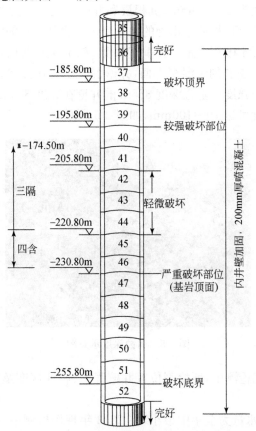

图 2-4　童亭煤矿副井破坏及加固示意图

自 20 世纪 90 年代末至今,三隔上部、四含底部到基岩层风化带井壁法兰盘处全周性破坏加速发展,破坏深度方向发展至全井壁厚度,接茬口处混凝土沿井壁走向持续被压破坏,副井井壁压缩量持续增加。尚未发现井壁有侧向位移,说明径向力度已经满足,但是作用于井壁的竖向附加应力有持续增加的趋势。副井穿越四含下部的井壁陆续出现多个出水点,秋冬季透水量为 2~4t/天,春夏季透水量为 7~9t/天。

作者所在课题组分别于 2012 年和 2013 年对童亭煤矿副井井壁的破坏情况进行调查,现场检测并未发现预制井壁接茬口处混凝土和法兰盘之间有明显脱离,接茬口处混凝土也未发现明显的掉皮现象,井壁径向和垂直方向的位移发展已基本停止。此次井壁破坏发生的部位位于垂直深度 304.8m 至马头门,即破坏位置为风化基岩与基岩段井壁,与(地层疏水导致的)地层压缩引起的井壁破坏位置不相符,说明力学破坏已不是本次井壁破坏的原因。

副井的出水位置全部位于基岩段井壁,过水之处井壁混凝土外附着黑色糜烂状沉积层,厚度一般为 20~30mm,沉积层和井壁间夹着一层硬度较大的硫酸钙。凿开沉积层和硬化层后,长期过水处的井壁尚可以看到平整的混凝土面,但是在部分干湿交界面,混凝土破坏严重。在垂直深度 383m 至马头门,井壁东北和东南的 2 条宽度均为 1.5m 左右的干湿交界面,井壁混凝土呈松散状,粗骨料也破碎成片状,混凝土完全丧失强度。垂直深度 355m 的井壁在高度 300mm 范围内周圈鼓胀剥落破坏,破坏深度可达 70~100mm,如图 2-5 所示。

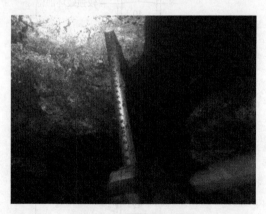

图 2-5　腐蚀深度示意图

在 2013 年现场检测中,所检测位置井壁强度、腐蚀深度及井壁表面沉积层情况如图 2-6 所示。

冬季井壁的出水量为全年中最小,在 2013 年现场检测中,井壁的出水点及过水面如图 2-7 所示。

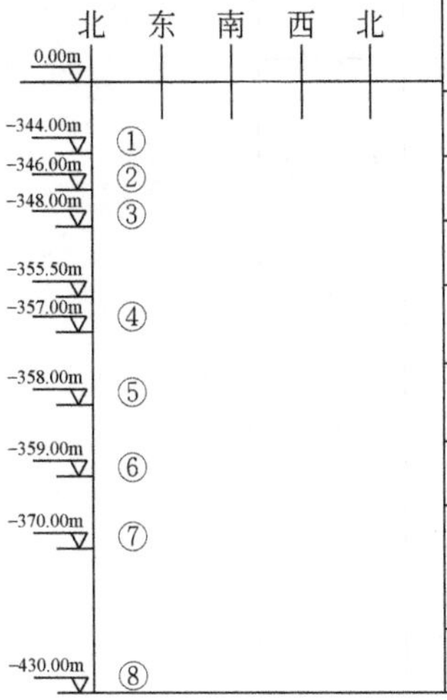

					序号	强度	表面沉积层厚度	腐蚀层厚度		备注
北	东	南	西	北				强腐蚀层	内部腐蚀层	
①					①	31MPa				未过水处
②					②	<10MPa	2~3cm	2~3cm	2.5cm	渗水处
③					③	32.7MPa				干湿交界面
④					④		1cm	7~10cm		全周膨胀破坏
⑤					⑤	31MPa				出水点旁未过水干燥处
⑥					⑥	34MPa				过水面
⑦					⑦	11.5MPa		3cm	3.5cm	过水面
⑧					⑧	10.5MPa		8~10cm	4cm	全周破坏

深度标注: 0.00m, −344.00m①, −346.00m②, −348.00m③, −355.50m, −357.00m④, −358.00m⑤, −359.00m⑥, −370.00m⑦, −430.00m⑧

图 2-6　童亭煤矿井壁破坏概况

2.3　井壁强度现场检测与评价

2012～2013 年对临涣煤矿和童亭煤矿的井壁进行检测,主要对井壁底含至基岩段井壁内部贯通的出水点及过水面范围做全面统计,并应用超声检测仪和混凝土回弹仪对井壁过水面、干湿交替面及未过水井壁混凝土进行无损检测,测定混凝土受腐蚀深度及受腐蚀混凝土的强度。

2.3.1　检测仪器及检测依据

超声检测仪器采用北京市康科瑞工程检测技术有限公司生产的 NM-4A 非金属超声检测仪,探头直径 30mm,工作频率 50Hz;声时显示范围 0.5～9999μs,检读精度 0.1μs;声时显示在 20～30μs 范围内调节,2h 内声时显示的漂移小于 0.2μs;声耦合剂为凡士林。换能器与主机间的接线长度为 6m。经实测,发射换能器与接收换能器之间最大间距为 400mm。回弹仪采用陕西省建筑科学研究院监制生产的 ZC3-A 型混凝土回弹仪,其符合《回弹法检测混凝土抗压强度技术规程》(JGJ/T 23—2011)的要求,可用于检测 10～60MPa 范围内的混凝土。

井壁混凝土在物理和化学因素的作用下受到损坏,破坏由外及里,损伤层与未损伤部分不会有明显的分界线,为计算方便,将损伤层与未损伤部分简单地分为两层来考虑。

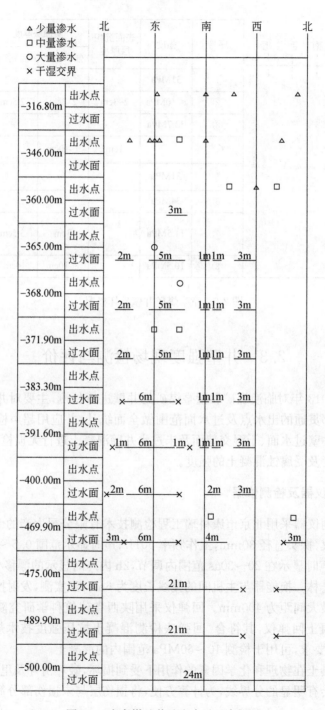

图 2-7　童亭煤矿井壁出水及过水概况

当发射换能器 T 与接收换能器 R 的间距较近时,脉冲波沿表面腐蚀层传播的时间较短,首先到达接收换能器,此时读取的声时值反映了腐蚀层混凝土的传播速度。实际测试中发现,在腐蚀层中声波的传输速度较慢,仅有 2.5m/s 左右,在《超声回弹综合法检测混凝土抗压强度技术规程》(T/CECS 02—2020)的附录 C 测区混凝土抗压强度换算中,对于声速低于 3.8m/s 的混凝土,其回弹无法换算成抗压强度,并且该规程 1.0.3 规定其不适用于检测因冻害、化学侵蚀、火灾、高温等已造成表面疏松、剥落的混凝土。鉴于此,现场混凝土强度测试参照《回弹法检测混凝土抗压强度技术规程》(JGJ/T 23—2011)进行。

2.3.2　检测方法

井壁的检测在检修时进行,现场测试步骤如下:

(1) 出水点若有明显出水,先将橡胶管的一端插入出水点引水,并以保鲜膜堵水,为换能器及回弹仪的操作提供干燥的作业环境。

(2) 在干湿交界处、过水面及未过水面选择具有代表性部位分别布置 6 个测区,每个测区的尺寸为 200mm×200mm,并依次编号,记录各测区的表观情况。用干布擦拭至表面无水,并充分晾干后,每个测区弹击 16 个点,记录回弹值。

(3) 对于强度小于设计强度(临涣煤矿副井基岩段 C30)的井壁,若其表观较为平整,则可以使用超声检测仪检测腐蚀深度。首先,在超声发射换能器上涂抹凡士林,将其以 20kN 的压力按住不动。将细铁丝的一端固定,并垂直放置,以细铁丝为参照,以测距 50mm、100mm、150mm、200mm、250mm 安置接收换能器,换能器间使用扁铲清除部分碳化表面,逐点测读相应声时值。

(4) 检测过水面井壁测区碳化深度前,先用干布擦拭至表面无水,并充分晾干后,用圆头钉锤在测区表面凿出直径约 15mm 的孔洞,其深度应大于混凝土的碳化深度,用干布擦净孔洞中的粉末和碎屑,不得用水擦洗,采用浓度为 1‰ 的酚酞酒精溶液滴在孔洞内壁的边缘处,当已碳化与未碳化界线清楚时再用深度测量工具测量已碳化与未碳化混凝土交界面到混凝土表面的垂直距离,测量不应少于 3 次,取其平均值,每次读数精确至 0.5mm。

2.3.3　检测数据分析

1. 回弹数据分析

每一个测区所得的 16 个回弹值中,剔除 3 个最大值和 3 个最小值后,将余下的 10 个回弹值按下列公式计算平均值:

$$R_m = \frac{\sum_{i=1}^{10} R_i}{10} \tag{2-1}$$

式中，R_m 为测区或试块的平均回弹值；R_i 为测区第 i 个测点的回弹值。

每个测区的强度换算值可按《回弹法检测混凝土抗压强度技术规程》(JGJ/T 23—2011)，以测区的平均回弹值 R_m 和平均碳化深度 d_m 在附录 D 查表得出。

受作业面限制，测区最多有 6 个，《回弹法检测混凝土抗压强度技术规程》(JGJ/T 23—2011)中 7.0.1 规定，小于 10 个测区的混凝土强度推定值($f_{cu,e}$)按下列公式计算：

$$f_{cu,e} = f_{cu,min}^c \tag{2-2}$$

式中，$f_{cu,min}^c$ 为构件中最小的测区混凝土强度换算值。

根据《回弹法检测混凝土抗压强度技术规程》(JGJ/T 23—2011)中 7.0.3 规定，当测区强度值小于 10MPa 时，混凝土强度推定值按下列公式确定：

$$f_{cu,e} < 10MPa \tag{2-3}$$

2. 超声数据分析

混凝土和钢筋混凝土结构物在施工和使用过程中，其表面层会在物理和化学因素作用下受到损坏。物理因素有火焰和冰冻，化学因素有酸、碱盐类。结构物受到这些因素作用时，其表层损坏程度除与作用时间的长短及反复循环次数有关外，还与混凝土本身的某些物质参数有关，如龄期、水泥用量、水胶比及捣实程度等。

在考察上述问题时，假定混凝土的损伤层与未损伤部分具有明显的分界线，但实际情况并非如此，国外一些研究人员曾用射线照相法观察化学作用对混凝土产生的腐蚀情况，发现损伤层与未损伤部分不存在明显的界限。工程实测结果也反映了此种情况，总是最外层损伤严重，越向里深入，损伤程度越轻，其实际声速分布应该是连续圆滑的，如图 2-8(a)所示。但为了计算方便，将损伤层与未损伤部分简单地分为两层来考虑，计算模型如图 2-8(b)所示。

超声检测法有对测和平测两种方法。对测法用于测试混凝土试件截面的声速变化情况，以此来评价混凝土的强度变化情况和验证腐蚀程度；平测法用于测试混凝土表面声速的变化情况，以此来确定腐蚀程度及验证此方法用于测试腐蚀程度的适用性。

《超声法检测混凝土缺陷技术规程》(CECS 21—2000)是以单面平测法检测混凝土腐蚀层厚度，检测方法如图 2-9 所示，将发射换能器 T 置于测试面某一点保持不变，接收换能器 R 分别置于 B_1、B_2、B_3 等位置，沿混凝土表面按一定间距连续扫查，读取相应的声时值 t_i。为保证换能器以及混凝土表面所受到的压力相等，在两

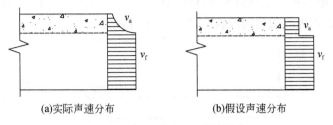

(a)实际声速分布　　　　　　　(b)假设声速分布

图 2-8　腐蚀层厚度的计算模型

个换能器上分别施加 2kN 的力。此方法的基本原理是,当发射换能器 T 与接收换能器 R 的间距较小时,脉冲波沿表面腐蚀层传播的时间较短,首先到达接收换能器,此时读取的声时值反映了腐蚀层混凝土的传播速度。当发射换能器 T 与接收换能器 R 的间距较大时,脉冲波透过腐蚀层沿着未损伤混凝土传播的时间短,此时读取的声时值中大部分是反映未损伤混凝土的传播速度。当发射换能器 T 与接收换能器 R 的间距达到某一测距 l_0 时,沿腐蚀层传播的脉冲波与经过两次角度沿未损伤混凝土传播的脉冲波同时到达接收换能器,此时有下面的等式成立:

$$\frac{l_0}{v_f} = \frac{2\sqrt{d_{fc}^2 + x^2}}{v_f} + \frac{l_0 - 2x}{v_a} \tag{2-4}$$

式中,d_{fc} 为腐蚀层厚度;x 为穿过腐蚀层传播路径的水平投影;v_f 为腐蚀层混凝土声速;v_a 为未损伤混凝土声速;l_0 为声速突变点处两换能器之间的间距。

由式(2-4)可得腐蚀层厚度 d_{fc} 计算公式为

$$d_{fc} = \frac{l_0}{2}\sqrt{\frac{v_a - v_f}{v_a + v_f}} \tag{2-5}$$

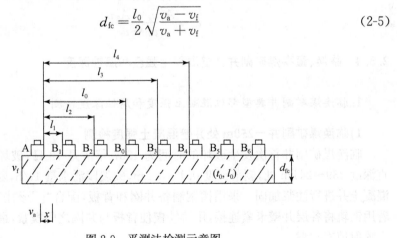

图 2-9　平测法检测示意图

混凝土发生腐蚀劣化后,可采用超声平测法的检测结果来计算腐蚀层厚度。

首先,绘制测距与各测点声时的线性回归图;根据回归计算结果,可将声时-测距关系曲线看成以 l_0 为界限的两段直线,如图 2-10 所示。

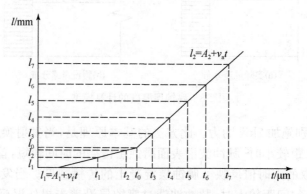

图 2-10　传播时间与换能器间距的关系曲线

腐蚀层的回归方程为

$$l_1 = A_1 + v_f t \tag{2-6}$$

未腐蚀层的回归方程为

$$l_2 = A_2 + v_a t \tag{2-7}$$

回归系数 A_1、A_2 和 v_f、v_a 即为直线上的截距和斜率,且 v_f、v_a 有明确的含义,v_f 为超声波在腐蚀层混凝土中的传播速度,v_a 为超声波在未腐蚀层混凝土中的传播速度。

超声波传播速度发生突变时的 l_0 值可用式(2-8)求得

$$l_0 = \frac{A_1 v_a - A_2 v_f}{v_a - v_f} \tag{2-8}$$

2.3.4　临涣、童亭煤矿副井井壁混凝土强度和腐蚀深度

1. 临涣煤矿副井典型部位混凝土强度和腐蚀深度检测

1)临涣煤矿副井－250m 处井壁混凝土强度检测

临涣煤矿副井首次发生破坏的时间为 1987 年 7 月 12 日,破坏主要发生于垂直深度 239～241m 处,剥落深度 0.1～0.2m,破裂段涌水量 1t/h,随即对套圈喷射混凝土并进行注浆加固。采用槽钢制备井圈和背板,配合"["形挂钩背复井壁,接着用钢轨将各层井壁卡紧连接,用铸铁楔使背板与井圈之间楔紧,最后用 C20 混凝土喷射填充空隙。

现场检测中加固段喷射混凝土强度较好,但是加固段与原有井壁之间有渗水,并且加固段下方 0.3m 井壁上有若干渗水点,井壁上形成过水面的主要来源即在

此处。去除井壁表面沉积层后,可明显看见井壁表层混凝土有鼓胀现象,强度基本丧失,腐蚀层厚度为 30～40mm。

2)临涣煤矿副井－259m 处井壁混凝土强度检测

临涣煤矿副井垂直深度 259m 处现有的过水面为 2 个,由于作业面受限制,该断面仅测试长期过水面,测试位置编号为①和②,如图 2-11 所示。

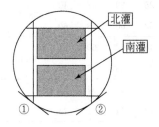

图 2-11　临涣煤矿副井－259m 处检测位置示意图

长期过水面表面均存在明显的松散沉积层,厚度 10～18mm,松散沉积层下有多个致密的硫酸钙层,厚度 3～6mm。①号和②号区域的回弹测试结果如表 2-4 和表 2-5 所示。

表 2-4　临涣煤矿副井－259m 处①号区域回弹测试结果

测区编号	回弹值								代表值	碳化深度/mm	强度换算值/MPa	强度平均值/MPa
1	54	34	46	30	30	40	42	44	41.3	2.5	35.25	
	39	41	44	43	45	30	41	45				
2	43	35	49	26	41	31	48	46	33.5	2.5	25.05	
	30	13	14	35	17	26	42	26				
3	39	38	44	38	46	38	40	34	38.8	2.0	32.70	
	37	37	46	36	39	42	37	40				30.20
4	30	33	36	44	33	34	30	41	35.0	2.0	26.70	
	41	38	30	43	31	36	36	32				
5	42	39	31	31	32	37	31	36	35.5	2.0	27.45	
	44	39	35	35	34	32	36	44				
6	36	32	41	36	44	42	43	35	39.7	2.5	34.05	
	42	39	46	43	33	36	44	39				

表 2-5　临涣煤矿副井－259m 处②号区域回弹测试结果

测区编号	回弹值								代表值	碳化深度/mm	强度换算值/MPa	强度平均值/MPa
1	52	48	41	49	52	42	50	48	47.5	3.0	42.75	
	37	55	37	45	55	47	46	48				
2	51	57	60	60	25	29	37	40	53.1	3.0	55.85	
	52	58	46	56	53	60	58	60				
3	57	46	26	46	46	52	60	44	48.6	3.0	46.70	
	53	36	56	54	38	53	36	54				42.85
4	44	40	46	41	42	37	34	36	39.8	2.0	34.20	
	40	39	42	40	32	44	41	35				
5	50	46	40	41	34	38	39	34	38.5	2.5	31.05	
	43	33	34	39	35	42	32					
6	55	45	53	42	44	50	56	43	48.5	3.0	46.55	
	50	50	44	49	48	52	43	53				

由表 2-3 和表 2-4 可知,强度均高于 30MPa,说明此处长期过水面并未遭受到腐蚀,因此无需使用超声检测仪进行腐蚀深度的测试。

3)临涣煤矿副井－267m 处井壁混凝土强度和腐蚀深度检测

临涣煤矿副井垂直深度 267m 处现有的过水面仍然为 2 个,左边过水面长度约为 1.5m,右边过水面长度约为 1.2m,位置示意如图 2-12 所示。将沉积层、致密层凿除后,分别使用回弹仪和超声检测仪进行回弹和声速检测。

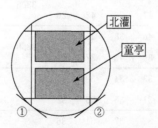

图 2-12　临涣煤矿副井－267m 处检测位置示意图

临涣煤矿副井－267m 处①号区域回弹测试结果如表 2-6 所示。井壁设计强度为 C30,此处井壁混凝土的强度平均值仅有 13.94MPa,因此有必要进行超声测试,检测井壁表层腐蚀层厚度,超声测试结果如表 2-7 所示。

表 2-6　临涣煤矿副井－267m 处①号区域回弹测试结果

测区编号	回弹值								代表值	碳化深度/mm	强度换算值/MPa	强度平均值/MPa
1	20	15	31	31	19	18	17	24	26.3	2.5	15.20	
	32	17	34	32	25	31	33	34				
2	26	24	31	21	29	21	28	21	22.5	2.0	11.50	
	18	21	18	13	25	32	18	20				
3	25	20	16	29	28	18	26	17	24.0	2.0	13.10	
	23	26	16	32	30	30	23	22				
4	26	25	19	23	29	26	30	24	23.6	2.0	12.20	13.94
	22	22	26	24	24	20	16	18				
5	37	35	32	29	30	37	26	19	28.2	2.0	17.80	
	28	19	18	28	20	31	25	33				
6	20	21	27	16	27	29	16	33	24.7	2.0	13.85	
	30	20	22	19	29	31	25	27				

表 2-7　临涣煤矿副井－267m 处①号区域超声测试结果

换能器间距/mm	0	50	100	150	200
声时/μs	0	18.5	30.4	44.6	54.5

绘制测距与各测点声时的线性回归图(图 2-13),根据回归结果计算得到其腐蚀深度为 11.91mm。

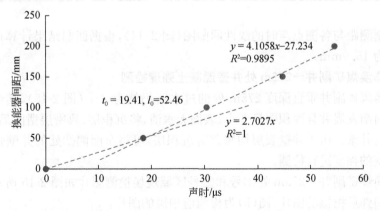

图 2-13　临涣煤矿副井－267m 处①号区域传播时间与换能器间距的关系曲线

临涣煤矿副井－267m 处②号区域回弹测试结果如表 2-8 所示。井壁设计强度为 C30,此处井壁混凝土的强度平均值仅有 10.80MPa,因此有必要进行超声测试,检测井壁表层腐蚀面的厚度,超声测试结果如表 2-9 所示。

表 2-8　临涣煤矿副井－267m 处②号区域回弹测试结果

测区编号	回弹值								代表值	碳化深度/mm	强度换算值/MPa	强度平均值/MPa
1	14	24	14	16	42	20	26	32	27.2	2.0	16.80	
	22	12	41	31	32	32	47	37				
2	42	21	30	19	20	17	14	17	21.3	1.5	10.80	
	18	19	20	25	24	36	34	15				
3	21	34	15	19	25	46	17	14	22.5	2.0	11.50	
	14	26	21	37	36	18	11	29				10.80
4	19	31	19	28	32	32	21	20	25.7	2.0	15.00	
	22	22	30	31	22	28	22	32				
5	25	27	22	31	27	21	18	30	24.9	2.0	14.15	
	22	18	20	25	24	36	34	28				
6	30	28	17	17	22	21	32	30	24.5	1.5	14.30	
	23	15	26	20	34	29	24	28				

表 2-9　临涣煤矿副井－267m 处②号区域超声测试结果

换能器间距/mm	0	50	100	150	200
声时/μs	0	19.3	33.2	48.5	56.1

绘制测距与各测点声时的线性回归图(图 2-14),根据回归结果计算得到其腐蚀深度为 16.9mm。

4)临涣煤矿副井－275m 处井壁混凝土强度检测

临涣煤矿副井垂直深度 275m 处的过水面仍然为 2 个(图 2-15),其中东南侧过水面向南发展并且面积明显变小,表面无水渍,将沉积层、致密层凿除后,可以看见完整的井壁。由于井壁表层均覆盖有沉积层,可将东南侧②处的井壁强度视为现有井壁的强度进行检测。

临涣煤矿副井－275m 处①号和②号区域现场检测图片如图 2-16 所示,图(a)为超声回弹后拍摄的图片,图(b)为检测前拍摄的图片。

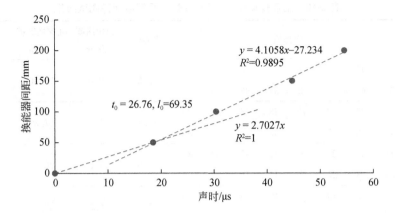

图 2-14　临涣煤矿副井−267m 处②号区域传播时间与换能器间距的关系曲线

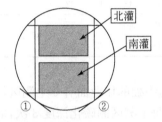

图 2-15　临涣煤矿副井−275m 处检测位置示意图

(a)①号区域东南过水面处　　　　　　　　(b)②号区域东南完整井处

图 2-16　临涣煤矿副井−275m 处①号和②号区域现场检测图片

　　①号区域东南过水面处的作业面有 6 个测区，呈 2 排 3 列布置，从左至右、自上而下对测区编号，每个测区测试 16 个回弹测点。每个测区测碳化深度 3 次，取平均值作为最终结果。回弹测试结果如表 2-10 所示。

表 2-10　临涣煤矿副井－275m 处①号区域回弹测试结果

测区编号	回弹值								代表值	碳化深度/mm	强度换算值/MPa	强度平均值/MPa
1	32	42	48	41	30	24	45	39	39.2	2.0	33.30	
	39	44	30	42	31	42	46	40				
2	23	22	30	55	28	46	39	38	35.4	2.0	27.30	
	42	32	47	56	33	15	28	38				
3	41	31	29	36	42	40	32	34	35.0	2.0	26.70	
	32	38	25	28	44	38	37	32				30.01
4	35	35	49	49	49	48	44	39	39.4	2.5	32.40	
	25	27	39	28	45	42	35	32				
5	42	44	36	33	27	36	42	34	37.3	2.0	30.35	
	39	35	34	42	33	43	44	32				
6	35	43	40	29	42	40	33	35	37.1	2.0	30.00	
	42	43	31	32	43	39	38	33				

②号区域东南过水面边缘处的作业面有 6 个测区,自上而下对测区编号,每个测区测试 16 个回弹测点。每个测区测碳化深度 3 次,取平均值作为最终结果。回弹测试结果如表 2-11 所示。

表 2-11　临涣煤矿副井－275m 处②号区域回弹测试结果

测区编号	回弹值								代表值	碳化深度/mm	强度换算值/MPa	强度平均值/MPa
1	38	36	41	33	45	35	39	39	38.1	3.0	29.35	
	43	32	32	44	42	41	36	34				
2	23	22	30	55	28	46	39	38	35.4	2.5	26.30	
	42	32	47	56	33	15	28	38				
3	41	31	35	33	35	43	30	30	35.9	2.5	27.35	
	32	38	34	37	44	49	34	40				28.36
4	37	32	42	46	41	36	40	33	37.8	3.0	28.90	
	46	31	42	37	38	34	39	34				
5	45	36	44	41	38	38	39	45	39.0	2.5	31.80	
	41	43	35	38	37	37	38	37				
6	33	35	35	35	33	44	34	36	35.5	2.5	26.45	
	34	40	35	32	41	35	36	45				

①号区域东南过水面处井壁混凝土和②号区域东南过水面边缘处井壁混凝土的平均强度基本相同,说明过水面边缘并未对井壁混凝土造成更大的损害。

5)临涣煤矿副井－280m处井壁混凝土强度检测

临涣煤矿副井东南侧的过水面在垂直深度280m处消失,此处过水面仅有西南侧一个(图2-17),西南侧过水面的过水面积也有所缩小,为在过水面边缘①进行试验创造了条件。该处过水面上的泥状沉积层3～5mm,如图2-18所示,过水面边缘的沉积层5～10mm,凿开沉积层和石膏硬化层均可以看到平整的井壁面。

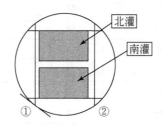

图 2-17　临涣煤矿副井－280m处检测位置示意图

图 2-18　临涣煤矿副井－280m处①号区域现场检测图片

①号区域作业面有6个测区,自上而下对测区编号,每个测区测试16个回弹测点。每个测区测碳化深度3次,取平均值作为最终结果。回弹测试结果如表2-12所示。

2.童亭煤矿副井典型部位混凝土强度和腐蚀深度检测

1)童亭煤矿副井－346m处混凝土强度和腐蚀深度检测

此处井壁在高度200mm范围内,混凝土有轻微鼓胀破坏现象,混凝土表面有明显渗水,但渗水量较小,不足以形成淋水,凿开后可以明显看到浇筑面间存在缝隙,水沿着缝隙流出。

表 2-12　临涣煤矿副井－280m 处①号区域回弹测试结果

测区编号	回弹值								代表值	碳化深度/mm	强度换算值/MPa	强度平均值/MPa
1	39	38	38	40	35	39	42	40	35.0	1.0	28.00	
	42	40	35	40	42	38	36	40				
2	36	34	41	38	34	35	40	41	34.3	1.5	27.10	
	41	40	37	40	37	40	41	35				
3	45	43	40	45	44	38	41	41	37.7	1.5	32.45	
	40	43	41	38	43	45	42	44				28.56
4	39	41	43	41	39	38	38	40	35.3	1.5	28.40	
	38	39	40	40	37	39	40	41				
5	39	35	39	38	36	34	38	39	33.4	1.0	27.10	
	38	38	35	34	40	39	41	34				
6	40	35	36	39	36	39	37	37	34.2	1.0	28.30	
	41	41	39	39	37	38	38	41				

　　腐蚀范围内,井壁表面严重腐蚀层厚度为 20～30mm,严重腐蚀层内混凝土完全丧失强度,其净浆硬化体与骨料均风化破碎成小颗粒。将严重腐蚀层凿除后,井壁呈明显的蜂窝状,蜂窝状表面清理干净并磨平后进行回弹测试,记录为①号回弹测试区,同一位置向上 2m 的完整井壁处进行回弹测试,记录为②号回弹测试区,在渗水面下方结束处记录为③号回弹测试区,如图 2-19 所示,各区域现场检测图片如图 2-20 所示。

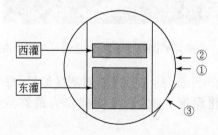

图 2-19　童亭煤矿副井－346m 处检测位置示意图

　　井壁北侧①号区域渗水处有 6 个测区,各测区沿井壁周向布置,从左到右依次编号,每个测区测试 16 个回弹测点。该区域内,各测区的碳化深度都接近于 0。回弹测试结果如表 2-13 所示。

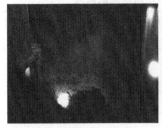  

(a)井壁北侧①号区域　　　　　(b)井壁北侧②号区域　　　　　(c)渗水面下方③号区域

图 2-20　童亭煤矿副井－346m 处①号、②号和③号区域现场检测图片

表 2-13　童亭煤矿副井－346m 处井壁北侧①号区域回弹测试结果

测区编号	回弹值								代表值	碳化深度/mm	强度换算值/MPa	强度平均值/MPa
1	24	21	18	24	16	24	23	18	20.7	0	11.10	
	22	22	20	20	19	24	17	17				
2	24	26	26	25	19	21	21	24	23.7	0	14.50	
	24	24	26	24	22	24	25	20				
3	19	18	20	17	22	23	22	17	19.6	0	9.63	
	23	19	18	18	21	18	19	23				11.38
4	23	23	20	24	19	20	23	24	21.2	0	11.60	
	22	21	20	19	22	19	20	21				
5	22	24	18	19	19	15	16	22	19.1	0	9.25	
	18	17	19	15	24	24	21	16				
6	23	21	17	25	23	22	19	18	21.7	0	12.20	
	19	26	18	25	23	24	17	25				

　　揭开表面强腐蚀层后,内部依然腐蚀严重,应当使用超声检测仪进行混凝土腐蚀深度测试,但是由于蜂窝状表面的存在,超声数据无法完整稳定地读出,采用锤子继续开凿,至混凝土内部回弹值达 34 或以上时停止,可以得到其内部腐蚀深度约为 25mm,即渗水面处表面有强腐蚀层 20～30mm,内部还有 25mm 的腐蚀层。

　　受作业面限制,井壁北侧②号区域渗水结束处仅够竖向布置 4 个测区,每个测区测试 16 个回弹测点。每个测区测碳化深度 3 次,取平均值作为最终结果。回弹测试结果如表 2-14 所示。

表 2-14　童亭煤矿副井-346m 处井壁北侧②号区域回弹测试结果

测区编号	回弹值								代表值	碳化深度/mm	强度换算值/MPa	强度平均值/MPa
1	45	37	35	40	42	44	42	43	41.1	2.0	36.15	
	43	42	40	39	43	41	39	38				
2	38	42	44	37	45	42	39	41	39.7	2.5	32.85	
	33	40	34	34	41	34	33	46				34.01
3	39	38	44	38	46	38	40	34	38.8	2.0	32.70	
	37	37	46	36	39	42	37	40				
4	44	40	44	41	41	37	37	37	39.9	2.0	34.35	
	44	32	41	45	35	39	42	32				

在渗水面下方③号区域渗水处设置 6 个测区,以 3 排 2 列布置,并依次编号,每个测区测试 16 个回弹测点。该区域内,各测区的碳化深度均小于 4mm。回弹测试结果如表 2-15 所示。

表 2-15　童亭煤矿副井-346m 处渗水面下方③号区域回弹测试结果

测区编号	回弹值								代表值	碳化深度/mm	强度换算值/MPa	强度平均值/MPa
1	40	42	44	44	43	39	37	44	41.0	3.5	32.30	
	39	37	40	36	36	44	43	37				
2	36	35	41	41	37	45	36	45	40.1	3.5	31.00	
	38	45	42	40	42	42	41	41				
3	41	43	46	38	41	41	46	37	39.7	3.0	31.30	
	36	39	44	39	37	37	36	41				
4	42	38	40	46	42	44	44	45	42.1	3.0	35.10	31.30
	44	45	45	38	40	44	45	39				
5	48	40	40	40	40	44	40	42	41.5	2.5	35.60	
	39	42	39	48	45	40	43	42				
6	42	43	44	39	43	42	42	41	41.8	3.0	34.50	
	41	42	44	41	39	41	43	41				

渗水结束处及旁边干燥井壁混凝土的平均强度分别为 34.01MPa 和31.30MPa,均满足原井壁 C30 的设计强度。在渗水出流处井壁混凝土强度为 11.38

MPa,强度损失严重,腐蚀层厚度为 45~55mm,有必要加以注意。

2)童亭煤矿副井－355.5m 处混凝土强度检测

此处井壁在高度 300mm 范围内,井壁混凝土鼓胀破坏,混凝土表面有明显渗水,但渗水量较小,不足以形成淋水,如图 2-21 和图 2-22 所示。混凝土表面无沉积层,说明该范围内混凝土含水是由其井壁内部渗出。由于童亭煤矿副井－355.5m 处的井壁混凝土全周严重胀裂、剥落破坏,无法检测该处的混凝土强度。

表层混凝土的骨料与净浆硬化体之间的胶结力完全丧失,骨料自身也风化严重,呈片状破坏,用手捏即可粉碎。在前期的初步分析结果中,检测出了大量石膏,说明此处的腐蚀类型属于结晶膨胀型,渗水中的 SO_4^{2-} 侵入混凝土中,与水泥水化产物氢氧化钙反应生成石膏,反应生成的石膏使混凝土体积发生膨胀,从而引起混凝土的开裂和破坏。该处腐蚀层厚度达 70~100mm,童亭煤矿副井基岩段井壁为厚度 450mm 浇筑的单层井壁。

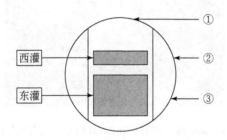

图 2-21　童亭煤矿副井－355.5m 处检测位置示意图

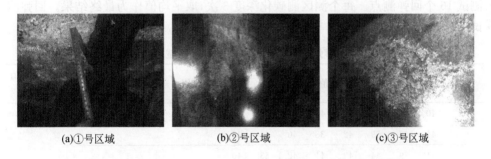

(a)①号区域　　　　　(b)②号区域　　　　　(c)③号区域

图 2-22　童亭煤矿副井－355.5m 处①号、②号和③号区域现场检测图片

3)童亭煤矿副井－357m 处混凝土强度检测

清理完出水孔内沉积物后,发现该出水孔为直径 50mm 的规则圆形,说明其为前期钻芯取样形成的,此处出水点下方过水面处的混凝土表面有少许沉积层,拨开后可以看到完整的井壁,过水面井壁与旁边干燥井壁外观上相差不大,如图 2-23 和图 2-24 所示。下面对混凝土过水面及其旁边干燥井壁分别进行检测。

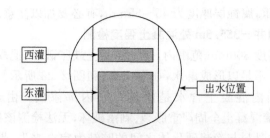

图 2-23　童亭煤矿副井－357m 处检测位置示意图

图 2-24　童亭煤矿副井－357m 处出水位置现场检测图片

由于过水面面积较小,作业面积受限,布置 4 个测区,自上而下编号,每个测区测试 16 个回弹测点。每个测区测碳化深度 3 次,取平均值作为最终结果。回弹测试结果如表 2-16 所示。

表 2-16　童亭煤矿副井－357m 处过水面区域回弹测试结果

测区编号	回弹值								代表值	碳化深度/mm	强度换算值/MPa	强度平均值/MPa
1	40	44	43	45	42	41	39	44	41.8	2.5	36.00	
	41	46	39	42	38	40	41	46				
2	41	39	44	43	41	42	43	40	41.5	3.0	34.00	
	43	41	40	40	42	41	41	43				36.80
3	47	47	40	47	41	44	44	41	42.4	2.0	38.30	
	40	41	40	44	40	42	46	43				
4	40	46	45	46	40	43	39	41	42.7	2.0	38.90	
	44	39	44	43	42	42	45	43				

过水面旁边干燥井壁布置 6 个测区，自上而下编号，每个测区测试 16 个回弹测点。每个测区测碳化深度 3 次，取平均值作为最终结果。回弹测试结果如表 2-17 所示。

表 2-17　童亭煤矿副井－357m 处干燥区域回弹测试结果

测区编号	回弹值								代表值	碳化深度/mm	强度换算值/MPa	强度平均值/MPa
1	39	40	39	41	36	41	38	40	39.4	3.0	31.00	
	41	37	41	39	39	37	39	40				
2	38	40	41	38	39	42	43	43	40.2	2.5	33.60	
	43	42	39	38	38	39	41	41				
3	42	44	45	44	40	44	40	41	41.6	3.5	33.30	
	42	39	42	40	42	43	40	40				32.30
4	41	41	40	44	44	40	42	42	41.4	3.0	33.80	
	41	43	40	45	40	41	41	42				
5	37	39	36	43	38	39	38	42	38.2	2.0	31.80	
	38	38	37	37	37	41	37	43				
6	40	42	37	42	36	36	37	36	38.7	3.0	30.30	
	36	37	39	42	41	40	40	40				

过水面旁干燥井壁混凝土强度平均值为 32.30MPa，略小于过水面井壁混凝土的强度平均值。

4）童亭煤矿副井－359m 处混凝土强度和腐蚀深度检测

此深度井壁混凝土均有轻微鼓胀破坏，井壁表面湿润但是未见明显渗流，浸水面垂向高度 1～3m。该处虽然有过水，但是过水范围仅在东南方向有环向长度 3m，不足以浸润井壁的全周，该范围内混凝土含水是由其井壁内部渗出的。清除表面 30mm 左右的强腐蚀层后，进行回弹测试，检测位置如图 2-25 和图 2-26 所示。

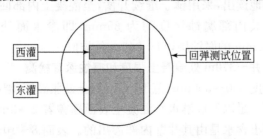

图 2-25　童亭煤矿副井－359m 处检测位置示意图

图 2-26　童亭煤矿副井−359m 处测试区域现场检测图片

该区域作业面有限,仅够布置 3 个测区,沿井壁环向布置,每个测区测试 16 个回弹测点。每个测区测碳化深度 3 次,取平均值作为最终结果。回弹测试结果如表 2-18 所示。

表 2-18　童亭煤矿副井−359m 处测试区域回弹测试结果

测区编号	回弹值								代表值	碳化深度/mm	强度换算值/MPa	强度平均值/MPa
1	19	21	22	23	18	18	22	23	21.1	0	11.50	
	20	23	22	22	21	19	25	18				
2	24	23	25	20	20	25	25	20	21.8	0	12.30	12.37
	19	21	20	24	23	22	21	19				
3	24	23	22	22	24	23	21	18	22.7	0	13.30	
	22	25	22	19	20	25	25	24				

清理表面腐蚀层后,内部混凝土强度仅有 12.37MPa,远低于设计的 30MPa,应当使用超声检测仪进行混凝土腐蚀深度测试,但是由于蜂窝状表面的存在,超声数据无法完整稳定地读出,采用锤子继续开凿,至混凝土内部回弹值达 34 或以上时停止,可以得到其内部腐蚀深度约为 35mm,即渗水面处表面有强腐蚀层 30mm,内部还有 35mm 的腐蚀层,与−346m 处类似。

5)童亭煤矿副井−370m 处混凝土强度和腐蚀深度检测

此处井壁在高度 300~500mm 范围内,混凝土鼓胀破坏,混凝土表面有明显渗水,但渗水量较小,不足以形成淋水。混凝土表面覆盖着 2~3mm 厚的黑色物质,说明该范围内混凝土含水是由其井壁内部渗出的。表面 8~10mm 厚的强腐蚀层捏之即碎,用扁铲等工具清理后,进行回弹检测,检测位置如图 2-27 所示,现场检测图片如图 2-28 所示。

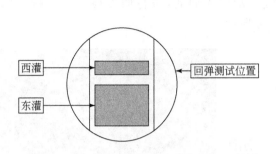

图 2-27　童亭煤矿副井－370m 处检测位置示意图　　图 2-28　童亭煤矿副井－370m 处
测试区域现场检测图片

该区域作业面有 6 个测区,自上而下布置,每个测区测试 16 个回弹测点。每个测区测碳化深度 3 次,取平均值作为最终结果。回弹测试结果如表 2-19 所示。

表 2-19　童亭煤矿副井－370m 处测试区域回弹测试结果

测区编号	回弹值								代表值	碳化深度/mm	强度换算值/MPa	强度平均值/MPa
1	20	19	22	21	23	20	23	22	22.0	0	12.50	
	24	24	21	20	24	24	24	19				
2	21	21	22	19	21	25	23		21.2	0	11.60	
	21	20	25	24	21	23	18	19				
3	26	19	20	23	26	23	22		22.1	0	12.60	
	21	20	18	24	23	24	20	23				12.18
4	21	27	25	22	22	24	22	20	21.7	0	12.20	
	23	25	22	18	20	22	21					
5	21	26	23	22	22	23	22		23	0	13.70	
	24	18	25	20	26	23	23	19				
6	17	20	22	24	19	18	22	18	20.2	0	10.50	
	24	20	25	19	21	21	21	19				

此处揭开表面强腐蚀层后,强度平均值只有 12.18MPa,用锤子继续开凿,至混凝土内部回弹值达 34 或以上时停止,可以得到其内部腐蚀深度约 40mm,即渗水面处表面有强腐蚀层 80~100mm,内部还有 40mm 的腐蚀层。

6）童亭煤矿副井－430m 处混凝土强度和腐蚀深度检测

该深度井壁表面的 2/3 面积已经被过水面覆盖，井壁表面上无沉积层，仅有很薄的一层黑色疏松凝胶和硫酸钙层，刮出表面后，进行回弹检测，检测位置如图 2-29 所示，现场检测图片如图 2-30 所示。

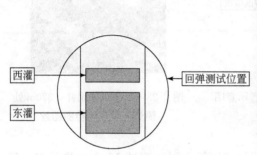

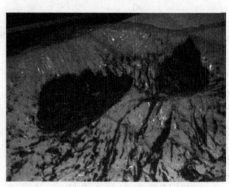

图 2-29　童亭煤矿副井－430m 处检
　　　　　测位置示意图

图 2-30　童亭煤矿副井－430m 处测试
　　　　　区域现场检测图片

该区域作业面有 6 个测区，呈 3 排 2 列布置，自左而右、自上而下分别布置，每个测区测试 16 个回弹测点。每个测区测碳化深度 3 次，取平均值作为最终结果。回弹测试结果如表 2-20 所示。

表 2-20　童亭煤矿副井－430m 处测试区域回弹测试结果

测区编号	回弹值								代表值	碳化深度/mm	强度换算值/MPa	强度平均值/MPa
1	36	30	36	29	29	33	35	28	31.8	3	21.0	
	28	36	29	34	28	30	36	33				
2	25	26	26	32	31	31	29	29	27.7	3.5	15.5	
	30	26	28	27	27	25	26	29				
3	32	27	26	31	28	33	31	27	30.5	3	19.3	
	33	33	32	28	33	33	24	30				19.33
4	31	28	30	31	28	28	28	30	28.6	2.5	17.6	
	30	31	27	27	26	26	29	28				
5	33	32	32	31	29	32	33	32	32	3	21.2	
	32	32	31	31	30	33	33	34				
6	34	30	31	34	32	34	31	31	32.1	3	21.4	
	31	31	34	31	33	33	34	30				

该区域的强度平均值为 19.33MPa,井壁混凝土的表观尚好,可以使用超声检测仪进行腐蚀深度的检测,结果如表 2-21 所示。

表 2-21　童亭煤矿副井－430m 处测试区域超声测试结果

换能器间距/mm	0	50	100	150
声时/μs	0	18.2	35.4	49.7

绘制测距与各测点声时的线性回归图(图 2-31),根据回归结果计算得到其腐蚀深度为 23.13mm。

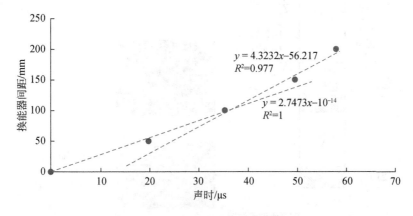

$$y = 4.3232x - 56.217$$
$$R^2 = 0.977$$

$$y = 2.7473x - 10^{-14}$$
$$R^2 = 1$$

图 2-31　童亭煤矿副井－430m 处测试区域传播时间与换能器间距的关系曲线

2.4　井壁混凝土腐蚀破坏机理分析

为研究童亭煤矿副井井壁混凝土腐蚀破坏机理,2012 年 2 月 28 至 3 月 11 日对童亭煤矿副井井壁进行了取样分析,部分取样位置及样品图片如图 2-32 所示。通过 SEM、EDS、XRD 对不同深度被腐蚀的井壁混凝土进行微观分析,研究环境介质对水化产物水化硅酸钙(C-S-H)结构的影响。结果表明,垂直深度 304.8m 至马头门位置的井壁混凝土破坏严重,强度由原来的 C30 降低到 10~15MPa;马头门附近过水面的井壁混凝土受到了溶解性腐蚀,水化产物氢氧化钙、钙矾石等基本消耗殆尽,大部分 C-S-H 已被分解,主要物相是 $CaCO_3$ 以及少量低碱度的 C-S-H 凝胶;垂直深度 346~430m 过水面的井壁外附着黑色糜烂状沉积层,主要是水泥石中 C-S-H 凝胶碳化生成的无胶凝性的硅胶和结晶度较差的钙矾石;地下水中的 SO_4^{2-} 和 Na^+ 对井壁混凝土的腐蚀主要是膨胀性的化学腐蚀,生成的钙矾石、石膏以及析出的芒硝、石盐结晶体会产生较大的膨胀压,可导致井壁混凝土胀裂而成片剥落。

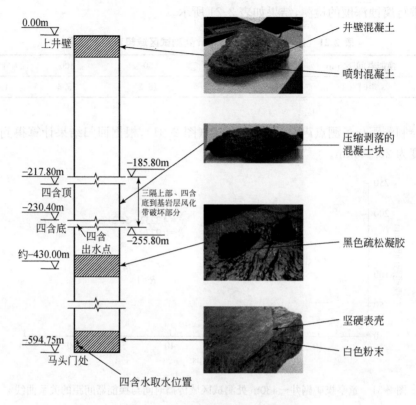

图 2-32　部分取样位置及样品图片

2.4.1　水质分析

临涣煤矿和童亭煤矿副井穿越第四含水层下部井壁,自 20 世纪 90 年代末开始陆续出现多个出水点,发展至今,秋冬季透水量为 2~4t/天,春夏季透水量为 7~9t/天,四含出水点在周向的过水长度为井壁周长的 1/3~1/2。在四含出水长期冲刷下的井壁,过水之处表层覆盖黑色糜烂状物质,部分井壁混凝土脱落。选择具有代表性的出水点,罐道梁上和罐笼顶端采集水样后,对样品进行遮光密封保存,水样所含各种离子成分及其浓度使用色谱仪进行分析,结果如表 2-22 和表 2-23 所示。

表 2-24 和表 2-25 为 1993 年 11 月 8 日东总回风巷 F9 断层出水点的水质分析结果,表 2-26 为 1993 年水质台账与 2013 年调研取样部分离子浓度对比,所取水样的离子成分基本一致,说明基岩段出水应为沿井壁与围岩间导水断裂或断层带流出的四含水。

表 2-22　临涣和童亭煤矿副井基岩段出水水质分析

取样日期	地点	取样深度 /m	阳离子浓度/(mg/L)					阴离子浓度/(mg/L)			
			Na^+	K^+	Mg^{2+}	Ca^{2+}	CO_3^{2-}	F^-	Cl^-	SO_4^{2-}	NO_3^-
2013/5/4	临涣	−364	556.4	8.534	111.7	291.7	69.90	0.32	181.73	1860.18	5.13
		−248	362.1	7.326	160.6	378.9	95.84	0.60	236.87	1748	0.27
		−379	626.6	7.173	101.8	227.7	91.74	0.30	176.31	1867.54	5.72
2013/5/5	童亭	−419	708.3	3.979	69.0	215.0	86.58	0.25	168.64	1928.2	<0.05
		−391	655.5	4.256	84.07	256.9	83.31	0.23	184.27	1873.9	1.43

表 2-23　临涣和童亭煤矿副井水质对比

参数	阳离子浓度/(mg/L)				阴离子浓度/(mg/L)				
	Na^+	K^+	Mg^{2+}	Ca^{2+}	CO_3^{2-}	F^-	Cl^-	SO_4^{2-}	NO_3^-
均值	581.780	6.254	105.438	274.040	85.475	0.338	189.564	1855.564	3.135
均方差	134.494	2.022	34.922	65.640	9.938	0.148	27.115	65.854	2.693
均方差/均值	0.231	0.323	0.331	0.240	0.116	0.438	0.143	0.0355	0.859

表 2-24　四含水水质物理性质(测试时间 1993 年 11 月 8 日)

取样地点	物理性质			硬度(德国度)			pH	总碱度 /(mg/L)	酸度 /(mg/g)	固定 CO_2 /(mg/L)	侵蚀性 CO_2 /(mg/L)
	颜色	透明度 悬浮物	灼热残渣 /(mg/L)	总硬度	永久 硬度	暂时 硬度					
东总回风巷 F9 断层出水点	—	—	3715.63	109.41	90.34	19.07	7.11	19.07	1.28	11.28	1.4

表 2-25　四含水水质离子分析表(测试时间 1993 年 11 月 8 日)

每升中含水量	阳离子				阴离子				
	Na^+	Ca^{2+}	Mg^{2+}	NH_4^+	Cl^-	SO_4^{2-}	HCO_3^-	NO_3^-	NO_2^-
毫克	292.4	581.86	177.73	1	249.85	2163.67	232.21	0.72	<0.004
毫克当量	12.71	29.03	14.63	0.06	7.05	45.05	3.81	0.01	
毫克当量百分比	22.52	51.46	25.92	0.1	12.59	80.46	6.8	0.02	

表 2-26　1993 年水质台账与 2013 年调研取样部分离子浓度对比　　（单位：mg/L）

离子	Na^+	Ca^{2+}	Mg^{2+}	Cl^-	SO_4^{2-}	HCO_3^-	NO_3^-
1993 年水质台账	292.400	581.860	177.730	249.850	2163.670	232.210	0.720
临涣/童亭副井均值	581.780	274.040	105.438	189.564	1855.564	—	3.135

临涣、童亭矿井第四含水层与基岩直接接触,均留设足够的防水煤柱,井下突水点水化学资料分析表明,其水质类型与第四含水层基本相同,说明四含水正通过导水通道进入矿井。除此之外,临涣、童亭煤矿副井基岩段出水点与四含水所含离子类型及含量大致相当,说明基岩存在导水通道,使得基岩段井壁受到四含水的硫酸盐腐蚀。1978 年 4 月 18 日主井筒施工至 277.0m 揭露小断层 FS141,突水水量为 290m³/h,造成水淹井筒,经注浆后水量减少至 10m³/d 以下,突水原因是该地段第四含水层较发育,井筒开挖破坏了地质、水文地质的天然平衡条件,也使四含水通过断层带突入井筒内。

从表 2-26 中可以看出,1993 年水质台账中 SO_4^{2-} 浓度为 2163.670mg/L,此次调研的 SO_4^{2-} 浓度为 1855.564mg/L,硫酸盐含量超过国家标准,是典型的盐害环境,属于严重盐害腐蚀。此外,硫酸盐侵蚀中阳离子的类型有 Na^+、Ca^{2+}、Mg^{2+} 和 NH_4^+,除 NH_4^+ 未检测出外,其他离子均存在于四含水中,浓度分别为 581.780mg/L、274.040mg/L、105.438mg/L。而硫酸镁对混凝土的腐蚀是双重腐蚀,既有 SO_4^{2-} 最终生成膨胀性产物的膨胀性腐蚀,又有 Mg^{2+} 最终生成无胶凝性的氢氧化镁的腐蚀。

2.4.2　溶解性化学腐蚀

井壁混凝土在地下水的作用下,水泥石中的 $Ca(OH)_2$ 会不断溶出,特别是当水泥石渗透性较大而又受压力水作用时,水不仅能渗入内部,还能产生渗流作用,将 $Ca(OH)_2$ 溶解并渗滤出来,因此不仅减小了水泥石的密实度,影响其强度,而且由于液相中 $Ca(OH)_2$ 的浓度降低,一些高碱性水化产物向低碱性转变或溶解,削弱了水泥的胶结能力,使混凝土结构疏松,强度下降。该作用方向是由里及表不断向井壁推进。图 2-33 为童亭煤矿副井马头门附近四含水过水面的井壁混凝土 SEM 和 EDS 图。

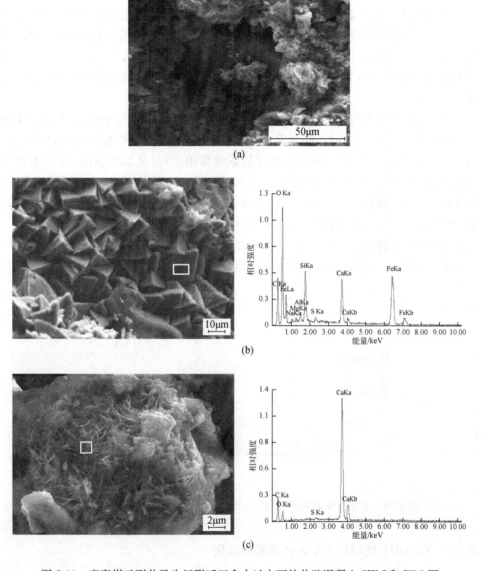

图 2-33　童亭煤矿副井马头门附近四含水过水面的井壁混凝土 SEM 和 EDS 图

从图 2-33（a）中可以看出，童亭煤矿副井马头门附近四含水过水面的井壁混凝土结构疏松；从图 2-33（b）中可见，混凝土内部有大量的碳酸钙结晶体存在，EDS 能谱图也证实图中的晶体为碳酸钙；从图 2-33（c）中可以看出，井壁混凝土内部也有少量不规则的薄片状 C-S-H 凝胶存在，但 C-S-H 凝胶较疏松，属于 I 型 C-S-H 的特征形态，从 EDS 能谱图可知，薄片状物质是低碱度的水化硅酸钙，Ca/Si 较低，仅为 0.77。

　　将取自童亭煤矿副井马头门附近四含水过水面的井壁混凝土去除石子,并尽量去除砂子,碾磨后进行 XRD 分析,结果如图 2-34 所示。图中显示,其主要物相是 $CaCO_3$;井壁混凝土由于受到了溶解性腐蚀,水化产物 $Ca(OH)_2$、Aft 等基本消耗殆尽,已无特征峰;且 C-S-H 大部分已被分解,没有明显的特征峰,这在图 2-33 中已经证实。

　　另外,地下水中的 HCO_3^- 与水泥石中的 $Ca(OH)_2$ 反应,生成几乎不溶于水的 $CaCO_3$ 积聚在已硬化水泥石的孔隙内,可阻滞外界水的侵入和内部的 $Ca(OH)_2$ 向外扩散。但当含水层水压下降时,发生脱碳酸作用,CO_2 从水中逸出。CO_2 对混凝土的腐蚀首先使混凝土表层 $CaCO_3$ 溶解:$CaCO_3 + H_2O + CO_2 \longrightarrow Ca^{2+} + 2HCO_3^-$,当溶解的 Ca^{2+} 和 HCO_3^- 被渗水带至井壁表层或壁外时,由于压力骤然降低,会形成 $CaCO_3$ 沉淀,这就是在井壁滴水、淋水处可见"石钟乳"(钙化)的原因[1]。因此,$CaCO_3$ 溶解和结晶可反复进行,当结晶物的体积超过孔隙体积时,产生的结晶压力可导致井壁混凝土胀裂而成片剥落。

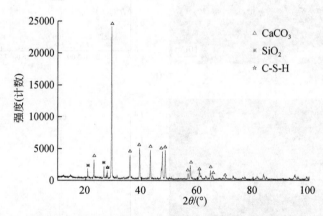

图 2-34　童亭煤矿副井马头门附近四含水过水面的井壁混凝土 XRD 图

2.4.3　$Ca(OH)_2$ 的碳化与 C-S-H 凝胶的碳化

　　童亭煤矿副井在垂直深度 346m 往下出水点增多、渗水量增大,过水井壁外附着黑色糜烂状沉积层,厚度一般为 20～30mm。在对童亭煤矿副井典型部位的腐蚀程度检测中可以看出,垂直深度 355m 以下的井壁混凝土强度降低 50% 以上。

　　图 2-35 为童亭煤矿副井垂直深度 430m 处过水井壁外附着的黑色糜烂状沉积物的 SEM 和 EDS 图。从图 2-35(a)可以看出,过水井壁外附着的黑色糜烂状沉积物结构疏松。从图 2-35(b)可知,黑色糜烂状沉积物主要是由 Ca、Si、O、C 等元素

组成的化合物,还有少量的由 K、Na、Al、Mg 等元素组成的化合物。

图 2-36 为童亭煤矿副井垂直深度 430m 处过水井壁外附着的黑色糜烂状沉积物的 XRD 图。XRD 图谱显示,其主要物相是 $CaCO_3$ 和 SiO_2。

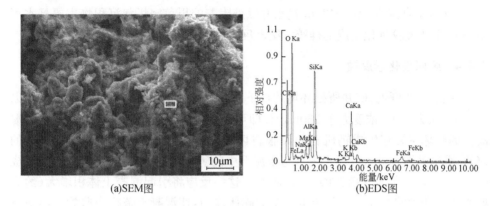

(a)SEM图　　　　　　(b)EDS图

图 2-35　童亭煤矿副井垂直深度 430m 处过水井壁外附着的黑色
糜烂状沉积物的 SEM 和 EDS 图

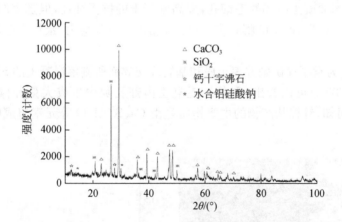

图 2-36　童亭煤矿副井垂直深度 430m 处过水井壁外附着的黑色糜烂状沉积物的 XRD 图

井壁混凝土的破坏除溶解性化学腐蚀外,还发生了碳化腐蚀。在无 CO_2 侵入时,$Ca(OH)_2$ 和 C-S-H 凝胶在混凝土中是稳定存在的;当有 CO_2 侵入时,$Ca(OH)_2$ 和 C-S-H 凝胶都会发生碳化。CO_2 侵入时,首先和 $Ca(OH)_2$ 反应,$Ca(OH)_2$ 碳化后,混凝土的碱度降低,随后引起 C-S-H 凝胶的脱钙和分解[2-6],导致 C-S-H 凝胶的 Ca/Si 降低[7]。而碱度较低的水化产物具有较高的比表面积及薄片状结构(这一点在图 2-33(c)中也得到证实),且结晶度越差,比表面积越大,在相同条件下,碳化就越严重[8,9]。随着脱碳酸作用的发生,混凝土内部的 C-S-H 凝胶碳化后生成了无定形硅胶和结晶度差的碳酸钙,使水泥石彻底丧失强度。另外,井壁混凝土所处环境的地下水中富含 K^+ 和 Na^+ , Na^+ 、K^+ 的存在提高了 $Ca(OH)_2$ 的溶解度,加速了 C-S-H 凝胶的碳化[10-12]。

　　因此,垂直深度 346~430m 过水井壁外附着的黑色糜烂状沉积物主要是水泥石中 C-S-H 凝胶碳化生成的硅胶和结晶度较差的 $CaCO_3$ 。

2.4.4　膨胀性化学腐蚀

　　由表 2-22 可见,矿井所处环境的地下水中 SO_4^{2-} 浓度很高,均在 1700mg/L 以上,一般认为 SO_4^{2-} 浓度大于 250mg/L 即可对混凝土产生腐蚀破坏。硫酸盐对混凝土的破坏主要有生成钙矾石的膨胀破坏和生成石膏的膨胀破坏。地下水中的 SO_4^{2-} 通过毛细孔进入混凝土内部与水泥石中的氢氧化钙和水化铝酸钙反应,生成带 32 个结晶水的水化硫铝酸钙(钙矾石),这一反应将引起混凝土体积增大(约为原水化铝酸钙的 2.5 倍),并产生一定的膨胀应力,使混凝土疏松或胀裂。当地下水中的 SO_4^{2-} 浓度大于 1000mg/L 时,不仅会有钙矾石的生成,还会有石膏晶体的析出,这是由 SO_4^{2-} 与水泥石中的氢氧化钙反应生成的。在侵蚀初期,生成的石膏晶体可以阻塞混凝土内部的毛细孔,提高混凝土的抗侵蚀性,但随着时间的延长,反应产物大量积聚,产生的膨胀应力超过了混凝土的拉应力,最终引起混凝土的开裂与溃散。

　　图 2-37 为童亭煤矿副井表土段和基岩段交界面所剥落混凝土的 SEM 和 EDS图。从图 2-37(a)可以看出,剥落的混凝土内部孔隙中生成大量针棒状产物,从图 2-37(b)可知,针棒状产物的主要物质是由 Ca、S、Al、O 等元素组成的钙矾石和石膏。

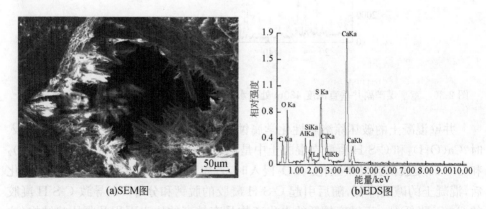

(a)SEM图　　　　　　　　　　　　　(b)EDS图

图 2-37　童亭煤矿副井表土段和基岩段交界面所剥落混凝土的 SEM 和 EDS 图

另外,底含水渗出壁外时,一些盐分的结晶可能产生芒硝、石盐等盐类,具有较强的吸水能力。图 2-38 为童亭煤矿副井第四含水层以下部位罐道梁上结晶体的 SEM 和 XRD 图。从图中可以看出,罐道梁上结晶体的主要成分为天然无水芒硝和石盐。芒硝有吸水膨胀、失水收缩的特点,井筒内环境潮湿,压力交替变化以及季节性、昼夜性温差均可使孔隙中及壁面上的芒硝与无水芒硝间发生相互转化并伴随体积的增缩。它们的吸水与脱水实质上是所含结晶水、弱结合水、自由水之间的相互转化,与井壁混凝土的赋水状态密切相关,井壁相应表现出干燥、潮湿、浸水的状态。同时所产生的膨胀应力反复作用,可导致井壁混凝土胀裂而成片剥落。

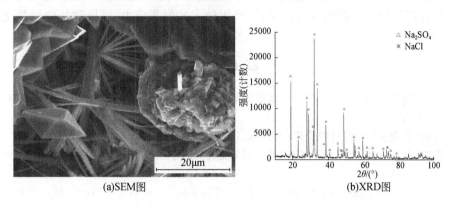

(a)SEM图　　　　　　　　　　　　　　(b)XRD图

图 2-38　童亭煤矿副井第四含水层以下部位罐道梁上结晶体的 SEM 和 XRD 图

2.5　小　结

从 20 世纪 90 年代末至今,临涣和童亭煤矿副井井壁加固层与原井壁间出现大量渗水,在四含水长期冲刷下的井壁,过水面呈现糜烂或鼓胀破坏,强度基本丧失。通过调查,认为:

临涣煤矿副井中加固段喷射混凝土强度尚可,但是加固段与原有井壁之间有渗水,并且加固段下方 0.3m 井壁上有若干渗水点,井壁上形成过水面的主要来源即上述渗水点。去除井壁表面沉积层后,可明显看见井壁表层混凝土有鼓胀现象,混凝土强度基本丧失,腐蚀层厚度 30～40mm。童亭煤矿副井干燥和过水面致密层覆盖之下的井壁,经无损检测推定其强度能达到设计强度 30MPa 以上,基本未受腐蚀。腐蚀严重的区域位于有微量渗水的浇接缝附近,其中－346m、－355.5m、－359m 和－370m 处腐蚀较明显,腐蚀深度分别达到了 50mm、100mm、65mm 和 80mm。

通过分析童亭煤矿副井腐蚀性离子成分、腐蚀混凝土的物相组成和微观结构,对井壁混凝土的腐蚀破坏机理进行了分析。结果表明,井壁混凝土所处环境的地下水中富含的 SO_4^{2-}、HCO_3^- 和 Na^+ 对混凝土具有强腐蚀性。混凝土孔隙和微裂缝的存在,使得童亭煤矿副井马头门附近第四含水层过水面的井壁混凝土受到了溶解性腐蚀,水化产物 $Ca(OH)_2$、Aft 等基本消耗殆尽,大部分 C-S-H 已被分解,其主要物相是 $CaCO_3$ 以及少量低碱度的 C-S-H 凝胶。除溶解性化学腐蚀外,还发生了碳化腐蚀。垂直深度 $346\sim430m$ 过水井壁外附着的黑色糜烂状沉积层主要是水泥石中 C-S-H 凝胶碳化生成的无胶凝性的硅胶和结晶度较差的 $CaCO_3$。地下水中的 SO_4^{2-} 和 Na^+ 对井壁混凝土的腐蚀主要是膨胀性化学腐蚀,生成的钙矾石、石膏以及析出的芒硝、石盐结晶体产生较大的膨胀应力,可导致井壁混凝土胀裂而成片剥落。

参 考 文 献

[1] 李定龙,周治安. 井壁混凝土渗水腐蚀破坏可能性分析[J]. 煤炭学报, 1996, 21(2): 158-163.

[2] 杨静. 混凝土的碳化机理及其影响因素[J]. 混凝土, 1995, (6): 23-28.

[3] 范宏,曹卫群,赵铁军,等. 海洋环境下混凝土的碳化与钙的溶出[J]. 建筑材料学报, 2008, 11(4): 414-419.

[4] Sun G K, Young J F, Kirkpatrick R J. The role of Al in C-S-H: NMR, XRD, and compositional results for precipitated samples[J]. Cement and Concrete Research, 2006, 36(1): 18-29.

[5] 杨南如. C-S-H 凝胶结构模型研究新进展[J]. 南京化工大学学报, 1998, 20(2): 78-85.

[6] Richardson I G. The nature of C-S-H in hardened cements[J]. Cement and Concrete Research, 1999, 29(8): 1131-1147.

[7] 何真,王磊,邵一心,等. 脱钙对水泥浆体中 C-S-H 凝胶结构的影响[J]. 建筑材料学报, 2011, 14(3): 293-298.

[8] 孙抱真,苏而达. 水化硅酸钙的结晶度与碳化速度[J]. 硅酸盐学报, 1984, 12(3): 281-286, 388.

[9] 何娟,杨长辉. 硅酸盐水泥混凝土的碳化分析[J]. 硅酸盐通报, 2009, 28(6): 1225-1229.

[10] Lodeiro I G, MacPhee D E, Palomo A, et al. Effect of alkalis on fresh C-S-H gels. FTIR analysis[J]. Cement and Concrete Research, 2009, 39(3): 147-153.

[11] Kobayashi K, Uno Y. Influence of alkali on carbonation of concrete, part I. Preliminary tests with mortar specimens[J]. Cement and Concrete Research, 1989, 19(5): 821-826.

[12] Kobayashi K, Uno Y. Influence of alkali on carbonation of concrete, Part 2—Influence of alkali in cement on rate of carbonation of concrete[J]. Cement and Concrete Research, 1990, 20(4): 619-622.

第3章　井壁混凝土硫酸盐腐蚀劣化特征与机理

3.1　概　　述

矿山井筒的耐久性取决于其所处环境条件,在我国西部地区、黄淮平原及华东沿海地区,高矿化度矿井水中富含大量可溶性盐,其中硫酸盐是常见的一类。硫酸盐会对井壁混凝土产生化学侵蚀,同时水位变动和矿井水的流动又会使井壁混凝土容易受到干湿交替的加速破坏。此外,井筒井壁在服役期间也在承受荷载作用。因此,矿井井壁混凝土结构时常受到化学过程和力学过程的双重破坏作用,服役性能出现劣化现象。对井壁混凝土在干湿循环作用下硫酸盐腐蚀的劣化过程以及腐蚀受荷劣化模型进行研究,有助于评价井壁混凝土结构服役状态和预测其使用寿命。现阶段大多以抗压强度或抗折强度作为单一评价指标来衡量井壁混凝土的性能劣化,对硫酸盐腐蚀环境中井壁混凝土受荷特征及劣化模型研究较少。

本章通过试验模拟硫酸盐腐蚀和干湿循环服役环境,分析随腐蚀进行,井壁混凝土抗压强度、劈裂抗拉强度和抗折强度等强度、质量和超声波波速变化及加载过程中应力-应变曲线变化,阐述腐蚀劣化对井壁混凝土性能的影响,引入劣化因子对腐蚀劣化进行多指标定量评价;研究受荷过程中硫酸盐腐蚀对混凝土应力-应变关系的影响规律,考虑腐蚀与荷载的叠加作用,探讨腐蚀时间和应变对井壁混凝土损伤扩展的影响,建立井壁混凝土腐蚀-受荷的劣化模型。分析不同腐蚀龄期井壁混凝土加载过程中波速和声发射的变化特征,运用损伤力学,以声发射累积振铃计数为损伤变量,将腐蚀引起的损伤和受荷引起的损伤用数学模型统一起来,表征井壁混凝土在环境腐蚀和荷载作用下的损伤演化规律;采用 SEM 和 EDS 进行微观观测并结合 XRD 测试手段分析受蚀混凝土的微观结构演化和腐蚀产物,揭示硫酸盐腐蚀环境中井壁混凝土的劣化机理。

3.2　井壁混凝土硫酸盐腐蚀的劣化特征

3.2.1　硫酸盐腐蚀环境中混凝土力学性能

为了测试硫酸盐腐蚀环境中混凝土的力学性能,本章制备的井壁混凝土主要采用以下材料:水泥选用 P.O 42.5 普通硅酸盐水泥,其主要性能指标如表 3-1 所示;掺合料选用Ⅱ级粉煤灰和 S95 级磨细矿渣,其主要性能指标如表 3-2 所示;细骨料为天然河砂,细度模数为 2.8;粗骨料连续级配,粒径范围为 5~20mm;减水剂为西卡聚羧酸型减水剂,拌合水为自来水,无水硫酸钠采用国药集团生产的 AR 级分析纯试剂。井壁混凝土配合比如表 3-3 所示。

表 3-1　水泥的主要性能指标

凝结时间/min		抗压强度/MPa		抗折强度/MPa		细度/%	标准稠度用水量
初凝	终凝	3d	28d	3d	28d		(质量分数)/%
170	390	29.8	47.8	5.2	8.1	6.6	28.5

表 3-2　粉煤灰和矿渣的主要性能指标

材料	密度/(g/cm³)	比表面积/(m²/kg)	需水量比/%	45μm 筛余/%	SO₃含量/%	烧失量/%
粉煤灰	2.6	460	97.6	6.5	0.73	4.9
矿渣	2.95	495	96.2	—	2.0	—

表 3-3　井壁混凝土配合比

强度等级	水泥/(kg/m³)	粉煤灰/(kg/m³)	磨细矿渣/(kg/m³)	石/(kg/m³)	砂/(kg/m³)	水/(kg/m³)	减水剂/(kg/m³)	水胶比
C30	220	90	60	1017	833	170	2.59	0.46

为加速试验进程,腐蚀溶液采用质量分数 10% 的硫酸钠溶液,其他步骤按照《普通混凝土长期性能和耐久性能试验方法标准》(GB/T 50082—2009)进行硫酸盐干湿循环腐蚀,干湿循环周期为 24h,其中浸泡 16h,烘干温度 80℃,烘干 6h,冷却 2h,硫酸盐干湿循环试验设备为 NELD-LSC 全自动硫酸盐干湿循环试验机。在试件腐蚀 20d、40d、60d、80d 后取出进行质量、超声波传播速度等测试,超声检测设备为 NM-4A 非金属超声检测仪。采用液压式屏显万能试验机进行抗压、劈裂抗拉、抗折和单轴压缩应力-应变等宏观力学试验。

同时测试加载过程中超声波传播速度和声发射特征的变化。试验过程中,在混凝土试件侧面布置声波传感器,测量加载过程中试件的超声波波速变化规律,采用发射传感器和接收传感器测量超声波在试件中传播的时间差,其与试件长度的比值即为超声波传播速度;在混凝土试件侧面固定声发射传感器接收试件破裂的声发射信号,试件在承受外力作用时,内部将会发生损伤破坏,利用声发射探头可以对这一过程进行监测[1]。声发射试验采用美国物理声学公司生产的 6 通道 PCI-2

声发射检测系统进行声发射监测,通道传感器谐振频率为 60kHz,前置放大器增益为 40dB,噪声门槛值为 45dB。

　　图 3-1 为试件腐蚀过程中的表观变化。可以看出,腐蚀初期,试件棱角开始疏松,轻微劣化(图 3-1(a)),随着腐蚀的进行,细小的裂纹从棱边向内部延伸(图 3-1(b)),裂纹逐渐拓宽增多,棱角受损加重,伴有软化剥落(图 3-1(c)),直到出现粗大、贯通裂缝(图 3-1(d))。

(a)　　　　　　　　(b)　　　　　　　　(c)　　　　　　　　(d)

图 3-1　试件腐蚀过程中的表观变化

　　为了解硫酸盐腐蚀和干湿循环作用下井壁混凝土的性能变化,在腐蚀过程中定期测试试件的质量和超声波传播速度并进行比较分析。为便于比较,定义质量变化因子 S,表达式为

$$S = \frac{m_t - m_0}{m_0} \tag{3-1}$$

式中,S 为质量变化因子;m_0、m_t 分别为混凝土腐蚀前和腐蚀到 t 龄期时的质量。

　　定义相对波速 V_r,表达式为

$$V_r = \frac{V_t}{V_0} \tag{3-2}$$

式中,V_r 为相对波速;V_0、V_t 分别为混凝土腐蚀前超声波传播速度和腐蚀到 t 龄期时的波速。

　　在硫酸盐腐蚀和干湿循环作用下,试件质量变化因子和相对波速随腐蚀时间的变化如图 3-2 所示。可以看出,混凝土试件的质量变化因子和相对波速随着腐蚀时间的延长先增大后减小。腐蚀初期,硫酸钠溶液与试件反应生成钙矾石、石膏等侵蚀产物,加之部分侵入试件的盐溶液结晶,这些物质填充了试件内部的初始微孔洞,试件质量比腐蚀前增加,更加密实。随着侵蚀的继续和生成物的不断累积膨胀,试件内部开始出现微孔隙和微裂缝,且随着侵蚀的加剧而扩展延伸,并伴有表皮的部分脱落,试件质量和超声波波速开始逐渐减小。可以看出,质量的变化滞后于波速和强度变化,在腐蚀 20d 后,质量仍然有所增长,但增长幅度减小,原因可能是填充效应和开裂脱落效应共存的影响,腐蚀 40d 后质量开始逐渐减小。波速变化反映了试件内部密实程度的变化[2],随着腐蚀引起的微裂缝增多,试件内部密实性变差,波速变小,而随着密实性变差,盐溶液更容易侵入试件内部,使得腐蚀加剧。

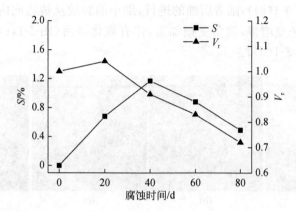

图 3-2　试件质量变化因子和相对波速随腐蚀时间的变化

　　在硫酸盐腐蚀和干湿循环作用下,试件抗压强度随腐蚀时间的变化如图 3-3 所示。可以看出,随着硫酸盐腐蚀的进行,混凝土抗压强度呈先增大后减小的变化规律,腐蚀 20d 时抗压强度达到 43.8MPa,比腐蚀前增加 8.68%,随后抗压强度逐渐下降,而腐蚀 80d 时的剩余强度为 32.8MPa,仅为腐蚀前的 81%。

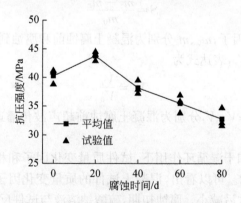

图 3-3　试件抗压强度随腐蚀时间的变化

　　图 3-4、图 3-5 分别给出了混凝土劈裂抗拉强度和抗折强度随腐蚀时间的变化。可以看出,劈裂抗拉强度、抗折强度随腐蚀时间的变化规律和抗压强度基本一致,均在腐蚀 20d 时达到峰值,分别比腐蚀前增加 10.27% 和 8.62%,腐蚀 80d 时分别下降到腐蚀前的 76% 和 77%。劈裂抗拉强度和抗折强度对硫酸盐腐蚀劣化较敏感,原因在于受硫酸盐腐蚀的混凝土结构层由于侵蚀产物和盐结晶的膨胀作

用对未腐蚀结构层产生一定的拉应力,拉应力又与劈拉荷载产生叠加,使得受蚀井壁混凝土劈裂抗拉强度明显降低[3]。

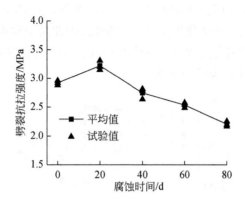

图 3-4　试件劈裂抗拉强度随腐蚀时间的变化

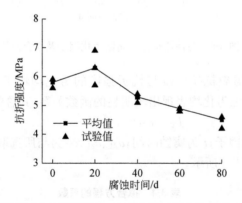

图 3-5　试件抗折强度随腐蚀时间的变化

3.2.2　硫酸盐腐蚀劣化表征及分析

由硫酸盐腐蚀和干湿循环试验可知,随着腐蚀时间的增加,硫酸盐腐蚀环境中井壁混凝土的力学性能降低,可以通过物理力学性能的变化来反映材料内部的劣化程度。为了定量反映腐蚀环境下井壁混凝土物理力学性能的变化规律,较全面评价材料服役状态,本节分别选取抗压强度 σ_c、劈裂抗拉强度 σ_t、抗折强度 σ_f、超声波波速 V 作为劣化变量,硫酸盐腐蚀环境引起的劣化表达式为

$$J_c = 1 - \frac{\sigma_c}{\sigma_{c0}}, \quad J_t = 1 - \frac{\sigma_t}{\sigma_{t0}}, \quad J_f = 1 - \frac{\sigma_f}{\sigma_{f0}}, \quad J_v = 1 - \frac{V}{V_0} \qquad (3\text{-}3)$$

式中,J_c、J_t、J_f、J_v 分别为抗压强度、劈裂抗拉强度、抗折强度和波速对应的腐蚀劣

化因子;σ_{c0}、σ_{t0}、σ_{f0}、V_0 分别为试件腐蚀前对应的抗压强度、劈裂抗拉强度、抗折强度、波速。

井壁混凝土试件在腐蚀环境中存在两阶段变化,第一阶段由于腐蚀产物填充密实,强度会有所增加,而劣化发生在第二阶段,因此这里重点研究第二阶段井壁混凝土随时间的性能劣化过程,即腐蚀 40d 后的情况。由式(3-3)计算出基于各性能指标的腐蚀劣化因子,如图 3-6 所示。

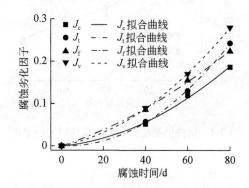

图 3-6　各性能指标的腐蚀劣化因子及拟合曲线

由图 3-6 可见,劈裂抗拉强度与抗折强度的劣化均快于抗压强度,经数据拟合,各性能指标的腐蚀劣化均表现出较明显的函数关系,其总的拟合函数形式为

$$J_T = a_{21}t^2 + b_{21}t + c_{21} \tag{3-4}$$

式中,J_T 为腐蚀劣化因子;t 为腐蚀时间;a_{21}、b_{21}、c_{21} 为与所选取强度、波速等性能指标相关的参数,如表 3-4 所示。

表 3-4　拟合方程的系数

参数	$a_{21}/10^{-5}$	$b_{21}/10^{-4}$	$c_{21}/10^{-4}$	R^2
J_c	2.32955	4.98636	−7.45455	0.99064
J_t	4.07386	−2.38409	3.36364	0.99886
J_f	1.47727	0.00164	−4.72727	0.99732
J_v	3.18182	9.45455	1.81818	0.99974

由表 3-4 可知,各腐蚀劣化因子拟合方程的相关系数都在 0.99 以上,能够较好地拟合硫酸盐腐蚀环境下井壁混凝土试件随时间的劣化规律。

腐蚀劣化加速度表示为 $\partial J_T / \partial t = 2a_{21}t + b_{21}$,可见随着腐蚀时间的延长,混凝土结构呈加速腐蚀劣化,直至结构失效。

考虑到实际工程中常使用抗压强度作为评价井壁混凝土力学性能的指标,因

此尝试建立腐蚀劣化因子 J_t、J_f 和 J_c 之间的关系,即

$$J_t(J_f) = a_{22}J_c + b_{22} \tag{3-5}$$

式中,a_{22}、b_{22} 与所选取强度指标相关,见图 3-7(a)、(b)。

抗压强度的腐蚀劣化因子 J_c 与无损检测的超声波波速腐蚀劣化因子 J_v 也存在较好的线性相关关系,如图 3-7(c)所示,从而可以用无损检测的超声波波速指标表征和预测井壁混凝土的强度性能。

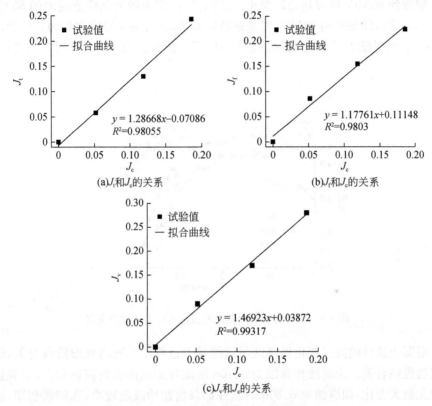

图 3-7 腐蚀劣化因子之间的关系

3.3 井壁混凝土腐蚀受荷过程的劣化

3.3.1 基于声波特征的劣化分析

超声波检测是反映材料内部结构变化的重要手段,本章测试了硫酸盐腐蚀环境中井壁混凝土试件声波传播速度与应力加载的关系,不同腐蚀时间试件的波速

随应力加载的变化如图 3-8 所示。波速的变化主要受裂纹影响,随着应力增加,混凝土试件开始出现微细裂纹并逐渐扩展,波速逐渐减小,但其变化率较小;而加载后期,变形发展快,裂缝扩展迅速,波速急剧减小,变化率增大,试件破坏。

　　波速的变化能够反映试件应力的变化[4,5],在加载过程中,不同腐蚀时间试件的波速都有较明显的突变点,但波速开始突然下降时对应的应力水平不同。从图 3-8 可以看出,随着腐蚀时间的增加,波速骤减的突变点出现的越来越早,未腐蚀试件加载到 36MPa 时波速急剧减小,此时对应的应力约为其峰值应力的 85%,而腐蚀 80d 的试件加载到 28MPa 时波速急剧减小,此时对应的应力仅为其峰值应力的 78%。可见随着硫酸盐腐蚀的进行和加剧,试件在较小的应力水平下即加速破坏。

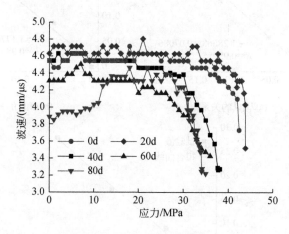

图 3-8　不同腐蚀时间试件的波速随应力加载的变化

　　混凝土试件的波速变化规律既与试件受力过程中不同的变形阶段有关,也与硫酸盐侵蚀有关。未腐蚀和腐蚀 20d、40d 的试件加载前初始波速较大,加载初期波速无较大变化,而腐蚀 60d、80d 的试件加载前初始波速较小,在加载初期,波速随应力增加而增加,尤其是腐蚀 80d 的试件波速增加阶段更加明显,其波速峰值比加载前初始波速增加了 14.8%,这主要是由于未腐蚀或腐蚀初期,试件密实性和完整性较好,腐蚀初期由于腐蚀产物填充了材料内部的初始裂缝和缺陷,混凝土比腐蚀前更加密实;而随着腐蚀的进行,试件内部产生较多裂缝和孔隙,加载初期会有较明显的压密阶段。因此,试件在单轴压缩过程中的应力-波速曲线可以归纳为两种基本类型:Ⅰ型,出现在未受硫酸盐环境腐蚀或受腐蚀程度较轻的混凝土试件中,波速变化规律为:基本不变—缓慢下降—突然下降;Ⅱ型,出现在受腐蚀程度较重的混凝土试件中,波速变化规律为:缓慢增加—缓慢下降—突然下降。

3.3.2 基于应力-应变特征的劣化模型

图 3-9 为不同腐蚀时间(0d、20d、40d、60d 和 80d)井壁混凝土试件的应力-应变曲线。可以看出,随着腐蚀的进行,混凝土峰值应力 σ_c 经历了一个先增大后减小的过程。受腐蚀混凝土的弹性模量 E_e 取实测应力-应变曲线上 $\sigma=0.4\sigma_c$ 与相应应变 ε 的比值,峰值割线变形模量 E_p 取实测应力-应变曲线上峰值应力 σ_c 与峰值应变 ε_c 的比值。E_e 和 E_p 也经历了一个先增大后减小的过程,腐蚀 20d 时,弹性模量和峰值割线变形模量比腐蚀前分别增加了 16.3% 和 15.3%,腐蚀 80d 时,弹性模量和峰值割线变形模量分别是腐蚀前的 74% 和 64%,峰值应变 ε_c 在腐蚀初期有所下降,但降低幅度不大,随着腐蚀的进行,峰值应变逐渐增大,腐蚀 80d 时增加了 26.7%。

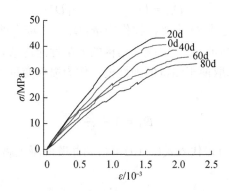

图 3-9 不同腐蚀时间试件的应力-应变曲线

混凝土类材料的破坏是一个累积损伤的过程,将混凝土材料在加载过程中的损伤看成一个连续过程,材料内部细观缺陷的分布具有一定的随机性,在受到外力作用后,其内部的微缺陷不断变化,在部分区域出现贯通,进而形成宏观裂缝导致混凝土结构破坏。因此,受荷损伤变量 D_s 与混凝土微元破坏的统计分布密度之间存在关系:$\mathrm{d}D_s/\mathrm{d}\varepsilon=\varphi(\varepsilon)$,$\varphi(\varepsilon)$ 为加载过程中微元损伤率的一种度量,假定混凝土微元强度服从 Weibull 分布,则受荷混凝土的损伤演化方程[6] 为

$$D_s=\int_0^\varepsilon \varphi(x)\mathrm{d}x=1-\mathrm{e}^{-\frac{1}{m}\left(\frac{\varepsilon}{\varepsilon_c}\right)^m} \tag{3-6}$$

$$m=\frac{1}{\ln \dfrac{E_0\varepsilon_c}{\sigma_c}} \tag{3-7}$$

式中,ε_c 为峰值应变;m 为表征材料损伤演化特征的材料参数;E_0 为混凝土腐蚀前的初始弹性模量。

井壁混凝土试件经历一段时间硫酸盐腐蚀作用后,微缺陷不断产生、扩展,导致混凝土内部出现微元破损,即腐蚀损伤。如果将腐蚀作用看成一种膨胀应力,则硫酸盐腐蚀环境中井壁混凝土的受荷损伤就可以等效为硫酸盐腐蚀引起的膨胀应力和受荷引起的加载应力两种作用叠加的损伤。

因此,将硫酸盐腐蚀环境引起的腐蚀损伤状态作为第一种损伤状态,腐蚀受荷引起的总损伤状态作为第二种损伤状态,应用由 Lemaitre 应变等价原理推广后的应变等价[6],可得材料内部腐蚀受荷损伤本构关系为

$$\sigma = E_t(1 - D_s)\varepsilon \tag{3-8}$$

式中,D_s 为受荷损伤变量;E_t 为腐蚀一段时间的弹性模量。

用腐蚀和受荷总损伤变量 D_m 表示的混凝土腐蚀受荷应力-应变关系为

$$\sigma = E_0(1 - D_m)\varepsilon \tag{3-9}$$
$$D_m = D_T + D_s - D_T D_s \tag{3-10}$$

式中,D_T 为腐蚀损伤变量;D_s 为受荷损伤变量;$D_T D_s$ 为耦合项。

随着腐蚀时间的增加,井壁混凝土结构的力学性能逐渐降低,为了能够反映材料内部的劣化程度,选取便于测量的弹性模量作为损伤变量,定义硫酸盐环境引起的腐蚀损伤变量为

$$D_T = 1 - \frac{E_t}{E_0} \tag{3-11}$$

将式(3-6)和式(3-11)代入式(3-10)可得到井壁混凝土腐蚀受荷的总损伤演化方程为

$$D_m = 1 - \frac{E_t}{E_0} e^{-\frac{1}{m}\left(\frac{\varepsilon}{\varepsilon_c}\right)^m} \tag{3-12}$$

当仅考虑腐蚀损伤时,受荷应变 $\varepsilon = 0$,此时 $D_m = D_T$;当仅考虑受荷损伤时,$E_t = E_0$,此时 $D_m = D_s$。

图 3-10 为利用试验数据由式(3-12)计算得到的井壁混凝土腐蚀受荷损伤模型演化曲线。从图中可以看出,在硫酸盐腐蚀环境下,长期来看,井壁混凝土的腐蚀损伤劣化程度随着腐蚀时间的增加而加剧,腐蚀生成的钙矾石、石膏等侵蚀产物和盐结晶的膨胀作用,引起混凝土材料内部初始损伤的形成和劣化;腐蚀环境下,混凝土材料的损伤劣化程度和普通混凝土一样,都随着应变的增加而增大,在受荷初期,材料微孔隙、微缺陷被压实,表现为压密阶段,之后随着应变的逐渐增大,材料内部微孔隙、微裂缝不断发展演化,损伤加速,直到出现宏观裂缝,试件抗压强度达到峰值,产生破坏。

3.3.3 基于声发射特征的劣化模型

在单轴加载试验过程中,混凝土内部裂纹拓展演化和损伤破裂,蕴含在材料内部的能量将会以弹性波的形式释放,这些微弱的信号被声发射传感器监测和

记录[7-9]。

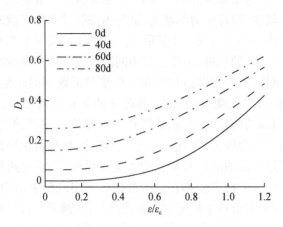

图 3-10　井壁混凝土腐蚀受荷损伤模型演化曲线（基于应力-应变特征）

图 3-11 为不同腐蚀时间（0d、20d、40d 和 80d）试件加载时的声发射事件随相

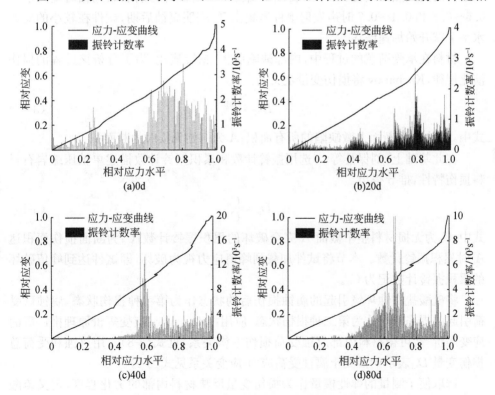

图 3-11　不同腐蚀时间试件的声发射事件随相对应力水平的变化

对应力水平的变化。与未腐蚀混凝土类似,受蚀混凝土加载初期,试件发生线弹性变形,声发射事件较少,随着应力的增大,试件内部裂纹不断形成和扩展,声发射事件开始增多,随着内部的裂纹进一步扩展,直至贯通,声发射事件数急剧上升。

　　未腐蚀和腐蚀 20d 的试件,加载过程中间隔出现多个声发射事件活跃区间,腐蚀 40d 和 80d 的试件,整个加载过程中声发射事件活跃区间较集中。这主要是因为当试件受外力作用产生微破裂时,内部蕴含的能量得到释放,声发射事件数上升。未腐蚀试件内部结构致密,在能量得到一次释放后,声发射事件数骤降,应力重新分配,试件继续承受压力,随着应力进一步增大,试件再次释放能量,声发射事件又开始活跃,经过多次的能量释放和应力重新平衡,最后达到整体破坏;而腐蚀 40d 和 80d 的试件,由于材料内部在硫酸盐侵蚀下出现较多的微孔隙、微缺陷,加载过程中试件内部应力重新平衡的能力降低,容易在薄弱位置形成应力集中,出现能量的集中释放,声发射事件集中,最后出现局部破坏[10]。

　　随着腐蚀时间的增加,试件受腐蚀程度加重,加载过程中声发射事件数开始急剧上升的突变点出现得更早,未腐蚀和腐蚀 80d 的试件分别加载到相对应力水平 0.6～0.8 和 0.4～0.7 时声发射事件密集出现,表明腐蚀后期,试件在较小的应力水平下就开始加速破坏。

　　材料在承受荷载的过程中,内部缺陷萌生、拓展演化,为了分析该过程的损伤演化规律,Kachanov 将损伤变量定义为[11]

$$D_s = \frac{A_d}{A} \tag{3-13}$$

式中,A_d 为承载断面上微缺陷的所有面积;A 为初始无损时的断面积。

　　在此基础上,刘保县等[11]选用振铃计数和累积振铃计数描述单轴压缩岩石材料损伤特性,推导得出

$$D_s = \frac{C_d}{C_0} \tag{3-14}$$

式中,C_0 为无损材料整个截面 A 完全破坏的累积振铃计数;C_d 为断面损伤面积达 A_d 时累积振铃计数。本节将试件加载到峰值应力视为破坏,即试件达到峰值破坏的累积振铃计数记为 C_0。

　　将硫酸盐腐蚀环境引起的腐蚀损伤后的状态作为第一种损伤状态,腐蚀后受荷引起的损伤状态作为第二种损伤状态,应用由 Lemaitre 应变等价原理推广后的应变等价[6],可得材料内部腐蚀受荷损伤本构关系,见式(3-8)。用腐蚀和受荷总损伤变量 D_m 表示的混凝土腐蚀受荷应力-应变关系见式(3-9)。

　　选取便于测量的弹性模量作为损伤变量反映材料内部的劣化程度,定义硫酸盐环境引起的腐蚀损伤变量,见式(3-11)。

　　由式(3-14)、式(3-11)和式(3-10)可得到井壁混凝土腐蚀受荷的总损伤演化方

程为

$$D_{\mathrm{m}} = 1 - \frac{E_t}{E_0} \frac{C_0 - C_{\mathrm{d}}}{C_0} \tag{3-15}$$

当仅考虑腐蚀损伤时,加载累积振铃计数 $C_{\mathrm{d}}=0$,此时 $D_{\mathrm{m}}=D_{\mathrm{T}}$;当仅考虑受荷损伤时,$E_t=E_0$,此时 $D_{\mathrm{m}}=D_{\mathrm{s}}$。

图 3-12 为利用试验数据由式(3-15)计算得到的井壁混凝土腐蚀受荷损伤模型演化曲线。从图中可以看出,对于硫酸盐腐蚀环境中的井壁混凝土材料,腐蚀引起混凝土材料内部腐蚀损伤的形成,且随着腐蚀的进行,腐蚀损伤不断增大。腐蚀20d 时,腐蚀产物起到填充微孔隙的密实作用,混凝土性能得到强化(图 3-12 中损伤变量 D_{m} 为负数),腐蚀 40d、80d 时对应的腐蚀损伤变量分别增大到 0.055、0.261。随着应变的逐渐增大,未腐蚀试件损伤发展比较均匀,而受蚀混凝土损伤发展较快,在较小应力水平下损伤突然加速发展,且随着腐蚀加剧,总损伤值急剧增大的拐点也更早到达(图 3-12 中虚线所示),这是由于腐蚀引起混凝土内部微缺陷不断增加,在较小应力水平下即产生局部破坏。利用累积振铃计数来表征混凝土损伤演化规律能够较好地描述腐蚀损伤对混凝土性能的影响。

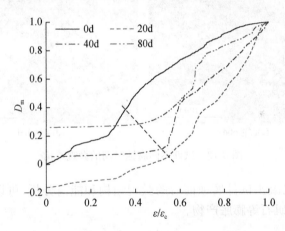

图 3-12　井壁混凝土腐蚀受荷损伤模型演化曲线(基于声发射特征)

3.4　井壁混凝土硫酸盐腐蚀的劣化机理

本节采用 SEM 观察硫酸盐侵蚀和干湿循环作用下不同时期的材料微观结构,如图 3-13 所示。可以看出,腐蚀前材料内部赋存着大量的水化产物 C-S-H 凝胶,内部较完整密实(图 3-13(a))。经过 40d 的腐蚀,当膨胀性的侵蚀产物所产生的膨胀应力大于混凝土的抗拉强度时,开始有少量新的微裂缝产生(图 3-13(b))。之后随着腐蚀的继续,试件内部微裂缝逐渐增多、扩展,侵蚀速度加快。腐蚀 80d 时,试件内部存在大量的微裂缝,且相互连通(图 3-13(d))。

图 3-13　试件不同腐蚀时期的微观结构

图 3-14 为混凝土试件腐蚀前后的微观结构和能谱分析,可以看出,腐蚀 80d 后生成了大量钙矾石等膨胀产物。

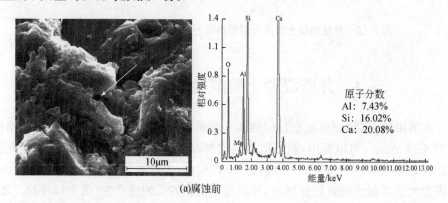

(a)腐蚀前

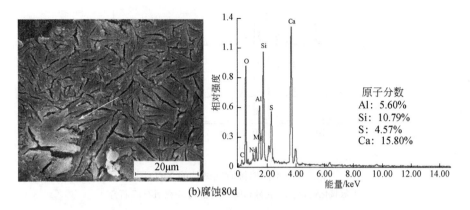

(b)腐蚀80d

图 3-14　试件腐蚀前后的微观结构和能谱分析

图 3-15 为腐蚀产物的生长聚集过程。随着腐蚀时间增加,针棒状钙矾石和薄片状石膏在裂缝和孔隙内部继续由边缘向内部生长,不断聚集搭接成网状,逐渐对孔隙内壁产生膨胀应力,导致混凝土内部结构损伤和开裂。

图 3-15　腐蚀产物的生长聚集过程

图 3-16 为不同腐蚀时间试件的 XRD 图。可以看出,腐蚀前,主要为水化产物 C-S-H 凝胶;腐蚀 20d 时,除了水化产物,还可清晰观察到钙矾石的衍射峰,此时钙矾石生成量有限,对试件微孔隙起到填充作用,优化了孔结构;随着腐蚀的进行,钙矾石和石膏逐渐增多,腐蚀到 80d 时,可以看到随着试件孔隙溶液 $Ca(OH)_2$ 的不断消耗,碱度下降,试件内部存在大量的石膏晶体,腐蚀程度加重,大量的钙矾石和石膏在试件内部产生膨胀应力,当膨胀应力大于内部抗拉强度时,就会形成微裂缝,破坏内部孔结构。

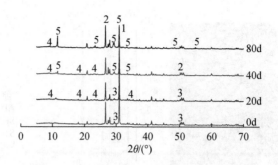

图 3-16　不同腐蚀时间试件的 XRD 图
1-氢氧化钙；2-二氧化硅；3-水化硅酸钙；4-钙矾石；5-石膏

3.5　小　　结

（1）井壁混凝土试件受到硫酸盐干湿循环腐蚀作用，抗压强度、劈裂抗拉强度和抗折强度的经时变化规律大致相同，均为先增大后减小，其中劈裂抗拉强度和抗折强度由腐蚀引起的劣化更加敏感，性能下降更加明显；混凝土的质量和超声波波速变化也有类似先增大后减小的规律，但质量变化相对有所滞后。为了多维度综合评价腐蚀劣化程度，分别将抗压强度、劈裂抗拉强度、抗折强度等强度和波速变化作为劣化变量，定义各性能指标的腐蚀劣化因子来评价井壁混凝土性能变化，通过数据回归得到基于各劣化变量的腐蚀劣化函数，并得到不同腐蚀劣化因子之间的线性关系。

（2）硫酸盐腐蚀作用后的受荷过程使混凝土总损伤加剧，表现在硫酸盐侵蚀产生的膨胀应力导致混凝土内部出现局部损伤，而随着受荷加载过程的进行，混凝土局部损伤应力提高，微裂缝开始扩展、汇合和贯通。随着腐蚀环境的长期作用，腐蚀损伤混凝土试件峰值应力减小，峰值应变增加，弹性模量和峰值割线变形模量均有所降低。

（3）单轴加载过程中，受蚀混凝土试件随着裂纹的产生、扩展和贯通，波速不断减小，变化率由小到大。腐蚀较久的试件加载初期波速缓慢增加，伴有较明显的压密阶段，在较小的应力水平下波速即突然减小。

（4）硫酸盐腐蚀和干湿循环环境下，受荷的混凝土结构受到化学过程和力学过程的双重或多重破坏，在经历一段时间腐蚀作用后，钙矾石和石膏等侵蚀产物及盐结晶产生的膨胀应力等效为先进行了一级加载，在混凝土内部出现了腐蚀损伤；混凝土结构在腐蚀环境下的受荷损伤就可以等效为在二级加载下的损伤，损伤的演化经历了从内部局部细观微损伤到整体宏观损伤的跨尺度非线性发展过程，运用损伤力学,通过数学模型将腐蚀损伤和受荷损伤统一起来,表征混凝土中环境腐蚀、荷载及损伤之间的作用关系,为更好地评价混凝土结构的服役状态和预测使用寿命提供理论指导。

(5)硫酸盐腐蚀环境长期作用下,混凝土内部由于存在腐蚀产生的缺陷和薄弱位置,声发射事件活跃区间集中,且在较小应力水平下声发射事件数即急剧上升。基于累积振铃计数的受蚀混凝土损伤演化方程能够较好地表征混凝土受环境腐蚀、荷载及损伤之间的作用关系。与未腐蚀混凝土相比,受蚀混凝土的初始损伤较大,加载过程中损伤发展较快。

(6)矿井腐蚀环境下,地下水中的 SO_4^{2-} 与混凝土水化产物反应生成膨胀性晶体钙矾石和石膏,随着腐蚀产物增多,膨胀应力增大,混凝土内部出现微破裂和损伤,并且不断加剧,而干湿循环引起的结晶析出又加速了这种破坏,微观结构的劣化使混凝土的宏观性能降低。

参 考 文 献

[1] 李浩然,杨春和,刘玉刚,等.花岗岩破裂过程中声波与声发射变化特征试验研究[J].岩土工程学报,2014,36(10):1915-1923.

[2] 李元辉,赵兴东,赵有国,等.不同条件下花岗岩中声波传播速度的规律[J].东北大学学报(自然科学版),2006,27(9):1030-1033.

[3] 高润东,赵顺波,李庆斌,等.干湿循环作用下混凝土硫酸盐侵蚀劣化机理试验研究[J].土木工程学报,2010,43(2):48-54.

[4] 郑贵平,赵兴东,刘建坡,等.岩石加载过程声波波速变化规律实验研究[J].东北大学学报(自然科学版),2009,30(8):1197-1200.

[5] 李祥春,聂百胜,杨春丽,等.煤体加载过程中声波波速变化规律实验研究[J].煤矿安全,2016,47(1):13-16.

[6] 李新平,路亚妮,王仰君.冻融荷载耦合作用下单裂隙岩体损伤模型研究[J].岩石力学与工程学报,2013,32(11):2307-2315.

[7] 纪洪广.混凝土材料声发射性能研究与应用[M].北京:煤炭工业出版社,2004.

[8] 李庶林,唐海燕.不同加载条件下岩石材料破裂过程的声发射特性研究[J].岩土工程学报,2010,32(1):147-152.

[9] Chmel A,Shcherbakov I. A comparative acoustic emission study of compression and impact fracture in granite[J]. International Journal of Rock Mechanics and Mining Sciences, 2013, 64:56-59.

[10] 张力伟,赵颖华,范颖芳,等.腐蚀混凝土损伤特征的声发射试验研究[J].建筑材料学报,2013,16(5):763-769.

[11] 刘保县,黄敬林,王泽云,等.单轴压缩煤岩损伤演化及声发射特性研究[J].岩石力学与工程学报,2009,28(S1):3234-3238.

第4章 初始损伤下井壁混凝土硫酸盐腐蚀劣化特征与机理

4.1 概 述

由于矿井所处地下环境极为复杂,井壁混凝土不仅需要承受地应力、围岩、自重和开采扰动等力学因素作用,而且常年受到地下水、微生物等环境因素的侵蚀[1]。在深部地层中建造混凝土井壁,会由于深部地层复杂的应力场、温度场和湿度等问题,混凝土出现裂缝并持续扩大,进而影响混凝土的力学性能和耐久性。井壁混凝土制备过程中,井壁周围存在较大的围压,促使混凝土在强度没有发展完全时产生应力裂缝;地下高温高湿的环境也会使混凝土表面层的温度和湿度分布梯度出现问题,促使混凝土产生温度裂缝,这些问题都会导致混凝土力学性能的降低,同时由于混凝土外部结构的不完整性,硫酸盐等物质由外部裂缝进入混凝土内部,进而影响混凝土耐久性。

实际工程中由于施工工期和建设速度的现实考量和制约,混凝土井壁一般在浇筑后12h内即拆模受荷,而此时混凝土水化尚不充分,早期强度较低,在成型早期就承受荷载往往容易产生裂缝等缺陷,形成初始损伤[2],尤其是在浇筑不均匀、振捣不密实等薄弱位置。

冻结法施工时井壁混凝土成型早期受温度效应的影响显著,也会形成初始损伤。这主要是由于井壁混凝土内部水化反应产生大量水化热引起内部温度升高,而冻结法施工又会在外层形成冻结低温,从而在井壁混凝土内外产生巨大温度差,容易形成温度裂缝,而且解冻时周围温度的变化也会对井壁混凝土产生初始损伤[3]。初始损伤是指井壁混凝土在强度未发展充分即成型早期形成的微裂缝等损伤缺陷,初始损伤会在一定程度上影响井壁混凝土后期的服役性能[4,5]。

本章介绍井壁混凝土初始损伤的类型,阐述初始损伤的理论和评价方法,以及初始损伤下井壁混凝土硫酸盐腐蚀的劣化特征;通过不同程度初始损伤下井壁混凝土硫酸盐腐蚀的试验研究,从表观、质量、超声波波速、强度、应力-应变关系及声发射特性等方面对比分析初始损伤下井壁混凝土硫酸盐腐蚀的性能变化,并通过劣化因子对性能变化进行定量评价和预测;基于应力-应变关系和声发射特性建立初始损伤下井壁混凝土的腐蚀受荷损伤模型;研究硫酸盐腐蚀对含初始损伤井壁混凝土微结构和腐蚀产物组分的影响,揭示初始损伤井壁混凝土的腐蚀劣化机理。

4.2　井壁混凝土初始损伤

深厚冲积层冻结法凿井多采用内外双层高强钢筋混凝土复合井壁[6,7],外层井壁是随着井筒开挖自上而下分段浇筑的,主要作用是承受水平冻结压力,防止冻结壁在开挖过程中发生变形,保证井筒掘进安全,因此外层井壁设计计算主要依据冻结压力大小及分布特征。内层井壁是自下而上一次浇筑的,由于外层井壁施工条件差,且分段浇筑容易产生缝隙,内层井壁的主要作用是防止地下水渗入井内,内层井壁承受的荷载可以简化为静水压力。因此,内层井壁的设计需要满足强度和防水要求,应当考虑井壁自重,而外层井壁在整体结构中主要起承重作用。

按井壁所处时期不同,外层井壁所受荷载可以分为[8]:①施工间的临时荷载,如冻结压力、温度应力和水压等;②服役期间的长期荷载,如井壁自重、水平地压、竖向附加力等。按荷载作用方向不同,外层井壁所受荷载可分为竖向荷载和水平荷载两类,竖向荷载主要包括井壁自重和竖向附加力,水平荷载主要是水平地压和冻结压力。

混凝土井壁在服役期间会受到不同压应力的影响,尤其是随着开采深度的不断加深,混凝土井壁承受着地压、水压、竖向附加应力等外部荷载作用。外部荷载作用加剧了井壁混凝土内部结构微裂缝的形成,形成结构内部损伤,最终降低整个结构的使用寿命。

4.2.1　井壁混凝土初始损伤类型

1. 井壁自重

深井井壁自重分析中,由于深井冻结中混凝土井壁深度和厚度均很大,井壁自重远大于井筒内设备及井塔的重量,所以一般不考虑井筒内设备及井塔的重量。在井筒无井壁自重荷载引起的自重应力由式(4-1)计算:

$$\sigma_g = \gamma_g H \tag{4-1}$$

式中,σ_g 为自重应力(kPa);γ_g 为井壁的平均重度,一般取 $25kN/m^3$;H 为计算深度(m)。

2. 竖向附加力

井壁外侧土体作用于井壁的负摩擦力即竖向附加力是井壁破裂的主要原因,在矿区开采过程中,伴随地下水的疏排,冲积层底部含水层中地下水不断外渗且无补给,含水层水位逐步下降,含水层上覆地层将发生沉降,这样土体与井筒产生相对位移,使井筒承受沿纵向向下的竖向附加力。竖向附加力主要受表土疏排水层性质、井壁四周土体特性、井壁自身特性、外部环境四个因素的影响[9]。

(1)表土疏排水层影响竖向附加力的性质主要有两个方面,一是表土疏排水层的埋深,二是表土疏排水层的水压。表土疏排水层的埋深越大,上覆土层的厚度越大,竖向附加力就越大;同时,疏排水层的竖向固结压缩量越大,表土疏排水层的孔隙率越大,则疏排水层越容易压缩,竖向附加力越大。竖向附加力与表土疏排水层的水压下降量成正比。

(2)井壁周围土层的弹性模量越大,竖向附加力越大,黏性系数越小,竖向附加力的衰减越快。深厚冲积层土体中,粗颗粒土的弹性模量大于细颗粒土,黏土的黏性系数小于砂土,因此砂土产生的竖向附加力大于砂质黏土和黏土。竖向附加力与疏排水沉降影响的土层所处的深度成正比。

(3)井壁的外半径大小和外层井壁外表面的光滑度会影响竖向附加力。随着井壁外半径的增大,井壁受竖向附加力作用的面积越大,竖向附加力也越大。外层井壁表面越光滑,井壁与周围土体的摩擦力越小,竖向附加力越小。工程实践中可以在井壁外表面安装塑料泡沫板或者砌块临时支护,在井壁与土体之间形成一个滑动面,不仅减弱冻结壁与外层井壁间的约束,同时当土体发生沉降时,可以有效减小竖向附加力。

(4)外界温度和降水也是影响竖向附加力的重要因素。夏季高温导致井筒发生纵向膨胀,在周围土层的约束下产生向下的附加力,而冬季会产生向上的附加力。雨季的降水使土层受到水流渗透力进而向下移动,由于渗透深度有限,其水夯效应对竖向附加力的影响较小。

3. 水平地压

水平地压是指地层(土体、岩石等)作用于地下构筑物(如井壁)的水平荷载,影响水平地压大小及分布规律的因素主要有地层性质,地下构筑物埋深、地下构筑物(井壁)的尺寸、形状和刚度,地质构造特点,开挖过程中土体(岩石)裸露和变形的时间及程度,地下施工方法等[10]。我国的煤矿深井建设工作者围绕深厚冲积层水平地压实测及计算开展了大量的研究,提出符合我国工程实践的经验公式。目前,深井冻结地压计算通常采用重液地压公式,其特点是不区分考虑土或水单独的作用,把土和水视为一种混合的相对密度超过1的重液体,而作用于井壁的水平压力按重液地压公式计算,即

$$P = \gamma_e H \tag{4-2}$$

式中,P 为计算位置地压;γ_e 为水土混合重液体容重;H 为计算位置埋深。

重液地压公式中,对于γ_c的取值,各国根据各自的地层属性做了规定,法国取 2.0,德国取 1.3~1.8,荷兰、波兰取1.3,日本取 1.1~1.2,美国取 1.4,俄罗斯取 1.2~1.6,我国取 1.0~1.3。

重液地压公式得出的压力与埋深成正比,沿井壁竖直方向呈三角形分布的规律,未考虑不同深度地层构成和性质的变化,所有位置的比例系数都固定不变,与实际是不符的,其计算值往往大于实测结果。对于深厚的冲积层,需要结合实际工程的土层分布状况和性质确定γ_c的取值。

4. 冻结压力

冻结压力主要指在冻结施工期间冻结壁作用于外层井壁上的水平压力,是冻结壁和外层井壁共同作用的结果。冻结压力存在于井壁筑壁后到冻结壁解冻前,是水平地压作用下的冻结壁变形(包括弹性变形、塑性变形、蠕变变形)及井壁浇筑过程中冻结壁径向压力的变化。影响冻结压力大小及分布规律的因素主要有冻结壁承受的地压(主要受井壁埋深和地层性质控制)、冻结壁的强度特性(主要受冻结壁温度、土层冻结强度特性、几何尺寸、冻结孔圈布置方式影响)、冻结壁的变形特性(主要受冻土弹性模量、蠕变特性、冻胀特性、冻结壁在掘进过程中暴露时间影响)、井壁结构形式和强度、井筒断面形状及尺寸、井筒掘砌施工工艺等。井筒埋深越大,冻结壁承受的地压越大,冻结压力越大[10-12]。根据深厚冲积层冻结法凿井冻结压力实测结果分析,深厚冲积层冻结压力具有以下特点:

(1)冻结压力的增长变化过程基本可分为早期快速增长、随后缓慢增长、逐步趋于稳定三个阶段。冻结压力早期的快速增长大多要延续 10d 左右,10~20d 就达到最大值,容易发生外层井壁被压坏等安全事故,因此要求外层井壁混凝土早期强度应具有更高的增长率,以适应冻结压力这一增长特性,工程实践中常在井壁混凝土中添加早强剂以实现混凝土早期强度的快速增长。

(2)黏性土层冻结压力明显大于砂性土层冻结压力。黏性土层最大冻结压力普遍接近或超过重液地压公式(γ_c取 1.3)计算的永久水平地压。因此,深厚黏性土层外层井壁设计和施工时要更加注意,不仅要对混凝土采取早强措施,还应适当提高混凝土强度等级。

(3)冻结压力随着深度的增加而增大,且沿井筒周向具有显著的非均匀性,非均匀井筒所受环向应力是均匀井筒的 1.5 倍,外层井壁结构设计必须进行非均匀受力计算。

(4)冻结压力主要由冻结壁变形引起的变形压力和地层冻胀引起的冻胀力组成。实测表明,冻结压力最大值普遍接近或大于重液地压公式计算的永久水平地压,在深厚冲积层冻结凿井过程中,地层冻胀引起的冻胀力是冻结压力的重要组成部分。地层冻胀力可以是地层冻结过程中积聚的冻胀力在井筒开挖后陆续释放引起的，也可以是混凝土井壁浇筑后的壁后冻土融化回冻引起的，该冻胀力与土层性质、冻结过程、筑壁材料水化温升特性、冻结壁平均温度和井帮温度等因素相关。

深厚冲积层冻结压力计算公式一般为

$$P_d = 0.01(K_b + K_{dz})H \tag{4-3}$$

式中，K_b 为冻结壁变形和深度影响系数，砂性土层取 0.75～0.85，黏性土层取 0.96～1.14；K_{dz} 为冻胀力影响系数，与土层性质、冻结过程、冻结壁平均温度、井帮温度、井壁筑壁材料水化温升特性等因素有关，取 0.20～0.45；H 为计算深度。

5. 温度应力

在冻结法凿井施工过程中，采用钢筋混凝土浇筑的井壁体积过大，在施工初期，水泥开始发生水化使井壁迅速升温，而当混凝土尺寸过大时，水泥水化热无法快速散失，使混凝土内部温度迅速升高，导致混凝土膨胀并在结构表面产生拉应力。随着时间的推移，在环境温度的影响下混凝土开始逐渐降温，井壁内部温度随时间不断改变，在这个热胀冷缩的变化过程中，块体端部约束条件下产生较大的温度应力。整个施工期间，经矿区实际测温分析，井壁最大温差可达 50℃ 以上。井壁在温度变化的过程中竖向和径向都会发生不同程度的收缩和膨胀，井壁周围的土体对井壁变形有一定的约束作用，因此井壁内部会产生一定的温度应力。同时考虑到井壁温度在变化过程中的非均匀性，将会产生井壁内外温差，内外温差也会导致井壁产生温度应力。温度应力过大，井壁将会出现温度裂缝，井壁的力学性能和使用性能都将受到很大影响。井壁施工期间温度应力的发展过程可分为三个阶段：

(1) 升温阶段。混凝土入模温度一般是 15～20℃，随着混凝土内部水泥水化热作用的影响，井壁温度迅速升高，并在混凝土入模 2d 左右达到峰值（40～70℃），这会使井壁内外温差高达 30～50℃。入模后 4d 左右，混凝土温度逐渐下降到入模前温度。在巨大的温度梯度作用下，井壁结构本身各部分温度变形不一致而相互约束并产生温度应力，井壁内、外缘可能因此开裂。井壁混凝土由峰值温度（40～70℃）降低至地温过程中，其微裂纹极有可能扩展并发展为可见裂纹；同时温度变形引起的井壁轴向拉应力可达 1.9～2.1MPa，因此井壁混凝土微裂纹极有可能扩展并发展为可见裂缝[12]。

(2) 降温阶段。受冻结壁的影响，井壁温度不断下降（最大温差可达 50℃），井壁在竖向和径向都会发生不同程度的收缩；同时井壁内外侧受到冻结壁影响差异较大，可形成 10℃ 以上的温差。井壁竖向收缩受到冻结壁摩擦力的限制，内部会形成温度应力；井壁内外侧的非均匀温差变化也会在内部形成温度应力。

（3）回温阶段。冻结井筒施工完成后，冻结站停止工作，冻结壁解冻，井壁温度随之回升，井壁在竖向和径向都会发生不同程度的膨胀。井壁的竖向膨胀属于冷冻期间竖向收缩的回弹，因此井壁温度回升缓解了因冻结期间竖向收缩产生的温度应力。井壁的径向膨胀受到井壁周围土体的限制，产生温度应力。井壁升温阶段产生的温度裂缝多在井壁外侧表层，为浅裂缝，对井壁力学性能没有很大影响。

井壁降温引起的温度应力计算可以简化为无限长厚壁圆筒在变温情况下的温度应力计算[13]。根据弹性力学计算方法，记圆筒的外半径为 r_w，内半径为 r_n，井壁的应力边界条件为：$(\sigma_r)_{r=r_n}=0$，$(\sigma_r)_{r=r_w}=0$。

井壁为无限长厚壁圆筒，受四周冻结壁影响，温度变化 $T=T(r)$ 可简化为

$$T=T_{r_n}\frac{\ln\frac{r_w}{r}}{\ln\frac{r_w}{r_n}}+T_{r_w}\frac{\ln\frac{r_n}{r}}{\ln\frac{r_n}{r_w}} \tag{4-4}$$

井壁内部温度应力公式为

$$\sigma_r=-\frac{E\alpha(T_{r_n}-T_{r_w})}{2(1-\mu)}\left(\frac{\ln\frac{r_w}{r}}{\ln\frac{r_w}{r_n}}-\frac{\frac{r_w^2}{r^2}-1}{\frac{r_w^2}{r_n^2}-1}\right) \tag{4-5}$$

$$\sigma_\theta=-\frac{E\alpha(T_{r_n}-T_{r_w})}{2(1-\mu)}\left(\frac{\ln\frac{r_w}{r}}{\ln\frac{r_w}{r_n}}-\frac{\frac{r_w^2}{r^2}+1}{\frac{r_w^2}{r_n^2}-1}\right) \tag{4-6}$$

$$\sigma_z=-\frac{E\alpha(T_{r_n}-T_{r_w})}{2(1-\mu)}\left(\frac{2\ln\frac{r_w}{r}-1}{\ln\frac{r_w}{r_n}}-\frac{2}{\frac{r_w^2}{r_n^2}-1}\right) \tag{4-7}$$

式中，E 为混凝土材料的弹性模量；μ 为混凝土材料的泊松比；α 为混凝土的温度线胀系数。

井壁升温阶段的温度应力计算：井壁温度回升后，井壁径向发生膨胀，但是径向膨胀过程中受到井壁周围土体或岩层的限制，在井壁内部形成温度应力。井壁在回温 ΔT 作用下的径向形变量为

$$S_{rt}=\alpha r_w\Delta T \tag{4-8}$$

井壁膨胀时，由于井壁周围土体（假设土体为均匀土体）也是弹性体，不妨假设井壁周围土体对井壁的压力为 q_t，井壁周围土体也会发生变形，其形变量为

$$S_t=\frac{q_t}{k} \tag{4-9}$$

式中,k 为井壁周围土体的弹性系数。

根据厚壁圆筒的拉麦公式可计算出井壁内部各位置的应力

$$\sigma_r = -\frac{r_w^2 q_t}{r_w^2 - r_n^2}\left(1 - \frac{r_n^2}{r^2}\right) \tag{4-10}$$

$$\sigma_\theta = -\frac{r_w^2 q_t}{r_w^2 - r_n^2}\left(1 + \frac{r_n^2}{r^2}\right) \tag{4-11}$$

$$\sigma_z = \mu(\sigma_r + \sigma_\theta) = -\frac{2\mu r_w^2 q_t}{r_w^2 - r_n^2} \tag{4-12}$$

井壁在压力 q_t 作用下的形变量为

$$S_{rf} = \varepsilon_r r_w = -\frac{r_w^3 q_t}{E(r_w^2 - r_n^2)}\left(1 - \frac{r_n^2}{r^2}\right) \tag{4-13}$$

S_n、S_t、S_{rf} 满足变形协调条件:

$$S_n = S_t + S_{rf} \tag{4-14}$$

$$q_t = \frac{\alpha\Delta TkE(r_w^2 - r_n^2)r^2}{r_w^3 k(r^2 - r_n^2) + Er^2(r_w^2 - r_n^2)} \tag{4-15}$$

6. 水压

近些年,深部矿井以及冻结法施工井筒的井壁突水问题频频发生,水对混凝土井壁支护性能产生较大的影响,水对井壁高强混凝土破裂行为的影响主要体现在水对启裂强度、损伤强度、断裂参数(断裂韧性和断裂能)、过程区长度、裂纹扩展速率等参数的影响,主要包括以下两个方面。

1) 水压对起裂强度和损伤强度的影响

在多轴压缩试验中,启裂强度是试件内部裂纹开启的应力门槛值,其大小通常介于应力-应变曲线上的弹性极限和临界应力之间,更加接近弹性极限。损伤强度是剪胀效应开始的应力门槛值,标志着裂纹进入快速扩展阶段,其大小通常介于应力-应变曲线上的临界应力和强度极限之间,更加接近临界应力。试验研究发现[14],对于干燥的混凝土类材料,启裂强度和损伤强度(尤其是启裂强度)受试件尺寸、加载速率等的影响很小,基本上只与材料自身性质(如抗拉强度和抗压强度)和受力状态(如围压大小)有关。

在不同水压下应力-应变曲线的上升段基本重合,但下降段差别很大,即水压越大,下降段曲线越陡,说明水压的影响主要是对断裂过程的影响。同时,孔隙水压效应表现出的作用机制不同:孔隙水压主要是静压(封闭水压),起到降低有效应力的效应;裂缝水压主要是动压(贯通水压),起到水力劈裂的效应。而且水压越大(围压固定情况),启裂强度越大,而损伤强度越小。究其原因,在应力达到启裂强度之前,水无法进入岩石内部,水压作用等同于荷载作用[15]。

2）水压对断裂韧性的影响

断裂韧性表征材料抵抗裂纹扩展（延伸）的能力，即断裂韧性越大，裂纹越不容易延伸。在孔隙水压（静压）不高的情况下（＜0.9MPa），水压不仅降低了混凝土的断裂能，而且降低了混凝土与钢筋之间的黏结力，同时预测流动的孔隙水压（动压）情况下可能会产生不同的结论。

采取三点弯曲梁试件作为标准试件，在低加载速率下，孔隙水静压会降低混凝土的断裂韧性；而在高加载速率下，孔隙水静压会增加混凝土的断裂韧性。这是由于在低加载速率下，裂纹扩展较慢，孔隙水可以进入裂纹尖端，对材料造成"湿冲击"，降低了混凝土的强度；在高加载速率下，裂纹扩展较快，孔隙水不能进入裂纹尖端，水的黏滞性给裂纹一个反向作用力，阻碍了裂纹扩展，相当于提高了断裂韧性[16]。

4.2.2　井壁混凝土初始损伤理论

在外载和环境的作用下，由细观结构的缺陷（如微裂纹、微孔洞等）引起的材料或结构的劣化过程，称为损伤[17]。损伤力学是研究含损伤介质的材料性质，以及在变形过程中损伤的演化发展直至破坏的力学过程的学科。

混凝土的内部损伤主要是指混凝土内部微裂纹的形成、扩展和聚合。混凝土是一种非均质多相复合材料，在成型期间就有一些初始裂纹，也就是存在初始损伤，这些初始损伤从宏观量级（10cm，粗骨料造成的非均质性）上看主要是粗骨料和砂浆之间由于沉降和干缩造成的界面裂缝，从细观量级（1cm，细骨料造成的非均质性）上看主要是砂浆中由于收缩不均匀造成的裂缝即砂浆裂纹[18]。

由于载荷的作用，初始裂缝会不断扩展、联结，并会有新的裂缝生成，因此混凝土的损伤机制主要就是各种微裂缝的形成和扩展，乃至成为宏观裂缝。

一般来说，混凝土裂纹扩展存在如下四个阶段[19,20]：

（1）预存微裂纹阶段。构件形成过程中，由于水泥浆硬化干缩、水分蒸发留下裂隙等原因，构件中预存原始微裂纹，它们大都为界面裂纹，极少量为砂浆裂纹，这些裂纹是稳定的。

（2）裂纹的起裂阶段。在较低的工作应力（低于材料强度的40%）下，构件内部的某些点会产生"拉应力"集中，致使相应的预存裂纹延伸或扩展，应力集中随之缓解。如果载荷不再增加，将不会产生新裂纹，卸载时少量裂纹还可闭合。这一阶段应力-应变关系是线性的。

（3）裂纹的稳定扩展阶段。当预存裂纹起裂后，如果继续加载，并使荷载维持在一个应力水平——长期破坏的临界应力（一般低于材料强度的70%），裂纹将继续扩展，有的伸入砂浆，有的相互结合形成大裂纹，同时有新裂纹生成，如果停止加载,裂纹扩展将趋于停止。这一阶段的应力-应变关系是非线性的。

(4)裂纹的不稳定扩展阶段。当荷载超过临界应力时,裂纹将继续扩展,聚合砂浆裂纹急剧增多,即使荷载维持不变,裂纹也将失稳扩展,造成破坏。

4.2.3　井壁混凝土初始损伤评价方法

混凝土损伤的观测方法有直接测量(直接观测微裂纹)和间接测量(通过损伤和宏观量的关系间接测量)两类。直接测量方法主要有以下几种[18]:

(1)声发射法。根据试件在加载过程中发出的噪声与荷载水平的关系曲线监测裂纹的扩展,混凝土裂纹扩展时会发出噪声,而且不同的扩展状态下发出的噪声有明显差异。因此,从噪声荷载图上可以看出裂纹扩展的各个阶段和不稳定扩展的起点等。

(2)超声波探测。超声波探测原理为不同"密度"的材料中,超声波的传播速度不同,裂纹扩展时密度发生变化,据此可探测由裂纹扩展引起的材料结构变化。

(3)电测法。当电阻应变片与裂纹扩展相交时可以测出裂纹的扩展。此法的困难在于:在试验以前,很难预测裂纹发生的部位,电阻应变片的贴片位置难以确定。

(4)激光散斑法。散斑是由物体粗糙表面对激光照明时发生漫反射而形成的。当物体变形时,这些散斑将发生变化,通过这种变化可测试物体表面的位移,进而分析裂纹的发展情况。

(5)切片观察。当试件处于不同载荷下裂纹扩展状态时,采用切开试件的途径观察裂纹的发展情况,由于"切开"很容易改变试件局部原有的状态,很难得到损伤的真实情况。

Loland 和 Marzars 的损伤模型是较早用损伤来研究混凝土拉伸力学行为得出的结果,他们的研究方法都是参照试验得出的拉伸应力-应变曲线,把拉伸曲线划分为两段,即应力峰值之前和应力峰值之后,对应于这两个阶段,损伤的扩展分为两个区域,每个区域内的损伤扩展用不同的函数模拟。

损伤力学通过引入一种内部状态变量即损伤变量 D 来描述含微细观缺陷材料的力学效应,以便更好地对工程材料的变形、破坏和使用寿命进行预测。经典损伤理论从材料退化角度出发,将损伤变量定义为[19]

$$D=(A-A_C)/A \tag{4-16}$$

式中,A 为体积元的原面积;A_C 为材料受损后体积元的有效面积。$D=0$ 对应于体积元无损状态;$D=1$ 对应于体积元完全破坏状态。

林皋等[21]从弹性与弹塑性损伤、各向同性与各向异性损伤、静力与动力损伤、宏观与微细观损伤、局部化与非局部化损伤 5 个层面介绍了国内外在混凝土损伤类本构关系领域的研究历史和进展情况,对比结果表明,弹性以及各向同性损伤模型构建简便、计算成本低,弹塑性损伤模型适合模拟不可恢复变形,各向异性和微细观损伤模型能更客观而全面地描述混凝土非线性物理机制,非局部化损伤模型在模拟应变局部化现象以及克服网格依赖性方面具有优势。王中强等[22]从 Najar 损伤理论出发,先用能量损失定义混凝土的损伤,提出基于该定义的混凝土损伤模型(式(4-17)),再运用辛普森积分法进行计算,该模型能较好地描述混凝土损伤随应变增长的变化规律。

$$D = 1 - \frac{W_\varepsilon}{W_0} \tag{4-17}$$

式中,W_0 为无损材料的应变能密度;W_ε 为损伤材料的应变能密度。对于无损混凝土材料,$W_\varepsilon = W_0$,则 $D=0$;对于损伤混凝土材料,$0 < W_\varepsilon < W_0$,则 $D \neq 0$;在损伤的极限状态,$W_0 \gg W_\varepsilon$,则 $D \rightarrow 1$。因此,$0 \leqslant D \leqslant 1$,将式(4-17)用于度量混凝土的损伤是合乎其损伤发展情况的。

纪洪广等[23]在试验基础上,探讨了根据混凝土受载后的声发射特征来动态评价和估计混凝土材料的损伤程度问题,为混凝土损伤的研究和损伤变量的测试提供了一种新的方法和途径。梁天成等[24]对岩石受单轴压缩损伤过程中的声发射和超声波波速进行了同步测量,对比分析了声发射和超声波波速随损伤过程的变化规律,表明岩石损伤过程不同阶段声发射和超声波波速变化呈现不同特征。Jason 等[25]、Soroushian 等[26]对混凝土应力作用下的损伤模型和微结构变化进行了研究。余红发等[27]借助损伤力学的原理,通过系统试验研究得到混凝土在冻融或腐蚀条件下的损伤曲线主要有直线型、抛物线型和直线-抛物线复合型三种形式,并提出了损伤速度和损伤加速度概念。

金祖权等[28]研究了不同水胶比的普通混凝土在 3 种溶液(NaCl 溶液、Na_2SO_4 溶液和 NaCl-Na_2SO_4 复合溶液)和 2 种腐蚀制度(长期浸泡和浸泡烘干循环)下混凝土的损伤失效规律、特点及损伤叠加效应。结果表明,腐蚀溶液中硫酸盐的存在腐蚀初期提高了混凝土抗氯离子扩散能力,在腐蚀后期则降低了混凝土抗氯离子扩散能力。复合溶液中氯盐的存在拉长了各腐蚀阶段时间,延缓了混凝土的硫酸盐损伤进程。李士伟等[29]以 Fick 扩散定律及 Loland 损伤模型为基础,推导在 SO_4^{2-} 腐蚀作用下,混凝土立方体试件损伤度 Q 与时间 t 符合如下关系:

$$Q = At^{\frac{3}{2}} - Bt + Ct^{\frac{1}{2}} + Q_0 \tag{4-18}$$

式中,A、B、C 为与材料属性及外环境有关的常数;Q_0 为混凝土材料的初始损伤度。

左晓宝等[30]针对混凝土板、墙等一维构件,根据 SO_4^{2-} 在混凝土中的扩散及其与混凝土组分之间的化学反应规律、混凝土体积膨胀所引起的应力-应变变化、混凝土开裂破坏过程等,建立了硫酸盐侵蚀下混凝土损伤破坏全过程的定量分析模型。Cui 等[31]开展了混凝土在高静水压力作用下的损伤试验研究。余振新等[32]研究了弯曲荷载-干湿交替-硫酸盐三因素耦合作用下的混凝土损伤劣化过程,结果表明,与单一硫酸盐侵蚀相比,弯曲荷载和干湿循环都加剧了混凝土在硫酸盐溶液中的损伤程度。

4.2.4 井壁混凝土初始损伤检测

试验前采用 NM-4A 非金属超声检测仪对相同配合比的混凝土试件进行了超声波传播速度的测试,为降低同批次混凝土试件离散性的影响,挑选超声波传播速度相近的试件进行试验。通过对随机选取的 6 个相同配比的试件做单轴压缩破坏试验,分别测定这 6 个试件的极限抗压强度并取平均值。参照赵庆新等[5]施加初始损伤的方法,如图 4-1 所示,通过对试件施加连续、均匀荷载形成不同的初始损伤,并设置不受初始应力作用的一组与其做对比,荷载控制水平不超过混凝土试件平均极限抗压强度的 60%,加载后用超声检测仪在与加载方向平行的平面沿其对角线布置 10 个测点,分别测试试件的波速变化并取其平均值综合反映试件内部损伤情况,图 4-2 为混凝土声发射测试示意图。根据式(4-19)计算混凝土试件的初始损伤,通过调整荷载大小和加载次数使试件的初始损伤度分别为 0.1、0.2,以形成不同的损伤。

$$Q_0 = 1 - \frac{V_{t0}}{V_{p0}} \tag{4-19}$$

式中,Q_0 为初始损伤度;V_{p0}、V_{t0} 分别为混凝土预加载前和预加载后的超声波传播速度。

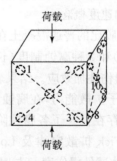

图 4-1 初始损伤超声测试示意图

将形成初始损伤的混凝土试件和未受初始应力的混凝土试件在质量分数 5% 的硫酸钠溶液中进行硫酸盐干湿循环腐蚀,参照《普通混凝土长期性能和耐久性能试验方法标准》(GB/T 50082—2009),采用浸泡 16h、烘干冷却 8h 共 24h 为一个周期。在腐蚀 60d、120d、180d、240d、300d 后,将混凝土试件取出测试其质量、超声波波速、抗压强度等物理力学性能,同时测试加载过程中应力-应变曲线及声发射特征的变化。

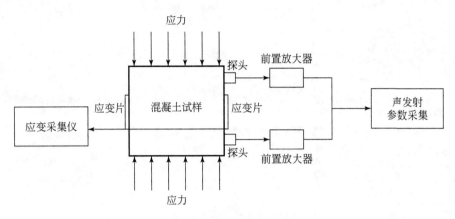

图 4-2　混凝土声发射测试示意图

4.3　初始损伤下井壁混凝土硫酸盐腐蚀劣化特征

4.3.1　初始损伤对混凝土硫酸盐侵蚀的影响

混凝土在硫酸钠溶液中进行干湿循环试验,不同的初始损伤对混凝土的破坏有着不同程度的影响,如图 4-3 所示。无初始损伤试件在腐蚀 120d 和 240d 时表面仍然较完整,腐蚀 300d 时靠近试件边缘出现细小裂缝;初始损伤度为 0.1 的试件腐蚀 120d 时表面出现少量颗粒剥落,腐蚀 240d 时从边缘产生细微裂缝,腐蚀 300d 时表面出现贯通裂缝,位置较浅且细小;初始损伤度为 0.2 的试件在腐蚀 120d 时即出现微裂缝,随着腐蚀的进行,裂缝不断扩展,边角开始剥落,腐蚀 300d 时贯通裂缝明显加宽加深,破损程度非常严重。

(a)无初始损伤,腐蚀120d　　　(b)无初始损伤,腐蚀240d　　　(c)无初始损伤,腐蚀300d

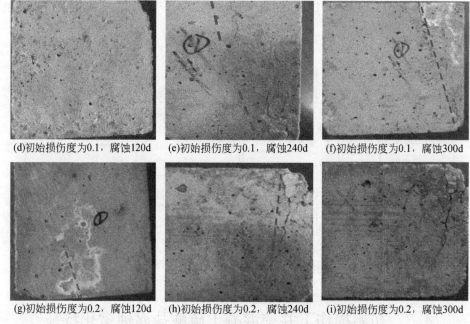

(d)初始损伤度为0.1，腐蚀120d　(e)初始损伤度为0.1，腐蚀240d　(f)初始损伤度为0.1，腐蚀300d

(g)初始损伤度为0.2，腐蚀120d　(h)初始损伤度为0.2，腐蚀240d　(i)初始损伤度为0.2，腐蚀300d

图 4-3　不同初始损伤试件随腐蚀时间的典型试验现象

图 4-4、图 4-5 分别为不同初始损伤混凝土试件质量变化因子、超声波波速随腐蚀时间的变化。随着腐蚀时间的增加，不同初始损伤混凝土试件质量和超声波波速均经历一个先增大后减小的过程，在腐蚀初期，腐蚀产物和盐结晶填充了试件内部的初始微孔洞，使得试件质量比腐蚀前增加，内部结构也更密实；而在腐蚀后期，生成物的不断累积膨胀使试件内部又出现新的微缺陷（孔隙、裂隙）并扩展延伸，且伴有表皮的部分脱落，因此试件质量和超声波波速开始逐渐减小。

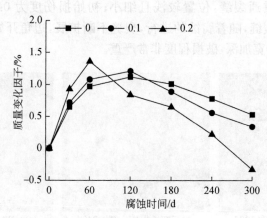

图 4-4　不同初始损伤混凝土试件质量变化因子随腐蚀时间的变化

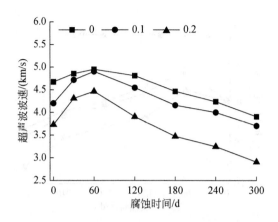

图 4-5　不同初始损伤混凝土试件超声波波速随腐蚀时间的变化

　　同时,初始损伤使混凝土试件内部产生了微孔隙、微裂隙等初始缺陷,因此硫酸盐溶液更易进入,也存在更大的填充空间,当腐蚀产物快速填充大量孔隙时,质量和超声波波速迅速增大;而随着腐蚀的进行,由于早期初始损伤对试件内部结构完整性的破坏效应,腐蚀后期其质量和超声波波速急剧减小,这一现象在初始损伤度为 0.2 时尤其显著,初始损伤度为 0.1 时影响较小,其质量和超声波波速变化规律与无初始损伤试件基本一致。初始损伤度为 0.2 的试件在腐蚀 60d 后质量开始明显降低;而初始损伤度为 0、0.1 的试件在腐蚀 60d 时质量仍处于增加阶段,腐蚀 120d 后才缓慢减小,且减小速率明显小于初始损伤度为 0.2 的试件。不同初始损伤试件的超声波波速均在腐蚀 60d 后开始减小,试件内部密实程度的变化能够通过超声波传播速度的改变来反映,当试件受腐蚀作用内部密实性变差时,波速也会相应减小。

　　图 4-6 为不同初始损伤混凝土试件抗压强度随腐蚀时间的变化。可以看出,不同初始损伤混凝土试件的抗压强度随腐蚀时间增加均表现为先增大后减小,腐蚀 60d 时,无初始损伤试件抗压强度比腐蚀前增加 17.69%,达到 47.9MPa;初始损伤度为 0.2 的试件抗压强度比腐蚀前增加 6.63%。腐蚀 120d 后混凝土抗压强度逐渐下降,腐蚀 300d 时无初始损伤试件的剩余强度为 33.7MPa,为腐蚀前抗压强度的 83%;而初始损伤度为 0.2 的试件剩余强度仅为腐蚀前抗压强度的 59%。初始损伤度为 0.1 的试件抗压强度变化规律与无初始损伤试件基本一致,剩余强度为腐蚀前抗压强度的 78%,降幅较小。

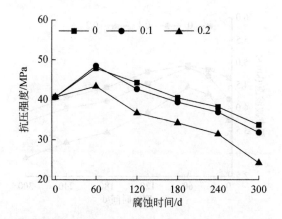

图 4-6　不同初始损伤混凝土试件抗压强度随腐蚀时间的变化

4.3.2　硫酸盐腐蚀劣化表征及分析

　　混凝土的劣化程度能够通过宏观物理力学性能的变化得到反映。为了对含初始损伤混凝土在腐蚀环境中性能的变化规律进行定量描述,分别将抗压强度 σ_c、超声波波速 V 定义为劣化变量,得到基于各变量的劣化表达式,见式(3-3)。

　　为了更清晰地探究硫酸盐腐蚀环境中井壁混凝土的性能劣化规律,本节暂不考虑在腐蚀初期腐蚀产物的填充效应引起的强度增长,重点研究腐蚀 180d 后混凝土随腐蚀时间的劣化过程。不同初始损伤混凝土试件超声波波速和抗压强度对应的腐蚀劣化因子如图 4-7 所示。

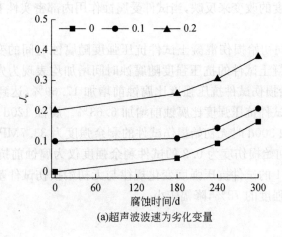

(a)超声波波速为劣化变量

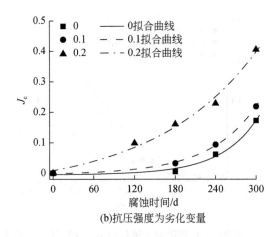

(b)抗压强度为劣化变量

图 4-7　不同初始损伤混凝土试件的腐蚀劣化因子及拟合曲线

由图 4-7 可见,经数据拟合,不同初始损伤混凝土试件抗压强度的劣化均表现出较明显的函数关系,其总的拟合函数形式为

$$J_c = a_{31} e^{b_{31} t} + c_{31} \qquad (4\text{-}20)$$

式中,J_c 为抗压强度对应的腐蚀劣化因子;t 为腐蚀时间;a_{31}、b_{31}、c_{31} 为与初始损伤相关的参数,如表 4-1 所示。

表 4-1　抗压强度腐蚀劣化拟合方程的系数

初始损伤度	$a_{31}/10^{-4}$	$b_{31}/10^{-3}$	$c_{31}/10^{-2}$	R^2
0	7.88317	18.07	−0.542	0.97400
0.1	30.6	14.3	−0.447	0.99725
0.2	634.4	6.55	−5.503	0.98086

由表 4-1 可知,不同初始损伤混凝土试件抗压强度腐蚀劣化拟合方程的相关系数均在 0.97 以上,能够较好地拟合硫酸盐腐蚀环境中含初始损伤井壁混凝土抗压强度随时间的劣化规律。

不同初始损伤混凝土在硫酸盐腐蚀和干湿循环作用下抗压强度的腐蚀劣化因子 J_c 与无损检测超声波波速的腐蚀劣化因子 J_v 存在较好的二次函数关系,如图 4-8 所示,它们的关系为

$$J_c = a_{32} J_v^2 + b_{32} J_v + c_{32} \qquad (4\text{-}21)$$

式中,a_{32}、b_{32}、c_{32} 为与初始损伤相关的参数,如表 4-2 所示。

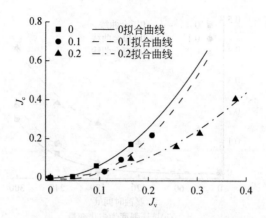

图 4-8　不同初始损伤混凝土试件腐蚀劣化因子之间的关系

表 4-2　腐蚀劣化因子关系拟合方程的系数

初始损伤度	$a_{32}/10^{-1}$	$b_{32}/10^{-2}$	$c_{32}/10^{-2}$	R^2
0	6.2802	4.082	-2.604	0.98645
0.1	7.3399	-45.547	-0.695	0.98942
0.2	2.9215	-9.223	6.55	0.96008

由表 4-2 可知,不同初始损伤混凝土试件腐蚀后的抗压强度腐蚀劣化因子与波速腐蚀劣化因子间拟合方程的相关系数都在 0.96 以上,可以为借助无损检测的波速指标来表征和预测混凝土材料腐蚀环境中的力学性能提供参考。

腐蚀劣化加速度可表示为

$$\partial J_c / \partial J_v(t) = 2a_{32}J_v(t) + b_{32} \tag{4-22}$$

可见随着腐蚀时间的延长,混凝土随波速劣化呈加速破坏,直至失去承载能力。

4.4　初始损伤下井壁混凝土受荷腐蚀的劣化特征

4.4.1　基于应力-应变特征的劣化模型

图 4-9 为不同初始损伤混凝土试件在不同腐蚀时间(0d、60d、120d、180d、240d和300d)的应力-应变曲线。在相同的腐蚀时间下,初始损伤度分别为 0、0.1 的试件应力-应变曲线形状比较接近,而初始损伤度为 0.2 的试件应力-应变曲线差异较大,且曲线形状随腐蚀时间增加呈现明显的变化。这说明混凝土的受力特征在初

始损伤度达到 0.2 时产生显著变化。

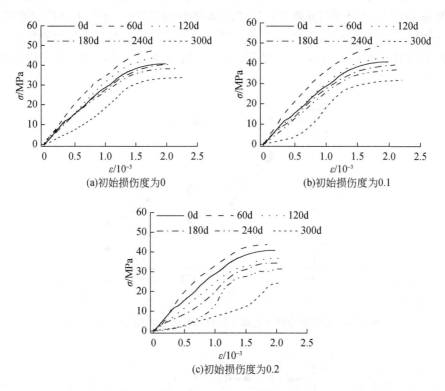

图 4-9　不同初始损伤混凝土试件在不同腐蚀时间的应力-应变曲线

随着腐蚀时间不断增加,加载初始的压密段趋于明显,应力随应变非线性增加,呈现上凹型,当初始损伤度为 0.2 时这一现象更加显著,主要是由于腐蚀加剧引起混凝土试件内部的微孔隙、微裂隙等增多,而初始损伤度为 0.2 时试件内部形成了更多的初始微缺陷。应力-应变在线弹性阶段近似为线性关系,随着腐蚀时间增加,含初始损伤试件的弹性阶段逐渐变短而塑性阶段变长,最终变形增大。初始损伤度为 0、0.1 的试件经历了 300d 腐蚀作用后表现出一定的塑性变形;而初始损伤度为 0.2 的试件仅腐蚀 180d 后塑性变形已十分明显。

弹性模量 E_e 和峰值割线变形模量 E_p 是混凝土力学性能的重要参数,将应力-应变曲线上 $\sigma = 0.4\sigma_c$(σ_c 为峰值应力)与对应应变 ε 的比值作为弹性模量,将应力-应变曲线上峰值应力 σ_c 与峰值应变 ε_c 的比值作为峰值割线变形模量。图 4-10、图 4-11 分别为不同初始损伤混凝土试件弹性模量、峰值割线变形模量随腐蚀时间的变化。可以看出,随着腐蚀时间的增加,弹性模量和峰值割线变形模量均经历一个先增大后减小的过程,初始损伤度为 0.2 的试件弹性模量在腐蚀 120d 后开始降低；而初始损伤度为 0、0.1 的试件弹性模量在腐蚀 120d 时较腐蚀前无明显变化，在腐蚀 240d 后才出现明显降低，之后随着腐蚀时间的延长，混凝土试件加速腐蚀，直至结构失效。腐蚀 300d 时，初始损伤度为 0、0.1、0.2 的混凝土试件弹性模量比腐蚀前分别下降 44.9％、49.6％和 75.1％，峰值割线变形模量分别是未腐蚀时的 73％、70％和 58％。

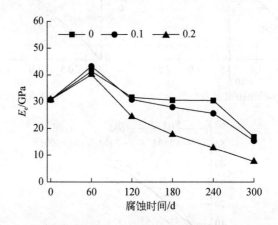

图 4-10　不同初始损伤混凝土试件弹性模量随腐蚀时间的变化

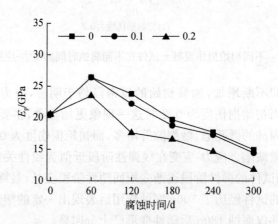

图 4-11　不同初始损伤混凝土试件峰值割线变形模量随腐蚀时间的变化

　　取不同初始损伤混凝土试件弹性模量下降段的试验数据进行拟合，如图 4-12 所示。可以看出，不同初始损伤混凝土试件弹性模量的变化均呈现一定的规律性，其总的拟合函数形式为

$$E_e = a_{33} e^{b_{33} t} + c_{33} \tag{4-23}$$

式中，t 为腐蚀时间；a_{33}、b_{33}、c_{33} 为与初始损伤相关的参数，如表 4-3 所示。

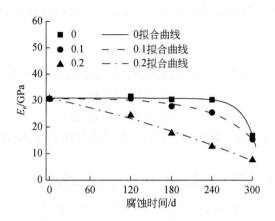

图 4-12　不同初始损伤混凝土试件的弹性模量拟合曲线

表 4-3　弹性模量拟合方程的系数

初始损伤度	a_{33}	b_{33}	c_{33}	R^2
0	-1.80896×10^{-6}	0.05289	30.95029	0.99129
0.1	-0.10586	0.0166	30.8959	0.98329
0.2	-29.00015	0.00199	59.99209	0.98502

由表 4-3 可知,不同初始损伤混凝土试件腐蚀后弹性模量拟合方程的相关系数均在 0.98 以上,能够较好地呈现硫酸盐腐蚀环境中含初始损伤混凝土弹性模量的劣化规律,可以为表征和预测腐蚀环境中井壁混凝土材料的力学性能提供参考。

将混凝土受荷引起的损伤看成由内部微元体的破坏产生的,而混凝土内部缺陷的分布具有随机性,因此假定混凝土微元强度服从 Weibull 分布,可得到混凝土受荷引起的损伤表达式。

混凝土的受荷损伤伴随着内部微元体的破坏,但这些微元体破坏后仍然承受部分剪应力和压应力[33],因此根据混凝土损伤理论[34],有

$$\sigma = E_0\varepsilon(1-\delta D_s) \tag{4-24}$$

式中,δ 定义为微元体承载效应系数,在区间 $[0,1]$ 取值;D_s 为受荷损伤变量,见式(3-6)。

将式(3-6)代入式(4-24),得

$$\sigma = E_0\varepsilon\left[1-\delta+\delta e^{-\frac{1}{m}\left(\frac{\varepsilon}{\varepsilon_c}\right)^m}\right] \tag{4-25}$$

为了进一步定量研究初始损伤和腐蚀作用对混凝土力学性能的影响,定义两种损伤状态,第一种损伤状态为含初始损伤混凝土由硫酸盐腐蚀引起的损伤;第二

种损伤状态为腐蚀受荷引起的总损伤,引入微元体承载效应系数 δ,根据应变等价原理,有

$$\sigma = E_t(1 - \delta D_s)\varepsilon \tag{4-26}$$

腐蚀和受荷总损伤 D_m 表示的混凝土腐蚀受荷应力-应变关系为

$$\sigma = E_0(1 - D_m)\varepsilon \tag{4-27}$$

$$D_m = D_T + \delta D_s - \delta D_T D_s \tag{4-28}$$

式中,D_T 为腐蚀损伤变量,见式(3-11);D_s 为受荷损伤变量,见式(3-6);$D_T D_s$ 为耦合项。

于是,得到井壁混凝土腐蚀受荷的总损伤演化方程为

$$D_m = 1 - \delta \frac{E_t}{E_0} e^{-\frac{1}{m}\left(\frac{\varepsilon}{\varepsilon_c}\right)^m} - (1-\delta)\frac{E_t}{E_0} \tag{4-29}$$

将式(4-29)代入式(4-27),得到

$$\sigma = E_t\varepsilon\left[1 + \delta e^{-\frac{1}{m}\left(\frac{\varepsilon}{\varepsilon_c}\right)^m} - \delta\right] \tag{4-30}$$

考虑到应力损伤与硫酸盐腐蚀损伤的耦合效应[33],引入与应变相关的耦合系数 υ,可得到荷载与硫酸盐腐蚀共同作用下混凝土的本构关系为

$$\sigma = \upsilon E_t\varepsilon\left[1 + \delta e^{-\frac{1}{m}\left(\frac{\varepsilon}{\varepsilon_c}\right)^m} - \delta\right] \tag{4-31}$$

为简化计算,取 $\delta=1$,$\upsilon=1$,把实测数据中的峰值应力 σ_c、峰值应变 ε_c 代入式(4-29)得到荷载和硫酸盐腐蚀共同作用的混凝土损伤演化发展曲线,如图 4-13 所示;代入式(4-31)得到荷载和硫酸盐腐蚀共同作用的混凝土本构关系,如图 4-14 所示。

从图 4-13 可以看出,在相同的腐蚀时间下,无初始损伤试件的腐蚀损伤劣化程度比初始损伤试件小,说明由于初始损伤的存在,加速了损伤的演化。随着初始损伤的增加,试件腐蚀受荷损伤劣化程度越来越严重,当初始损伤度为 0.2 时,初始损伤对试件损伤劣化的影响更为显著。例如,在腐蚀 300d 时,无初始损伤试件的损伤变量为 0.45,而初始损伤度为 0.1、0.2 的试件损伤变量分别为 0.496、0.751,比无初始损伤试件分别增加了 10%、67%。

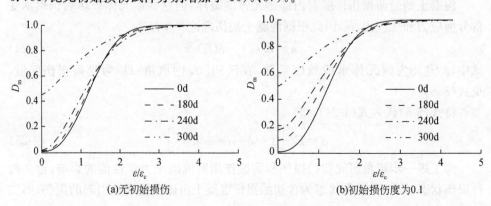

(a)无初始损伤　　　　　　　　　　(b)初始损伤度为0.1

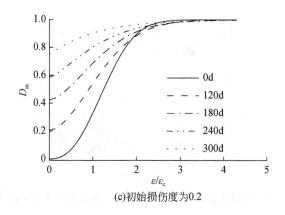

(c)初始损伤度为0.2

图 4-13　不同初始损伤混凝土腐蚀受荷损伤模型演化曲线

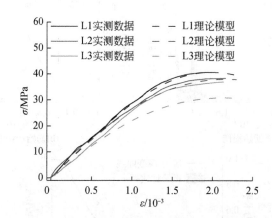

图 4-14　混凝土腐蚀受荷本构理论模型与实测数据

L1-腐蚀前；L2-无初始损伤试件腐蚀 240d；L3-初始损伤度为 0.1 试件腐蚀 240d

从图 4-14 可以看出,腐蚀前期,由式(4-31)计算的理论值和实测数据非常接近,但随着初始损伤的增大和腐蚀时间的增加,试件加载时初始压密阶段延长,计算得出的应力-应变曲线和实测数据有所偏差,偏于保守,因此需要充分考虑初始压密阶段的影响,对式(4-31)中 δ、υ 取值进行优化调整。

4.4.2　基于声发射特征的劣化模型

受压过程中混凝土的声发射强弱与其变形和裂隙扩展紧密相关。图 4-15 为混凝土试件腐蚀前的声发射事件随相对应力水平的变化。基于上述试验结果,获得不同初始损伤混凝土试件腐蚀 300d 时的声发射事件随相对应力水平的变化,如

图 4-16 所示。

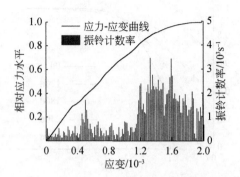

图 4-15　混凝土试件腐蚀前声发射事件随相对应力水平的变化

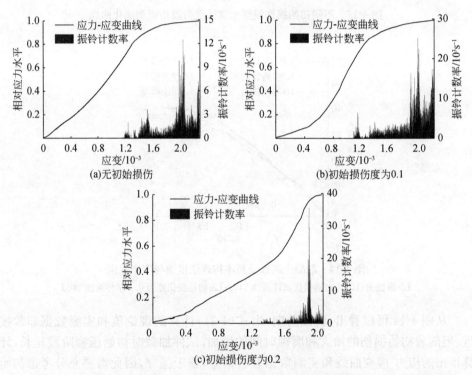

(a)无初始损伤

(b)初始损伤度为0.1

(c)初始损伤度为0.2

图 4-16　不同初始损伤混凝土试件腐蚀 300d 时声发射事件随相对应力水平的变化

在加载初期的密实阶段,腐蚀 300d 的试件几乎没有声发射信号产生,腐蚀前的试件出现少量声发射信号,主要原因是混凝土腐蚀后软化显著,内部产生孔隙、裂隙等缺陷,以至于压密时变形破坏的激烈程度比未腐蚀试件减弱。初始损伤度为0.2的试件声发射活动明显减弱,初始损伤的增加使产生明显声发射的时间滞后,进入破坏阶段,声发射事件数在短时间急剧跃升,试件迅速崩裂。这主要是因为初始损伤越大,试件在腐蚀作用下内部损伤越严重,损伤降低了晶体颗粒的强度,减小了晶体颗粒间的黏结力,使得试件在破裂时所需能量减少,而材料内部较多的微孔隙、微缺陷使加载过程中试件内部应力重新平衡的能力降低,容易在薄弱位置形成应力集中和破坏。同时从试验过程中破坏时产生的声响可以知道腐蚀一定时间后含初始损伤混凝土试件的破坏程度不如无初始损伤试件强烈,即试件在破裂瞬间释放的能量相对较小。说明初始损伤越大,其对受腐蚀混凝土声发射产生的影响越大。

为了进一步研究初始损伤和腐蚀作用对混凝土力学性能的影响,定义两种损伤状态,第一种损伤状态为含初始损伤混凝土由硫酸盐腐蚀引起的损伤;第二种损伤状态为腐蚀受荷引起的总损伤,可得含初始损伤混凝土腐蚀受荷的总损伤演化方程,见式(3-15)。

图 4-17 为利用试验数据由式(3-15)计算得到的不同初始损伤混凝土腐蚀 300d 时损伤模型演化曲线。初始损伤混凝土腐蚀受荷的损伤演化大致可分为 3 个阶段(以初始损伤度为 0.1 试件腐蚀 300d 为例):第一阶段试件处于压密和弹性阶段,相对应变小于 0.5,损伤变量趋近于仅腐蚀引起的损伤(0.496),此阶段没有产生新的微孔隙和微裂隙;第二阶段试件进入塑性变形阶段(即损伤稳定发展阶段),相对应变为 0.5~0.83,损伤稳定演化和发展,此阶段开始有新的微裂隙或微孔隙产生并扩展;加压至第三阶段,损伤开始加速,呈不稳定发展,损伤变量上升直至等于临界值,局部承载能力急剧下降,此阶段微裂隙和微孔隙迅速扩展、汇合和贯通,引起试件的宏观破坏。由变形、损伤的萌生和发展,到宏观裂纹的出现,直至裂纹扩展引起破坏,初始损伤下受腐蚀混凝土的受荷过程逐渐发展。

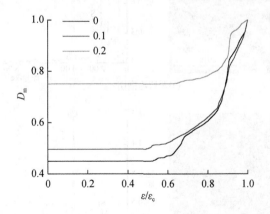

图 4-17　不同初始损伤混凝土腐蚀 300d 受荷损伤模型演化曲线

从图 4-17 可以看出,初始损伤度为 0、0.1、0.2 的混凝土试件损伤演化第一阶段分别为加压至相对应变达 0.52、0.5、0.63,损伤演化第二阶段分别为相对应变0.52~0.84、0.5~0.84、0.63~0.86,可见当初始损伤度为 0.2 时,腐蚀受荷初期压密阶段更长,而损伤稳定发展阶段缩短,进入加速发展阶段,损伤急剧增加,且上升速率更大。这主要是由于初始损伤的存在,产生了大量微孔隙、微裂隙等初始缺陷,加速了损伤的演化。随着初始损伤的增加,其腐蚀受荷损伤劣化程度越来越严重,当初始损伤度为 0.2 时,初始损伤对试件的损伤劣化影响更为显著。

4.5　初始损伤下井壁混凝土硫酸盐腐蚀的劣化机理

　　图 4-18 为不同初始损伤混凝土试件腐蚀 300d 后的微观结构和能谱分析。无初始损伤和初始损伤度为 0.1 的试件整体结构仍然完整,局部可见裂缝,根据能谱分析,腐蚀后的产物主要为钙矾石,在大量针棒状钙矾石周围引发了大量的腐蚀微裂纹,细小针状钙矾石在微裂纹内沿裂纹面生长则进一步推动了微裂纹的扩展;初始损伤度为 0.2 的试件内部膨胀性腐蚀产物产生的膨胀应力使得试件产生新的微裂纹,也使已有微裂纹快速扩展并贯通成裂纹网络,形成明显的贯通裂缝,结构变得松散脆弱。

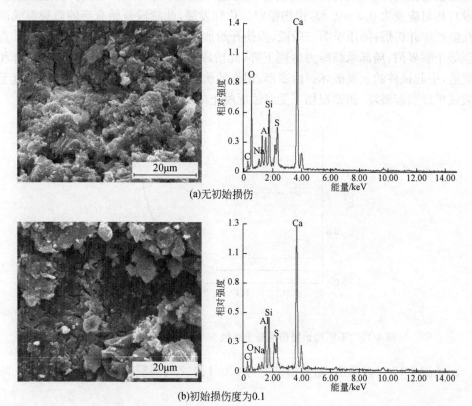

(a)无初始损伤

(b)初始损伤度为0.1

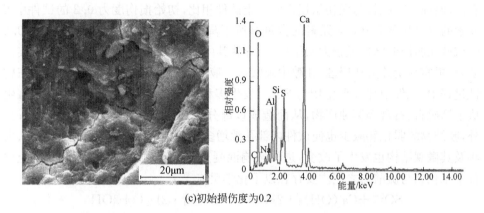

(c)初始损伤度为0.2

图 4-18　不同初始损伤混凝土试件腐蚀 300d 后的微观结构和能谱分析

图 4-19 为不同初始损伤混凝土试件腐蚀 300d 后表层腐蚀产物。可以看出，无初始损伤时腐蚀产物多为辐射生长的针棒状钙矾石晶体(图 4-19(a))，而初始损伤度为 0.2 时存在大量定向生长的束状石膏晶体(图 4-19(b))，在腐蚀产物周围产生了大量的腐蚀微裂纹，微裂纹向四周辐射并扩展成分布范围广泛的微裂纹网络体系。初始损伤下的微裂纹网络体系比无初始损伤状态下更加发达，裂纹更深更宽，呈现龟裂状延伸和扩展。

(a)无初始损伤　　　　　　　　　　　　　　(b)初始损伤度为0.2

图 4-19　不同初始损伤混凝土试件腐蚀 300d 后表层腐蚀产物

表 4-4 给出了腐蚀 300d 后不同初始损伤混凝土主要元素的质量分数与原子分数。由于能谱分析只是对试件内部微小区域进行测试，多次测试取其平均值得到表 4-4 的测试结果，这样能够减小测试结果的随机性。从图 4-18 和表 4-4 可以

看出,腐蚀300d后,与无初始损伤混凝土试件相比,初始损伤度为0.2的试件中S元素的含量显著上升,Ca元素的含量有所下降,这主要是因为初始损伤度为0.2的试件在腐蚀前已形成较大初始损伤,导致其内部形成微裂隙等缺陷,结构密实性变差,更容易受硫酸盐侵蚀,孔隙中硫酸盐溶液浓度增大,腐蚀反应更为活跃,在腐蚀过程中,试件中部分水化物与SO_4^{2-}发生多种化学反应,钙质胶结物被侵蚀,生成了钙矾石、石膏等腐蚀产物,从而造成该部分颗粒骨架物理力学性质的损伤;另外,胶结物的弱化和减少也使试件内部孔隙增多、增大,混凝土内部颗粒的形状、大小及其微观结构也发生了改变,进而影响混凝土的宏观物理力学性质。混凝土试件中水化物与硫酸盐之间主要存在以下化学反应[35]:

$$SO_4^{2-}+Ca(OH)_2+2H_2O \longrightarrow CaSO_4 \cdot 2H_2O+2OH^-$$

$$Na_2SO_4 \cdot 10H_2O+Ca(OH)_2 \longrightarrow CaSO_4 \cdot 2H_2O+2NaOH+8H_2O$$

$$3[CaSO_4 \cdot 2H_2O]+3CaO \cdot Al_2O_3+26H_2O \longrightarrow 3CaO \cdot Al_2O_3 \cdot 3CaSO_4 \cdot 32H_2O$$

表 4-4　腐蚀 300d 后不同初始损伤混凝土主要元素的质量分数与原子分数

初始损伤度		C	O	Na	Al	Si	S	Ca
质量分数/%	0	4.50	40.96	1.49	4.35	8.12	5.80	34.78
	0.1	7.60	16.08	1.64	8.85	10.41	6.48	48.95
	0.2	4.12	44.29	1.13	6.37	8.10	8.24	27.76
原子分数/%	0	8.33	56.91	1.44	3.58	6.43	4.02	19.29
	0.1	16.53	26.23	1.86	8.56	9.67	5.27	31.88
	0.2	7.39	59.74	1.06	5.09	6.23	5.54	14.95

　　图 4-20 为腐蚀 300d 时不同初始损伤混凝土试件的 XRD 图。可以看出,腐蚀前,试件内部可见大量氢氧化钙晶体,腐蚀 300d 时,无初始损伤和初始损伤度为

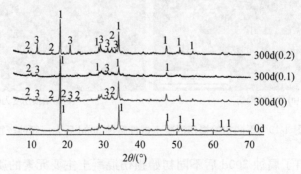

图 4-20　腐蚀 300d 时不同初始损伤混凝土试件的 XRD 图

1-氢氧化钙;2-钙矾石;3-石膏

0.1的试件内部氢氧化钙晶体数量减少,出现钙矾石和石膏的衍射峰,而初始损伤度为0.2的试件内部主要生成大量的石膏晶体,这与图4-18所示SEM结果相吻合,随着腐蚀加剧,这些腐蚀产物不断积聚膨胀,当膨胀应力大于内部抗拉应力时导致微裂缝形成和扩展,混凝土内部结构受到破坏,引起宏观性能下降。

4.6　小　结

(1)初始损伤下随着腐蚀时间的增加,混凝土的质量、超声波波速和抗压强度均先增大后减小,混凝土抗压强度和弹性模量的下降阶段变化规律均呈指数函数劣化,分别将抗压强度和超声波波速作为损伤变量,可建立基于各损伤变量的混凝土腐蚀损伤劣化方程,并得到不同损伤表达式间的二次函数关系。初始损伤增加会加速混凝土受腐蚀作用物理力学性能的劣化,当初始损伤度在0.1以下时影响较小;当初始损伤度达到0.2时影响显著。

(2)随着腐蚀时间的增加,含初始损伤混凝土的压密段更加明显,弹性阶段逐渐变短而塑性屈服阶段延长。含初始损伤混凝土的腐蚀受荷劣化程度随着应变和腐蚀时间的增大而增大,在同样的腐蚀时间下,无初始损伤混凝土试件的腐蚀损伤劣化程度比初始损伤试件小,随着初始损伤的增加,其腐蚀受荷损伤劣化程度越来越严重,当初始损伤度为0.2时,初始损伤对混凝土的损伤劣化影响尤其显著。通过建立初始损伤混凝土在腐蚀和荷载共同作用下的损伤演化方程和本构关系描述损伤变化规律。

(3)初始损伤度为0.2时,试件声发射活动明显减弱,初始损伤的增加使产生明显声发射的时间滞后。基于声发射特性的初始损伤混凝土损伤演化过程可分为压密和弹性阶段、塑性变形阶段和损伤加速发展阶段3个阶段。当初始损伤度为0.2时,压密阶段更长,损伤稳定发展阶段缩短,损伤加速发展阶段的上升速率更大。

(4)与普通混凝土相近,初始损伤度为0.1的混凝土试件内部腐蚀产物主要为钙矾石和石膏,而初始损伤度为0.2的混凝土试件内部主要生成大量的石膏晶体,随着腐蚀产物集聚膨胀,微裂缝逐渐形成和扩展。初始损伤的增加导致混凝土内部形成微缺陷,结构密实性变差,更容易受硫酸盐侵蚀,孔隙中硫酸盐溶液浓度增大,腐蚀反应更为活跃,微裂纹网络体系比无初始损伤状态下更加发达,呈现龟裂状延伸和扩展,进而改变混凝土的宏观物理力学性质。

参 考 文 献

[1] 赵力. 硫酸盐环境中立井井壁混凝土腐蚀劣化特征及机理研究[D]. 北京:北京科技大学, 2018.

[2] 王涛,岳丰田,姜耀东,等.井筒冻结壁强制解冻技术的研究与实践[J].煤炭学报,2010,35(6):918-922.

[3] 闫东明,刘康华,李贺东,等.带初始损伤混凝土的动态抗压性能研究[J].水利学报,2015,46(9):1110-1117,1127.

[4] 赵庆新,康佩佩.力学损伤对混凝土抗冻性的影响[J].建筑材料学报,2013,16(2):326-329,334.

[5] 赵庆新,李东华,闫国亮,等.受损混凝土抗硫酸盐腐蚀性能[J].硅酸盐学报,2012,40(2):217-220.

[6] 程桦.深厚冲积层冻结法凿井理论与技术[M].北京:科学出版社,2016.

[7] Liu B, Liu Q S. On damage and fracture mechanics of shaft lining under complicated loads with freezing method[J]. Key Engineering Materials, 2010, 452-453:549-552.

[8] 吕恒林,崔广心.深厚表土中井壁结构破裂的力学机理[J].中国矿业大学学报,1999,28(6):539-543.

[9] 骆念海,杨维好.井壁竖直附加力的影响因素分析[J].煤炭科学技术,2000,28(12):41-43.

[10] 彭飞. C80-C90的高强钢筋混凝土井壁结构承载力研究[D].北京:煤炭科学研究总院,2021.

[11] 黄小飞.特厚表土层冻结井壁的受力机理及设计理论研究[D].淮南:安徽理工大学,2006.

[12] 杨维好.中天合创公司葫芦素矿井副井井筒单层冻结井壁设计方案[R].徐州:中国矿业大学,2009.

[13] 徐芝纶.弹性力学[M].北京:高等教育出版社,2016.

[14] Martin C D, Chandler N A. The progressive fracture of Lac du Bonnet granite[J]. International Journal of Rock Mechanics and Mining Sciences & Geomechanics Abstracts, 1994, 31(6):643-659.

[15] Bruhwiler E, Saouma V E. Water fracture interaction in concrete—Part 1: Fracture properties[J]. Materials Journal, 1995, 92(3):296-303.

[16] Rossi P. Coupling between the crack propagation velocity and the vapour diffusion in concrete[J]. Materials and Structures, 1989, 22(2):91-97.

[17] 余寿文,冯西桥.损伤力学[M].北京:清华大学出版社,1997.

[18] 余天庆,钱济成.损伤理论及其应用[M].北京:国防工业出版社,1993.

[19] 李兆霞.损伤力学及其应用[M].北京:科学出版社,2002.

[20] 谢和平.岩石混凝土损伤力学[M].徐州:中国矿业大学出版社,1990.

[21] 林皋,刘军,胡志强.混凝土损伤类本构关系研究现状与进展[J].大连理工大学学报,2010,50(6):1055-1064.

[22] 王中强,余志武.基于能量损失的混凝土损伤模型[J].建筑材料学报,2004,7(4):365-369.

[23] 纪洪广,张天森,蔡美峰,等.混凝土材料损伤的声发射动态检测试验研究[J].岩石力学与工程学报,2000,19(2):165-168.

[24] 梁天成,葛洪魁,郭志伟,等.利用声发射和波速变化判定岩石损伤状态[J].中国地震,2012,28(2):154-166.

［25］ Jason L, Huerta A, Pijaudier-Cabot G, et al. An elastic plastic damage formulation for concrete：Application to elementary tests and comparison with an isotropic damage model［J］. Computer Methods in Applied Mechanics and Engineering, 2006, 195(52)：7077-7092.

［26］ Soroushian P, Elzafraney M. Damage effects on concrete performance and microstructure［J］. Cement and Concrete Composites, 2004, 26(7)：853-859.

［27］ 余红发,孙伟,张云升,等. 在冻融或腐蚀环境下混凝土使用寿命预测方法 Ⅰ：损伤演化方程与损伤失效模式［J］. 硅酸盐学报,2008,36(S1)：128-135.

［28］ 金祖权,孙伟,张云升,等. 混凝土在硫酸盐、氯盐溶液中的损伤过程［J］. 硅酸盐学报,2006,34(5)：630-635.

［29］ 李士伟,王迎飞,王胜年. 硫酸盐环境下混凝土损伤预测模型［J］. 武汉理工大学学报,2010,32(14)：35-39,44.

［30］ 左晓宝,孙伟. 硫酸盐侵蚀下的混凝土损伤破坏全过程［J］. 硅酸盐学报,2009,37(7)：1063-1067.

［31］ Cui J, Hao H, Shi Y C, et al. Experimental study of concrete damage under high hydrostatic pressure［J］. Cement and Concrete Research, 2017, 100：140-152.

［32］ 余振新,高建明,宋鲁光,等. 荷载-干湿交替-硫酸盐耦合作用下混凝土损伤过程［J］. 东南大学学报(自然科学版),2012,42(3)：487-491.

［33］ 陈有亮,代明星,刘明亮,等. 含初始损伤岩石的冻融损伤试验研究［J］. 力学季刊,2013,34(1)：74-80.

［34］ 刘智光,陈健云,白卫峰. 基于随机损伤模型的混凝土轴拉破坏过程研究［J］. 岩石力学与工程学报,2009,28(10)：2048-2058.

［35］ 崔广心. 特殊地层条件竖井井壁破裂机理［J］. 建井技术,1998,19(2)：29-32.

第5章 三向受压状态下井壁混凝土硫酸盐腐蚀劣化特征

5.1 概　述

立井井壁受力状态复杂,不仅承受自重荷载作用,还受到水平地压、竖向附加力等的作用,这使服役井壁处于三维空间的受力状态,其中立井围岩压力是指井筒周围岩体作用于井壁上的压力,是井壁结构设计不可缺少的重要参数。围岩压力对深井井壁结构具有重要影响,且随井深的增加而增大。

在矿山实际生产中,井壁结构还会受到开采作业如放炮、综掘和综采等动载荷的影响,地面作业也可能使井壁结构受到扰动,动载荷如煤巷综合机械化掘进进刀等引起的扰动可以简化为对井壁结构在不同应力环境下的循环加卸载过程。随着工作面和巷道的掘进以及服役期间工作荷载的变化,井壁混凝土往往经历往复的加卸载扰动。

针对矿山地下开采,综合考虑三向受力、开采扰动服役条件和硫酸盐腐蚀环境因素作用下的井壁混凝土力学特征及其损伤演化机制有待进一步研究。因此,本章在单轴力学性能研究的基础上,对不同腐蚀时间(0d、180d、240d、300d)条件下的井壁混凝土试件进行不同围压水平(0MPa、3MPa、6MPa、9MPa)的三轴压缩试验,分析井壁混凝土试件在相同腐蚀时间不同围压和相同围压不同腐蚀时间条件下的破坏形式、强度和变形特性,并对三向受力状态下井壁混凝土的腐蚀劣化进行定量表征和分析,建立硫酸盐腐蚀环境中井壁混凝土三向应力作用下的损伤演化模型和本构关系;并对不同腐蚀时间(0d、180d、240d、300d)条件下的混凝土试件进行三向应力下的循环加卸载试验,研究应力扰动下井壁混凝土的腐蚀劣化性能,基于能量耗散的观点采用能量比来定量研究不同腐蚀时间条件下混凝土受加卸载扰动作用的损伤演化规律,为评价三向受力状态和扰动因素作用下混凝土的腐蚀劣化性能以及井壁混凝土结构的服役性能提供参考。

5.2　三向受压状态下井壁混凝土腐蚀劣化特征

5.2.1　腐蚀劣化破坏模式及变形特征

本章所用试验原材料及混凝土配合比见第 3 章中表 3-1～表 3-3。将混凝土试件在质量分数 5％的硫酸钠溶液中进行硫酸盐干湿循环腐蚀,参照《普通混凝土长期性能和耐久性能试验方法标准》(GB/T 50082—2009),采用浸泡 16h、烘干冷却 8h 共 24h 为一个周期。在腐蚀 180d、240d、300d 后,分别将混凝土试件取出,测试其在不同围压条件下受荷加载的应力-应变曲线。

围压水平根据井壁混凝土结构所在地层的水平地压确定[1,2],重液公式为

$$P_0 = 0.013H \tag{5-1}$$

式中,P_0 为水平地压标准值(MPa);H 为地层深度(m)。

取井壁混凝土所处地层深度 200～700m,同时考虑试验的可行性及结果的普遍性,确定试验围压为 3MPa、6MPa 和 9MPa 三个等级,并与围压为 0MPa 的工况进行对比研究。每种工况试验试件不少于 3 个,当结果离散性较大时,适当增加试件数。试验设备为 TYS-500 型三轴试验机,试验机可以自动采集并保存荷载、位移、应力和应变值。加载方式为先施加侧向围压达到设计值并保持恒定,然后以 0.02mm/min 的速率施加轴向荷载,直至试件破坏。

图 5-1 和图 5-2 为腐蚀前和腐蚀 240d 时混凝土试件在不同围压下的破坏形态。三轴试验中混凝土的破裂状态既与混凝土本身的物理力学性质有关,也与受力情况及硫酸盐腐蚀状况相关。三轴受压混凝土试件的破坏模式主要与侧向围压有关,同时破坏形态受硫酸盐腐蚀程度影响。随着围压的变化,试件的破坏模式出现显著差异,当无围压作用时,试件主要为粗骨料的界面脆性张拉破坏;而当施加围压时,破坏模式转变为张拉和剪切混合破坏,破坏时剪切面上粗骨料被剪断,局部伴有压碎的粉末;随着围压进一步增大,裂缝的斜向角度呈减小趋势,发生剪切破坏。

当围压为 0MPa 时,试件呈纵向劈裂破坏,破坏时中部出现竖向裂缝,并由一条或几条主裂缝贯穿试件两端而破坏,未腐蚀试件沿轴向有多条劈裂面(图 5-1(a)),腐蚀 240d 试件竖向劈裂面较少且裂缝较细,脆性减弱(图 5-2(a));当围压为 3MPa 时,试件表现为张拉和剪切混合破坏,既有劈裂裂纹,也有剪切裂纹,劈裂裂纹与剪切裂纹形成搭接贯通,未腐蚀试件有一条从试件底面延伸到中部偏上的剪切破坏面,与上部沿轴向的破裂裂纹搭接贯通(图 5-1(b)),腐蚀 240d 试件有两条剪切裂纹,形成近似 Y 字形破坏(图 5-2(b)),当围压达到 6～9MPa 时,试件的破

坏形态发生改变,呈剪切破坏,且随着围压的增大,裂缝发展角度有减小的趋势,且破坏面伴随有粉末产生。可以看出,当围压为 9MPa 时,未腐蚀试件沿一条主剪切裂纹破坏(图 5-1(c)),而腐蚀 240d 试件破坏时伴有多条斜向剪切裂缝(图 5-2(c))。

　　(a)围压0MPa　　　　　　　　(b)围压3MPa　　　　　　　　(c)围压9MPa

图 5-1　腐蚀前试件的破坏形态

　　(a)围压0MPa　　　　　　　　(b)围压3MPa　　　　　　　　(c)围压9MPa

图 5-2　腐蚀 240d 时试件的破坏形态

　　图 5-3 为不同腐蚀时间和围压下混凝土的轴向应力-应变曲线。图中 $\sigma_1-\sigma_3$ 为轴向应力,σ_3 为围压,ε 为轴向应变。当围压较低时,混凝土从加载到破坏大致经历 4 个阶段:压密阶段、弹性增长阶段、塑性屈服阶段和破坏阶段。随着围压的增大,混凝土压密阶段缩短,较早进入低应力弹性增长阶段,塑性屈服阶段更加明显。当腐蚀时间一定时,混凝土的三轴抗压强度均随围压的增大而增大,混凝土达到峰值

应力时所对应的变形也随围压的增大而增大,即塑性提高;当围压一定时,混凝土的三轴抗压强度均随腐蚀时间的增加而降低,混凝土达到峰值应力时所对应的变形随腐蚀时间的增加有所增加,即脆性降低。

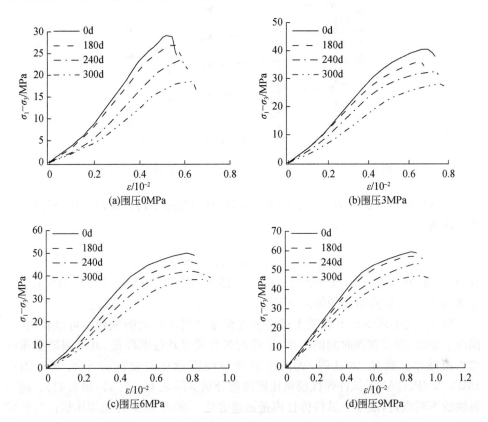

图 5-3　不同腐蚀时间和围压下混凝土的轴向应力-应变曲线

5.2.2　腐蚀劣化强度特征

图 5-4 为不同围压下混凝土试件峰值强度随腐蚀时间的变化。不同围压下混凝土试件的峰值强度均随腐蚀时间的增加而逐渐减小,腐蚀 180d 时,无围压试件峰值强度为 25.8MPa,比腐蚀前减小 9.8%;围压为 3MPa、6MPa、9MPa 试件峰值强度比腐蚀前分别下降 8.3%、5.4%和 2.5%。随着腐蚀的不断进行,混凝土试件峰值强度加速劣化。在腐蚀 300d 时无围压试件的剩余强度为 18.7MPa,仅为腐蚀前的 65%;而围压为 3MPa、6MPa、9MPa 试件的剩余强度分别为腐蚀前峰值强度的 71%、79%和 83%。可以看出,围压的存在抑制和延缓了混凝土因腐蚀导致的强度劣化。

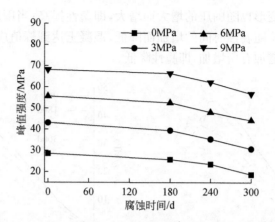

图 5-4　不同围压下混凝土试件峰值强度随腐蚀时间的变化

弹性模量是混凝土力学性能的重要参数,这里按照平均弹性模量进行计算,计算公式为

$$E = \frac{\sigma_B - \sigma_A}{\varepsilon_B - \varepsilon_A} \tag{5-2}$$

式中,σ_A、σ_B 分别为应力-应变曲线近似直线部分起点 A 与终点 B 的应力值;ε_A、ε_B 分别为 A 点与 B 点对应的轴向应变。

图 5-5 为不同围压下混凝土试件弹性模量随腐蚀时间的变化。可以看出,当围压一定时,随着腐蚀时间的增加,试件的弹性模量均逐渐降低,其降幅随围压的增大而减小。腐蚀 180d 时,无围压试件弹性模量比腐蚀前减小 9.3%;围压 3MPa、6MPa、9MPa 试件弹性模量比腐蚀前分别下降 8.4%、7.5%和 3.4%。随着腐蚀的不断进行,混凝土试件弹性模量加速劣化。腐蚀 300d 时无围压试件弹性模量仅为腐蚀前的 60%;而围压 3MPa、6MPa、9MPa 试件弹性模量分别为腐蚀前的 63%、69%和 79%。可以看出,围压的存在抑制和延缓了混凝土因腐蚀导致的刚度劣化。

为了更直观地分析围压对受腐蚀混凝土弹性模量的影响,定义相对弹性模量 ΔE,其表达式为

$$\Delta E = \frac{E_{t\sigma} - E_{t0}}{E_{t0}} \tag{5-3}$$

式中,ΔE 为相对弹性模量;$E_{t\sigma}$ 为混凝土腐蚀时间为 t 且围压为 σ 时的弹性模量;E_{t0} 为混凝土腐蚀时间为 t 且围压为 0MPa 时的弹性模量。

图 5-6 给出了不同腐蚀时间下混凝土试件相对弹性模量随围压的变化。可以看出,当腐蚀时间一定时,试件弹性模量随着围压的增大而增大。腐蚀 180d 时,围压为 3MPa、6MPa、9MPa 试件弹性模量比无围压试件分别提高 19.7%、43.1%和

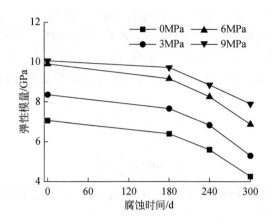

图 5-5　不同围压下混凝土试件弹性模量随腐蚀时间的变化

51.9%。而腐蚀 300d 时,围压为 3MPa、6MPa、9MPa 的试件弹性模量比无围压试件分别提高 24.4%、61.3% 和 85.4%。可以看出,随着腐蚀的不断进行,围压对受蚀混凝土弹性模量的增加幅度增大,尤其在围压不低于 6MPa 时更加显著。这主要是因为随着硫酸盐腐蚀的进行,在混凝土试件内部产生了大量微缺陷(微孔隙、微裂隙),围压的存在能够使这些微缺陷在一定程度和范围内压密闭合,减轻了硫酸盐腐蚀的劣化效应。当围压较小(如 3MPa)时,对试件内部微缺陷的约束有限,承载受力时试件容易沿着微缺陷发生开裂;当围压增加到 6MPa 时,腐蚀引起的微缺陷充分压密闭合,很大程度上提高了试件的受荷能力;而当围压达到 9MPa 时,试件内部微结构接触面的摩擦力进一步增大,结构更加紧密,进一步改善了试件的承载受力性能。

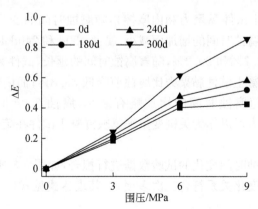

图 5-6　不同腐蚀时间下混凝土试件相对弹性模量随围压的变化

　　根据试验结果,以峰值强度 σ_1 为纵坐标、围压 σ_3 为横坐标,得到不同腐蚀时间下混凝土试件三轴压缩峰值强度与围压的关系曲线,如图 5-7 所示。可以看出,不同腐蚀时间的混凝土试件三轴压缩峰值强度与围压均呈较好的线性关系,满足莫尔-库仑强度准则。按式(5-4)、式(5-5)可以计算出硫酸盐腐蚀环境中井壁混凝土试件的黏聚力 c 与内摩擦角 φ。

$$c = \frac{\sigma_c(1-\sin\varphi)}{2\cos\varphi} \tag{5-4}$$

$$\varphi = \arcsin\frac{k-1}{k+1} \tag{5-5}$$

式中,c 为混凝土试件的黏聚力(MPa);φ 为混凝土试件的内摩擦角($°$);k 为 σ_1-σ_3 关系拟合直线的斜率。

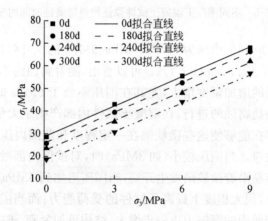

图 5-7　不同腐蚀时间下混凝土试件三轴压缩峰值强度与围压的关系曲线

　　图 5-8 为混凝土试件黏聚力和内摩擦角随腐蚀时间的变化。可以看出,混凝土试件的黏聚力随腐蚀时间的增加而减小,腐蚀 180d 和 240d 时,试件的黏聚力分别比腐蚀前下降 12.7% 和 20.2%,随着腐蚀时间的延长,试件黏聚力加速降低,腐蚀达到 300d 时,混凝土试件黏聚力比腐蚀前降低 35.8%;而内摩擦角对腐蚀作用的敏感性较低,其随腐蚀时间的增加略有减小,腐蚀 300d 时比腐蚀前仅下降 1.5%。因此,黏聚力可以作为关键变量来反映混凝土试件在硫酸盐腐蚀作用下的性能劣化规律。

　　对黏聚力随腐蚀时间变化的试验数据进行拟合,如图 5-8 所示。可以看出,黏聚力与腐蚀时间的变化关系符合二次多项式,其表达式见式(5-6),相关系数 R^2 为 0.98。

$$c = -3.06323 \times 10^{-5} t^2 + 0.00103t + 6.9724 \tag{5-6}$$

式中,c 为混凝土的黏聚力;t 为腐蚀时间。

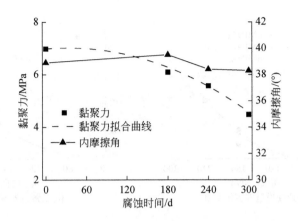

图 5-8　混凝土试件黏聚力和内摩擦角随腐蚀时间的变化

5.3　三向受压状态下井壁混凝土腐蚀受荷过程的劣化

5.3.1　腐蚀劣化表征及分析

　　为了对硫酸盐腐蚀环境中井壁混凝土三向受压状态下性能的劣化进行定量描述,分别将弹性模量 E、黏聚力 c 作为劣化变量,得到基于各变量的劣化表达式分别为

$$J_E = 1 - \frac{E_{\sigma t}}{E_{\sigma 0}} \tag{5-7}$$

$$J_c = 1 - \frac{c_t}{c_0} \tag{5-8}$$

式中,J_E、J_c 分别为弹性模量和黏聚力对应的腐蚀劣化因子;$E_{\sigma t}$、$E_{\sigma 0}$ 分别为试件腐蚀时间 t 和腐蚀前在围压为 σ_3(0MPa、3MPa、6MPa、9MPa)时对应的弹性模量;c_t、c_0 分别为试件腐蚀时间 t 和腐蚀前对应的黏聚力。

　　由式(5-7)、式(5-8)计算出不同腐蚀时期试件三向受力时弹性模量和黏聚力对应的腐蚀劣化因子,如图 5-9 所示。

　　由图 5-9(a)可见,经数据拟合,不同围压下试件弹性模量的腐蚀劣化均表现出较明显的函数关系,其总的拟合函数形式为

$$J_E = a_{41} t^2 + b_{41} t + c_{41} \tag{5-9}$$

式中,J_E 为弹性模量对应的腐蚀劣化因子;t 为腐蚀时间;a_{41}、b_{41}、c_{41} 为与围压水平相关的参数,如表 5-1 所示。

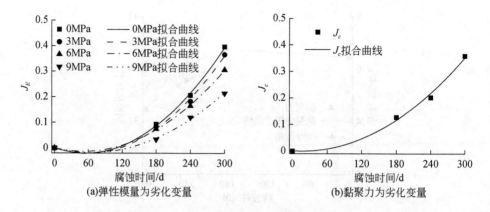

(a)弹性模量为劣化变量　　(b)黏聚力为劣化变量

图 5-9　不同围压下试件的腐蚀劣化因子

表 5-1　弹性模量腐蚀劣化拟合方程的系数

围压/MPa	$a_{41}/10^{-6}$	$b_{41}/10^{-4}$	$c_{41}/10^{-4}$	R^2
0	6.87347	−7.53734	5.86919	0.99572
3	6.54168	−7.60990	7.96347	0.99074
6	5.12724	−5.24350	2.73453	0.99844
9	4.24479	−5.46262	−4.91526	0.99053

由表 5-1 可知,三向受压混凝土试件弹性模量腐蚀劣化拟合方程的相关系数均在 0.99 以上,能够较好地拟合硫酸盐腐蚀环境中井壁混凝土三向受力状态下弹性模量随时间的劣化规律。

由图 5-9(b)可见,经数据拟合,试件黏聚力随腐蚀时间的劣化规律可以拟合成函数关系式(5-10),相关系数 R^2 为 0.98。

$$J_c = 4.38858 \times 10^{-6} t^2 - 1.48082 \times 10^{-4} t + 0.00109 \tag{5-10}$$

硫酸盐腐蚀环境中不同围压的混凝土试件弹性模量腐蚀劣化因子与黏聚力腐蚀劣化因子存在较好的线性关系,如图 5-10 所示,其总的拟合函数形式见式(5-11),从而将代表宏观性能的弹性模量指标与代表材料内在属性的黏聚力指标统一起来。

$$J_E = b_{42} J_c + c_{42} \tag{5-11}$$

式中,b_{42}、c_{42} 为与围压水平相关的参数,如表 5-2 所示。

由表 5-2 可知,试件腐蚀后的弹性模量腐蚀劣化因子与黏聚力腐蚀劣化因子间拟合方程的相关系数都在 0.92 以上,可以为通过外在属性弹性模量来表征和预测混凝土在腐蚀环境中的内在材料属性提供参考。

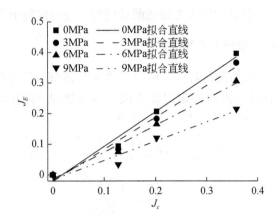

图 5-10　不同围压下腐蚀劣化因子之间的关系

表 5-2　弹性模量与黏聚力劣化关系拟合方程的系数

围压/MPa	b_{42}	c_{42}	R^2
0	1.13131	−0.02027	0.97461
3	1.04227	−0.02099	0.97045
6	0.87404	−0.01365	0.97782
9	0.62732	−0.01565	0.92992

5.3.2　考虑腐蚀效应的强度破坏准则

由图 5-7 可知,不同腐蚀时期混凝土试件的三轴压缩峰值强度与围压均呈较好的线性关系,满足莫尔-库仑强度准则。

根据莫尔-库仑强度准则,有

$$\tau = c + \sigma \tan\varphi \tag{5-12}$$

式中,σ 和 τ 分别为单元破坏面上的法向应力和剪应力。

由 5.2.2 节可知,黏聚力与腐蚀时间的变化关系符合二次多项式(5-6),内摩擦角对腐蚀作用的敏感性较低,因此为简化计算,将内摩擦角视为常量,取值为试验数据的平均值 38.7°。将式(5-6)代入式(5-12),可得

$$\tau = -3.06323 \times 10^{-5} t^2 + 0.00103t + 6.9724 + \sigma \tan 38.7° \tag{5-13}$$

不同腐蚀时间下围压 σ_3 与应力 σ_1 的关系可以用应力圆的形式表示,以 σ_1 和 σ_3 表示的莫尔应力圆方程为

$$\left(\sigma - \frac{\sigma_1 + \sigma_3}{2}\right)^2 + \tau^2 = \left(\frac{\sigma_1 - \sigma_3}{2}\right)^2 \tag{5-14}$$

式(5-13)、式(5-14)联立可得考虑硫酸盐腐蚀效应的混凝土强度破坏准则。

5.3.3 腐蚀受荷劣化模型及本构关系

将混凝土受荷引起的损伤看成是由内部微元体的破坏产生的,而混凝土内部缺陷的分布具有随机性,因此假定混凝土微元强度服从 Weibull 分布,由文献资料[1,2]可得到混凝土受荷引起的损伤表达式为

$$D_s = 1 - \exp\left\{\left[\frac{\varepsilon - (1-2\mu)\varepsilon_3/E}{\varepsilon_c - (1-2\mu)\sigma_3/E}\right]^m \ln\frac{\sigma_1 - 2\mu\sigma_3}{E\varepsilon_c}\right\} \tag{5-15}$$

$$m = \frac{\varepsilon_c - (1-2\mu)\sigma_3/E}{\varepsilon_c \ln\dfrac{E\varepsilon_c}{\sigma_1 - 2\mu\sigma_3}} \tag{5-16}$$

式中,D_s 为受荷损伤变量;ε_c 为峰值应变;σ_3 为围压;E 为弹性模量;μ 为泊松比;m 为表征材料物理力学性质的参数。

可以看出,三向受压状态下混凝土的受荷损伤变量的演化与围压、弹性模量、峰值应力、峰值应变等多因素相关。

混凝土的受荷损伤伴随着内部微元体的破坏,由混凝土损伤理论和文献[3]可知在等围压三轴压缩条件下,混凝土损伤统计本构关系为

$$\sigma_1 = E_0\varepsilon(1-D_s) + 2\mu\sigma_3 \tag{5-17}$$

将式(5-15)、式(5-16)代入式(5-17),得

$$\sigma_1 = E_0\varepsilon\exp\left\{\left[\frac{\varepsilon - (1-2\mu)\varepsilon_3/E_0}{\varepsilon_c - (1-2\mu)\sigma_3/E_0}\right]^m \ln\frac{\sigma_1 - 2\mu\sigma_3}{E_0\varepsilon_c}\right\} + 2\mu\sigma_3 \tag{5-18}$$

为了进一步定量研究受荷状态和腐蚀状态对井壁混凝土力学性能的影响,定义两种损伤状态:将硫酸盐腐蚀引起的损伤定义为第一种损伤状态;将硫酸盐腐蚀和三向受荷共同引起的总损伤定义为第二种损伤状态。在对井壁混凝土单轴受荷腐蚀损伤研究的基础上,根据应变等价原理,有

$$\sigma_1 = E_t\varepsilon(1-D_s) + 2\mu\sigma_3 \tag{5-19}$$

$$D_T = 1 - \frac{E_t}{E_0} \tag{5-20}$$

混凝土应力-应变关系可以用腐蚀和三向受荷总损伤 D_m 变量表示为

$$\sigma_1 = E_0\varepsilon(1-D_m) + 2\mu\sigma_3 \tag{5-21}$$

$$D_m = D_T + D_s - D_T D_s \tag{5-22}$$

式中,D_T 为腐蚀损伤变量;D_s 为三向受荷损伤变量;$D_T D_s$ 为耦合项。

联立式(5-15)、式(5-20)、式(5-22),得到以硫酸盐腐蚀及三向应力作用导致的损伤共同控制的总损伤演化方程为

$$D_m = 1 - \frac{E_t}{E_0}\exp\left\{\left[\frac{\varepsilon - (1-2\mu)\sigma_3/E_0}{\varepsilon_c - (1-2\mu)\sigma_3/E_0}\right]^m \ln\frac{\sigma_1 - 2\mu\sigma_3}{E_0\varepsilon_c}\right\} \tag{5-23}$$

将式(5-23)代入式(5-21),得

$$\sigma_1 = E_t \varepsilon \exp\left\{\left[\frac{\varepsilon - (1-2\mu)\sigma_3/E_0}{\varepsilon_c - (1-2\mu)\sigma_3/E_0}\right]^m \ln\frac{\sigma_1 - 2\mu\sigma_3}{E_0\varepsilon_c}\right\} + 2\mu\sigma_3 \qquad (5\text{-}24)$$

考虑到应力损伤和硫酸盐腐蚀损伤对混凝土加载前期压密阶段的影响,引入与应变相关的系数 η,可得到考虑硫酸盐腐蚀环境因素的三向受压混凝土本构关系为

$$\sigma_1 = E_t(\varepsilon - \eta) \exp\left\{\left[\frac{(\varepsilon - \eta) - (1-2\mu)\sigma_3/E_0}{\varepsilon_c - (1-2\mu)\sigma_3/E_0}\right]^m \ln\frac{\sigma_1 - 2\mu\sigma_3}{E_0\varepsilon_c}\right\} + 2\mu\sigma_3$$

$$(5\text{-}25)$$

把实测数据中的峰值应力 σ_c、峰值应变 ε_c 代入式(5-23),因为没有测试横向应变,泊松比根据混凝土强度和变形取 0.25[4],得到三向荷载和硫酸盐腐蚀共同作用的损伤演化曲线,如图 5-11 和图 5-12 所示。

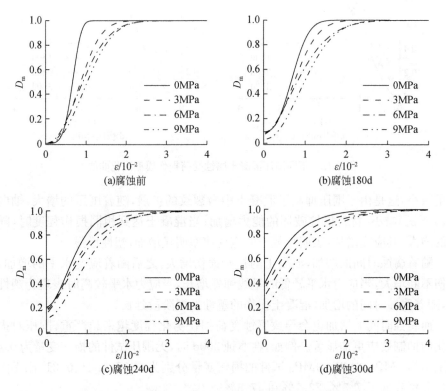

图 5-11　不同腐蚀时间混凝土腐蚀受荷损伤模型演化曲线

可以看出,随着围压的增大,混凝土的总损伤劣化程度减小,且损伤累积趋势随应变的发展在减缓,表现为当混凝土达到相同应变时,随着围压的增大,其损伤

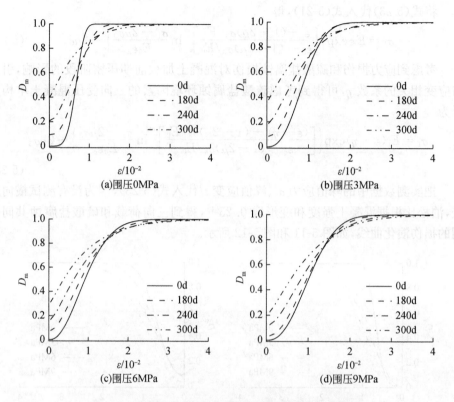

图 5-12 不同围压混凝土腐蚀受荷损伤模型演化曲线

变量减小,这是由于围压抑制了混凝土中微裂纹的扩展,随着围压的增大,轴向应力($\sigma_1-\sigma_3$)减小,材料抵抗破坏的能力增加;当混凝土达到相同损伤程度时,随围压的增大,其应变增加,表明混凝土的应变速率明显增加,塑性增强。

随着腐蚀时间的增加,混凝土的初始损伤增大,之后随着应变水平的增加,总损伤不断增大,当应力水平较低时呈线弹性增长,当应力水平较高时表现为塑性增长,随着腐蚀时间的增加,混凝土损伤的塑性发展阶段延长。

而腐蚀时间的增加也会导致腐蚀受荷损伤劣化程度越来越严重,围压对损伤劣化的抑制效应更加显著。例如,在腐蚀 300d 时,无围压试件的损伤变量为 0.40,而围压为 3MPa、6MPa、9MPa 试件的损伤变量分别为 0.37、0.31、0.21,比无围压试件分别降低了 7.5%、22.5%和 47.5%。

为了验证硫酸盐腐蚀与荷载共同作用下本构模型的合理性,将部分试验数据代入式(5-25),得到不同围压下硫酸盐腐蚀和荷载作用的混凝土本构曲线,如图 5-13 所示。可以看出,计算得出的理论模型与实测数据比较接近,能够较好地反映混凝土在硫酸盐腐蚀和围压作用下的应力-应变关系。

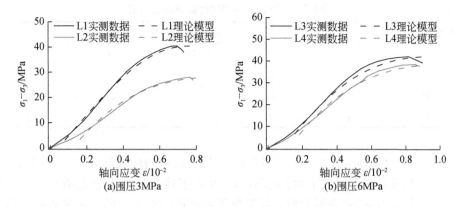

图 5-13　不同围压下混凝土腐蚀受荷本构理论模型与实测数据

L1-0d,3MPa;L2-300d,3MPa;L3-240d,6MPa;L4-300d,6MPa

5.4　加卸载扰动下井壁混凝土腐蚀劣化特征

5.4.1　三轴加卸载扰动腐蚀劣化试验

将腐蚀 180d、240d、300d 后的混凝土试块在 3MPa 围压下进行三轴循环加卸载压缩直至试件破坏,加卸载速率为 100N/s,每次加载到预定载荷后开始卸载,卸载至 1kN(保持接触)后进行下一次加载,根据三轴压缩的强度值和相对应力水平预估荷载,按照相对应力水平依次为 0.2、0.35、0.5、0.65、0.8 进行加卸载,如图 5-14 所示,不同试件对应的卸载点应力值如表 5-3 所示。在经历 5 次循环加卸载后,继续加载直至试件破坏。试验机可自动采集并记录试验过程中的应力-应变曲线。

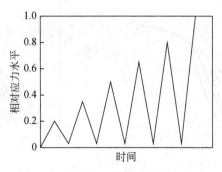

图 5-14　循环加卸载试验的加载方式

表 5-3　不同腐蚀时间试件卸载点应力值

腐蚀时间/d			卸载点应力/MPa		
0	8	14	20	26	32
180	7	12	17	22	27
240	6	11	16	21	26
300	5	9	13	17	21

　　图 5-15 为三轴压缩下不同腐蚀时间混凝土试件循环加卸载应力-应变曲线。由于循环加卸载作用形成了明显的滞回环,出现了残余变形,每次加载基本会通过上一次的卸载点,残余变形表明试件发生了不可逆的永久变形。试件的强度随腐蚀时间的增加有所下降。而随着腐蚀的进行和加剧,循环加卸载形成的残余变形有所增加,滞回环面积增大,同样应变对应的加载应力与上一次的卸载点应力相比有所降低,表明试件循环加卸载的刚度回复能力变差,刚度出现劣化。

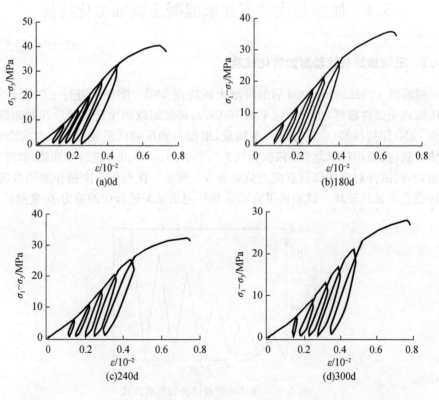

图 5-15　三轴压缩下不同腐蚀时间混凝土试件循环加卸载应力-应变曲线

5.4.2　基于能量耗散的劣化分析

由能量守恒原理可知,在试验过程中总能量是不变的。忽略试验系统的阻尼影响,外载所做的总功 W 将转化为试件内蓄积的弹性势能 U_e 和损伤耗散掉的能量 U_d,其中弹性势能将在卸载时释放出来[5,6]。

$$W = U_e + U_d \tag{5-26}$$

对峰值前循环加卸载过程中的能量进行分析,如图 5-16 所示,根据每个循环滞回环的面积求得外载所做的总功 W 以及蓄积的弹性势能 U_e,进而可计算得到损伤耗散掉的能量,由于混凝土的加卸载曲线不重合,出现了明显的循环滞回环,所以 $U_d > 0$,即外载所做的总功没有全部转化为弹性势能,有一部分被耗散掉。

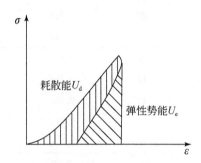

图 5-16　循环加卸载过程中的耗散能和弹性势能

根据试验得到的不同腐蚀时间混凝土循环加卸载应力-应变曲线(图 5-15),求出各个滞回环所围的面积,可得到每次加卸载过程中外载所做总功 W 及蓄积的弹性势能 U_e。各个循环下蓄积的弹性势能 U_e 近似取该循环最大上限应力值对应的弹性势能,在求各部分能量之前,假定所有循环加卸载试验中 1kN 所对应的势能为 0,即 1kN 以下所围面积不考虑。

能量比是指不同应力水平下加载过程和卸载过程中各种不同形式能量间的比值,能够反映不同能量随应力及加卸载影响的变化趋势[6]。本节所采用的能量比包括弹性势能比(弹性势能与总加载能的比值)、耗散能比(耗散能与总加载能的比值)、弹塑性能比(弹性势能与耗散能的比值)。选取腐蚀 0d、180d、240d、300d 的试件在围压 3MPa 下的三轴压缩循环加卸载试验数据进行分析,分别计算每次加卸载扰动循环下混凝土的能量比,计算结果如表 5-4 所示。

表 5-4　不同腐蚀时间混凝土循环加卸载过程中的能量比

腐蚀时间/d	循环次数	应力水平/MPa	弹性势能比	耗散能比	弹塑性能比
0	1	8	0.412	0.588	0.701
	2	14	0.732	0.268	2.731
	3	20	0.759	0.241	3.149
	4	26	0.78	0.22	3.545
	5	32	0.805	0.195	4.128
180	1	7	0.339	0.661	0.513
	2	12	0.666	0.334	1.994
	3	17	0.722	0.278	2.597
	4	22	0.746	0.254	2.937
	5	27	0.766	0.234	3.274
240	1	6	0.145	0.855	0.17
	2	11	0.598	0.402	1.488
	3	16	0.665	0.335	1.985
	4	21	0.709	0.291	2.436
	5	26	0.728	0.272	2.676
300	1	5	0.09	0.91	0.099
	2	9	0.564	0.436	1.294
	3	13	0.651	0.349	1.865
	4	17	0.688	0.312	2.205
	5	21	0.627	0.373	1.681

　　图 5-17 为不同腐蚀时间混凝土能量比随相对应力水平的变化。随着相对应力水平的提高,不同腐蚀时间的混凝土试件能量比变化均表现为:弹性势能比增大,耗散能比减小;当应力水平较低时弹性势能比和耗散能比的变化速率较快,随着应力水平逐渐增加,变化速率趋缓。相同应力水平下,随着腐蚀时间的增加,试件弹性势能比减小,耗散能比增大,腐蚀 300d 的试件在相对应力水平增加到 0.8 时弹性势能比减小,耗散能比增大,试件趋于破坏。由图 5-17(c)可以看出,随着应力水平的增加,不同腐蚀时间的试件弹塑性能比基本均增大,弹塑性能比小于 1 表明该阶段以能量耗散为主;在中高应力水平阶段,弹塑性能比较大,表明该阶段以弹性能量积累为主。在临近破坏时,弹塑性能比有减小趋势,混凝土趋于破坏。相同应力水平下,随着腐蚀时间的增加,弹塑性能比降低,腐蚀 300d 时在高应力水平下弹塑性能比陡降,试件接近破坏。

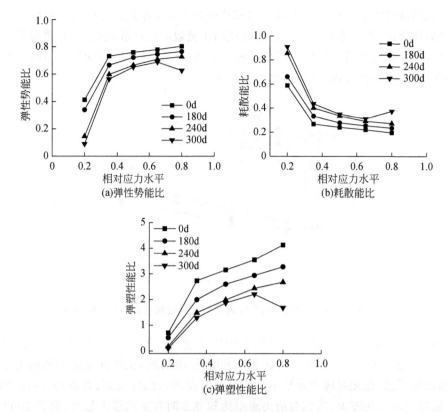

图 5-17　不同腐蚀时间混凝土能量比随相对应力水平的变化

硫酸盐腐蚀前期,混凝土内部结构相对完好,具有相对较强的抵御外部荷载能力以及弹性回复能力,大部分的输入能量会以弹性能的形式储存起来,降低荷载时,表现出较小的加卸载滞回环面积;腐蚀后期,随着腐蚀作用的加剧,混凝土内部结构遭到破坏,承受外荷载能力降低,降低了其储存弹性能的能力,混凝土更多以耗散能的形式释放外荷载做功,以致外荷载降低时混凝土的弹性回复能力降低,相对应的就是滞回环面积增大。随着外荷载增大,外荷载所做的总功增多,试件的耗散能也相应增多,当加载到较高应力水平时,腐蚀严重的混凝土容易丧失承载能力,弹性势能比陡降。

为了定量反映腐蚀环境中混凝土在扰动荷载下力学性能的变化规律,选取耗散能 U_d 作为损伤变量,建立加卸载扰动引起的损伤表达式,即

$$D_u = 1 - e^{\frac{U_d}{\lambda \sigma_{max}}} \tag{5-27}$$

式中,D_u 为扰动损伤变量;U_d 为耗散能;σ_{max} 为循环周期上限应力;λ 为常数,作用是使应力的数量级达到 U_d 的数量级水平,本节取 0.02。

硫酸盐腐蚀容易使混凝土试件内部产生微缺陷,为了更清晰地探究混凝土的性能劣化规律,暂不考虑在加载初期微缺陷压密效应对耗散能的影响,重点研究加载进入弹性阶段之后的损伤和劣化过程。由式(5-27)计算出不同腐蚀时间试件在不同应力水平的扰动损伤变量,如图 5-18 所示。

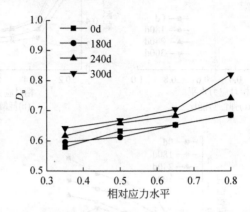

图 5-18　不同腐蚀时间试件扰动损伤变量随相对应力水平的变化

随着相对应力水平的增加,混凝土的扰动损伤增加,扰动损伤变量越大,扰动对混凝土稳定性的影响越大。在未腐蚀和腐蚀 180d 时,试件扰动损伤随应力水平发展比较平缓,在相对应力水平不高于 0.8 时基本呈线性发展;在腐蚀 240d、300d 时,试件扰动损伤较大,当相对应力水平达到 0.8 时有突然增大趋势,腐蚀 300d 时尤其显著,混凝土开始处于危险状态。

5.5　小　　结

(1)围压的存在抑制和延缓了混凝土因腐蚀导致的强度和刚度劣化,在腐蚀时间一定时,试件弹性模量随着围压的增大而增大。随着腐蚀的不断进行和加剧,围压对受蚀混凝土强度的提高幅度增大,尤其在围压不低于 6MPa 时更加显著。混凝土试件的黏聚力随腐蚀时间的增加而减小,并呈加速降低趋势,内摩擦角对腐蚀作用的敏感性较低。基于不同围压下混凝土的破坏特征,建立了考虑腐蚀效应的混凝土强度破坏准则和三向受力状态下混凝土腐蚀损伤模型及本构关系。

(2)随着腐蚀作用的加剧,混凝土内部结构遭到破坏,承受外荷载能力降低,降低了其储存弹性能的能力,混凝土更多以耗散能的形式释放外荷载做功,相对应的就是滞回环面积增大。当加载到较高应力水平时,腐蚀严重的混凝土容易丧失承载能力,弹性势能比陡降。

参 考 文 献

[1] 杨更社,奚家米,李慧军,等.三向受力条件下冻结岩石力学特性试验研究[J].岩石力学与工程学报,2010,29(3):459-464.

[2] 张慧梅,雷利娜,杨更社.温度与荷载作用下岩石损伤模型[J].岩石力学与工程学报,2014,33(增2):3391-3396.

[3] 张慧梅,雷利娜,杨更社.等围压条件下岩石本构模型及损伤特性[J].中国矿业大学学报,2015,44(1):59-63.

[4] 姚家伟,宋玉普,张众.普通混凝土三轴压强度和变形试验研究[J].建筑科学,2011,27(7):28-31.

[5] 张志镇,高峰.单轴压缩下红砂岩能量演化试验研究[J].岩石力学与工程学报,2012,31(5):953-962.

[6] 向鹏.深部高应力矿床岩体开采扰动响应特征研究[D].北京:北京科技大学,2014.

第6章 硫酸盐环境下井壁混凝土性能演化规律及评价

6.1 概 述

目前矿井工程的实际情况和试验研究都证明了硫酸盐侵蚀是混凝土结构耐久性下降的重要原因。由于混凝土原材料及配合比设计的不同,以及各个地区气候、环境、地质、水文等条件的差异,混凝土盐害侵蚀具有复杂性和多样性。钢筋混凝土井筒深埋于深厚冲积层中,属于地下隐蔽工程,在漫长的服役时间内混凝土与地下水和土壤接触,必然遭受盐害腐蚀,导致强度下降。但是由于立井建在地下,腐蚀现象不易被发现,加之调查困难,报道的研究文献较少。因此,开展硫酸盐腐蚀环境下的混凝土损伤演化规律研究以及服役寿命的预测,为井壁混凝土安全服役提供理论依据和技术支撑。

本章阐述硫酸盐对混凝土腐蚀的主要类型,研究不同初始预压应力和不同浓度硫酸盐溶液浸泡环境下混凝土抗压强度、弹性模量的变化规律,建立混凝土抗压强度和弹性模量的预测模型,揭示硫酸盐环境下混凝土断裂韧度变化规律及损伤演化机理,提出腐蚀厚度作为损伤变量,建立硫酸盐环境下混凝土腐蚀厚度损伤模型。

6.2 硫酸盐对混凝土腐蚀的主要类型

混凝土中的水泥发生化学反应后形成的水泥石主要由 C-S-H 凝胶及 $Ca(OH)_2$、钙矾石、水化铝酸钙等晶体固相组成,硫酸盐对混凝土的侵蚀包括化学腐蚀[1-5]和物理结晶破坏[6-8],具体表现如下。

1. 石膏型硫酸盐侵蚀[9]

石膏型硫酸盐侵蚀在低 pH(pH<10.5)、SO_4^{2-} 浓度>1000mg/L 条件下发生。混凝土内部存在大量贯通毛细管,环境水中的硫酸盐(以 Na_2SO_4 表示)通过毛细孔进入混凝土内部与 $Ca(OH)_2$ 反应生成石膏,化学反应式为

$$Ca(OH)_2 + Na_2SO_4 + 2H_2O \longrightarrow CaSO_4 \cdot 2H_2O + 2NaOH \tag{6-1}$$

在流动的水中,反应可不断进行;在不流动的水中,可以达到化学平衡,一部分以石膏形式析出。在水泥石内部形成的二水石膏体积增大 1.24 倍,使水泥石因内应力过大而破坏。外观表现为硬化水泥石成为无黏结性的颗粒状物质,逐层剥落,导致集料外露,没有粗大裂纹但遍体溃散。石膏型硫酸盐侵蚀在干湿交替环境或空气与水接触的临界面处破坏最为严重(图 6-1)。

图 6-1　石膏 SEM 图片

2. 钙矾石型硫酸盐侵蚀[10]

钙矾石型硫酸盐侵蚀在高 pH(pH>12)、SO_4^{2-} 浓度<1000mg/L 条件下发生,SO_4^{2-} 与水泥熟料矿物水化生成的水化铝酸钙和水化单硫铝酸钙反应,生成水化三硫铝酸钙(又称钙矾石),化学反应式为

$$3CaO \cdot Al_2O_3 \cdot CaSO_4 \cdot 18H_2O + 2CaSO_4 + 14H_2O$$
$$\longrightarrow 3CaO \cdot Al_2O_3 \cdot 3CaSO_4 \cdot 32H_2O \tag{6-2}$$
$$4CaO \cdot Al_2O_3 \cdot 19H_2O + 3CaSO_4 + 14H_2O$$
$$\longrightarrow 3CaO \cdot Al_2O_3 \cdot 3CaSO_4 \cdot 32H_2O + Ca(OH)_2 \tag{6-3}$$

侵蚀过程分为 3 个阶段:①SO_4^{2-} 从水泥基材料外部向内部扩散和水泥基材料孔隙溶液中 $Ca(OH)_2$ 逐渐向内部溶出;②钙矾石的形成;③$Ca(OH)_2$ 消耗完毕,可溶性碱的生成维持着水泥石的高碱度和水化硅酸钙的稳定性。

反应生成的钙矾石一般为小的针状或片状晶体(图 6-2),钙矾石的溶解度极低,沉淀结晶出来。由于它结合了大量水分子,结晶过程产生很大的结晶压力,加之又是针状晶体,在水泥石内部引起内应力。钙矾石的生成使体积增加 1.5 倍以上,导致膨胀应力的产生,使混凝土开裂破坏,混凝土的开裂又使 SO_4^{2-} 更容易渗透到混凝土内部,产生恶性循环。

图 6-2　钙矾石 SEM 图片

3. 碳硫硅钙石型硫酸盐侵蚀[11]

碳硫硅钙石型硫酸盐侵蚀简称 TSA,在 pH>10.5、环境温度低于 15℃时,有充足的水源及硫酸盐和碳酸盐的环境下,腐蚀产物出现碳硫硅钙石,化学反应式为

$$3Ca^{2+} + SO_4^{2-} + CO_3^{2-} + [Si(OH)_6]^{2-} + 12H_2O$$
$$\longrightarrow Ca_3[Si(OH)_6](CO_3)(SO_4) \cdot 12H_2O \tag{6-4}$$

碳硫硅钙石型硫酸盐侵蚀直接破坏 C-S-H 凝胶,致使硬化水泥石成为无黏结性的松散状物质,降低混凝土的强度。

6.3　硫酸盐环境下混凝土抗压强度变化规律及预测模型

在标准养护过程中,混凝土抗压强度随着混凝土龄期的增加不断增强,但浸泡在硫酸盐溶液中,混凝土强度在浸泡初期保持增长趋势,随着浸泡时间的延长,强度出现了持续下降规律。由于浸泡的硫酸盐溶液浓度不同,混凝土强度增长速率、增长量与混凝土强度下降速率、下降值都会有很大的区别与不同。

在腐蚀情况下,混凝土强度存在一个较复杂的变化过程。一方面,混凝土本身存在后期强度增长,随着混凝土材料和周围环境的不同,其后期增长情况存在较大差异,一般初期增长的速度较快,以后的增长速度变缓;另一方面,混凝土在硫酸盐腐蚀和荷载共同作用下逐渐劣化,其破坏速率和程度与硫酸盐的浓度和荷载条件密切相关。每 30d 测定试件的抗压强度,采用抗压强度损失率分析混凝土的变化规律。为便于分析比较,定义抗压强度损失率指标,计算公式为

$$R_c = \left(1 - \frac{f_c}{f_{oc}}\right) \times 100\% \tag{6-5}$$

式中，R_c 为混凝土试件抗压强度损失率；f_c 为腐蚀混凝土试件抗压强度；f_{oc} 为同龄期清水浸泡混凝土试件抗压强度。

灰色预测法是一种对含有不确定因素的系统进行预测的方法，灰色系统是介于白色系统和黑色系统之间的一种系统。白色系统是指一个系统的内部特征是完全已知的，即系统的信息是完全充分的。黑色系统是指一个系统的内部信息对外界来说是一无所知的，只能通过它与外界的联系来加以观测研究。灰色系统内的一部分信息是已知的，另一部分信息是未知的，系统内各因素间具有不确定的关系。

灰色预测通过鉴别系统因素之间发展趋势的相异程度，即进行关联分析，并对原始数据进行生成处理来寻找系统变动的规律，生成有较强规律性的数据序列，建立相应的微分方程模型，从而预测事物未来发展趋势的状况。其用等时距观测到的反应预测对象特征的一系列数量值构造灰色预测模型，预测未来某一时刻的特征量或达到某一特征量的时间。本章采用数列预测方法即 GM(1,1) 模型分析灰色模型预测数值与试验数值之间的相对误差和残差，得出混凝土试件腐蚀厚度针对单一时间参数 t 的灰色预测模型，具体过程如下[12]。

试验得出混凝土抗压强度试验值 f_c 为正序列：

$$f_c^{(0)} = (f_0, f_1, f_2, \cdots, f_n) \tag{6-6}$$

对 f_c 做 1-AGO 序列生成：

$$f_c^{(1)} = (f_0^{(1)}, f_1^{(1)}, f_2^{(1)}, \cdots, f_n^{(1)}) \tag{6-7}$$

式中

$$f_0^{(1)}(t) = \sum_{i=1}^{t} f_i(t), \quad t = 0, 1, \cdots, n \tag{6-8}$$

对 $f_c^{(1)}$ 做紧邻均值序列生成：

$$z^{(1)} = (z^{(1)}(1), z^{(1)}(2), z^{(1)}(3), \cdots, z^{(1)}(n)) \tag{6-9}$$

式中

$$z^{(1)}(t) = \frac{1}{2}(f_0^{(1)}(t) + f_0^{(1)}(t-1)), \quad t = 1, 2, \cdots, n \tag{6-10}$$

若 $\hat{a} = [a, b]^{\mathrm{T}}$ 为参数列，且

$$Y = \begin{bmatrix} f_1 \\ f_2 \\ \vdots \\ f_n \end{bmatrix} \tag{6-11}$$

$$B=\begin{bmatrix} -z^{(1)}(1) & \cdots & 1 \\ -z^{(1)}(2) & \cdots & 1 \\ & \vdots & \\ -z^{(1)}(n) & \cdots & 1 \end{bmatrix} \tag{6-12}$$

则 GM(1,1)模型 $f_t+az^{(1)}(t)=b$ 的最小二乘估计参数列满足

$$\hat{a}=(B^TB)^{-1}B^TY \tag{6-13}$$

$$\frac{\mathrm{d}f^{(1)}}{\mathrm{d}t}+af^{(1)}=b \tag{6-14}$$

白化方程 $\frac{\mathrm{d}f^{(1)}}{\mathrm{d}t}+af^{(1)}=b$ 的解为时间响应函数：

$$f^{(1)}(t)=\left(f^{(1)}(0)-\frac{b}{a}\right)e^{-at}+\frac{b}{a} \tag{6-15}$$

GM(1,1)模型 $f_t+az^{(1)}(t)=b$ 的时间响应序列为

$$\hat{f}^{(1)}(t)=\left(f^{(1)}(0)-\frac{b}{a}\right)e^{-at}+\frac{b}{a}, \quad t=1,2,\cdots,n \tag{6-16}$$

模型预测函数为

$$\hat{f}(t)=\hat{f}^{(1)}(t)-\hat{f}^{(1)}(t-1)=(1-e^a)\left(f_0-\frac{b}{a}\right)e^{-at}, \quad t=1,2,\cdots,n \tag{6-17}$$

6.3.1　初始预压应力为 0MPa 时混凝土强度变化规律及预测模型

1. 混凝土强度变化规律

表 6-1 为初始预压应力为 0MPa 时不同浓度溶液浸泡的混凝土抗压强度。

表 6-1　不同浓度溶液浸泡的混凝土抗压强度(初始预压应力为 0MPa)

浸泡时间/月	抗压强度/MPa			
	清水	硫酸盐浓度 9%	硫酸盐浓度 12%	硫酸盐浓度 15%
0	30.45	30.45	30.45	30.45
1	30.50	31.25	30.68	30.66
2	33.60	37.60	38.10	34.40
3	47.45	43.23	41.50	44.20
4	51.22	44.47	31.80	34.70
5	44.99	39.60	29.64	32.95
6	38.76	35.22	29.07	31.20
7	36.55	34.25	28.74	28.50

从表 6-1 可以看出：

(1)在溶液中浸泡，混凝土抗压强度均表现为先增长后降低的规律。浸泡的前 3 个月，混凝土抗压强度一直增长；从第 4 个月开始，在 12%、15%浓度硫酸盐溶液作用下，混凝土抗压强度表现为降低趋势，在清水、9%浓度硫酸盐溶液中浸泡至第 5 个月，混凝土抗压强度才出现下降趋势。

(2)在浸泡初期，混凝土抗压强度增长，在清水中由 30.45MPa 增长到 51.22MPa，增长量为 20.77MPa；在 9%浓度硫酸盐溶液中由 30.45MPa 增长到 44.47MPa，增长量为 14.02MPa；在 12%浓度硫酸盐溶液中由 30.45MPa 增长到 41.50MPa，增长量为 11.05MPa；在 15%浓度硫酸盐溶液中由 30.45MPa 增长到 44.20MPa，增长量为 13.75MPa。混凝土抗压强度增长是混凝土自身强度随时间增加与硫酸盐共同作用的结果，在清水中抗压强度增长量最大，在 12%浓度硫酸盐溶液中抗压强度增长量最小。

(3)在浸泡初期，清水中混凝土抗压强度增长速率最慢，9%、12%浓度硫酸盐溶液中混凝土抗压强度增长速率最快。在浸泡后期，在 12%、15%浓度硫酸盐溶液中，抗压强度下降速率相对较快，在 12%浓度硫酸盐溶液中下降速率最快。说明在浸泡初期，硫酸盐溶液对混凝土强度增长速率有着促进作用，在浸泡后期，溶液浓度越高，混凝土抗压强度下降速率越快。

2. 抗压强度损失率或者抗压强度损伤度

初始预压应力为 0MPa 时混凝土抗压强度损失率如表 6-2 所示。

表 6-2　混凝土抗压强度损失率(初始预压应力为 0MPa)

浸泡时间 /月	抗压强度损失率/%		
	硫酸盐浓度 9%	硫酸盐浓度 12%	硫酸盐浓度 15%
0	0	0	0
1	−2.46	−0.59	−0.52
2	−11.90	−13.39	−2.38
3	8.89	12.54	6.85
4	13.18	37.91	32.25
5	11.98	34.12	26.76
6	9.13	25.00	19.50
7	6.29	21.37	22.02

由表 6-2 可知，混凝土抗压强度损失率在浸泡前 2 个月为负值，表明在硫酸盐溶液中混凝土抗压强度增长速率高于其在清水中的增长速率。从浸泡第 3 个月开

始,混凝土抗压强度损失率变为正值,表明混凝土试块开始出现腐蚀劣化,抗压强度出现了正的损失。

浸泡 4 个月后,混凝土抗压强度损失率达到最大,9%浓度、12%浓度、15%浓度硫酸盐溶液中分别为 13.18%、37.91%、32.25%,12%浓度硫酸盐溶液中的混凝土抗压强度损失率最大,约为 9%浓度硫酸盐溶液中的 3 倍,硫酸盐溶液浓度越高,混凝土抗压强度损失率相对越大。同时,在 12%浓度硫酸盐溶液中的抗压强度损失率都高于 15%浓度硫酸盐溶液,表明在三种浓度硫酸盐溶液作用下,12%浓度的硫酸盐溶液对混凝土抗压强度的劣化作用最大。

3. 抗压强度 GM(1,1)预测模型建立

建立灰色 GM(1,1)模型,分析灰色模型预测数值与试验数值之间的相对误差和残差,得出针对单一时间参数 t 的灰色预测模型。由于混凝土抗压强度变化规律反映出抗压强度在浸泡前 4 个月属于增长的过程,在 4 个月以后开始降低,根据模型特征,分段建立该预测模型。

(1)根据清水中混凝土抗压强度变化规律建立模型。

当 $t \leqslant 4$ 时,抗压强度一直增长,初始强度数值序列为

$$f_c^{(0)} = (30.45, 30.50, 33.60, 47.45, 51.22)$$

对原始数据进行 1-AGO 序列生成,得

$$f_c^{(1)} = (30.45, 60.95, 94.55, 142.00, 193.22)$$

对 $f_c^{(1)}$ 做紧邻均值序列生成,得

$$z^{(1)} = (45.70, 77.75, 118.28, 167.61)$$

计算得到发展系数 a、灰色作用量 b 为

$$a = -0.19, \quad b = 21.69$$

得出预测模型函数为

$$\hat{f}_c(t) = (1 - e^a)\left(f_c^{(0)}(1) - \frac{b}{a}\right)e^{-at} = 24.95e^{0.19t}, \quad t = 1, 2, 3, 4$$

当 $t > 4$ 时,根据上述建模方式,得出预测模型函数为

$$\hat{f}_c(t) = (1 - e^a)\left(f_c^{(0)}(4) - \frac{b}{a}\right)e^{-a(t-4)} = 49.43e^{-0.11(t-4)}, \quad t = 5, 6, 7, \cdots$$

根据上述公式模拟的混凝土抗压强度与试验值的残差和相对误差如表 6-3 所示,模拟值与试验数据对比如图 6-3 所示。

由表 6-3 可以看出,相对误差都小于 10%,平均相对误差小于 5%,所以模型所得数据与试验数据吻合度较高。因此,在清水中浸泡,混凝土抗压强度模型为

$$\hat{f}_c(t) = \begin{cases} 24.95e^{0.19t}, & t = 1, 2, 3, 4 \\ 49.43e^{-0.11(t-4)}, & t = 5, 6, 7, \cdots \end{cases} \tag{6-18}$$

表 6-3　清水中混凝土抗压强度残差和相对误差(初始预压应力为 0MPa)

浸泡时间 /月	抗压强度/MPa		残差 /MPa	相对误差 /%	平均相对 误差/%
	试验值	模拟值			
0	30.45	30.45	0	0	
1	30.50	30.05	0.45	1.48	
2	33.60	36.18	−2.58	7.68	4.94
3	47.45	43.56	3.89	8.20	
4	51.22	52.45	−1.23	2.40	
5	44.99	44.42	0.57	1.27	
6	38.76	39.91	−1.15	2.97	2.04
7	36.55	35.86	0.69	1.89	

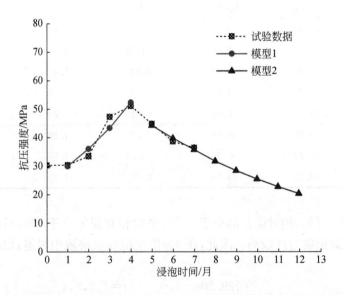

图 6-3　清水中混凝土抗压强度模型模拟值与试验数据对比(初始预压应力为 0MPa)

(2)根据 9%浓度硫酸盐溶液中混凝土抗压强度变化规律建立模型。

当 $t \leqslant 4$ 时,抗压强度一直增长,初始强度数值序列为

$$f_c^{(0)} = (30.45, 31.25, 37.60, 43.23, 44.47)$$

对原始数据进行 1-AGO 序列生成,得

$$f_c^{(1)} = (30.45, 61.70, 99.30, 142.53, 187.00)$$

对 $f_c^{(1)}$ 做紧邻均值序列生成,得

$$z^{(1)} = (46.08, 80.50, 120.92, 164.77)$$

计算得到发展系数 a、灰色作用量 b 为

$$a=-0.11, \quad b=27.55$$

得出预测模型函数为

$$\hat{f}_c(t)=(1-e^a)\left(f_c^{(0)}(1)-\frac{b}{a}\right)e^{-a}=29.30e^{0.11t}, \quad t=1,2,3,4$$

当 $t>4$ 时,根据上述建模方式,得出预测模型函数为

$$\hat{f}_c(t)=(1-e^a)\left(f_c^{(0)}(4)-\frac{b}{a}\right)e^{-a(t-4)}=42.12e^{-0.07(t-4)}, \quad t=5,6,7,\cdots$$

根据上述公式模拟的混凝土抗压强度与试验值的残差和相对误差如表 6-4 所示,模拟值与试验数据对比如图 6-4 所示。

表 6-4 9%浓度硫酸盐溶液中混凝土抗压强度残差和相对误差(初始预压应力为 0MPa)

浸泡时间 /月	抗压强度/MPa		残差 /MPa	相对误差 /%	平均相对 误差/%
	试验值	模拟值			
0	30.45	30.45	0	0	
1	31.25	32.78	−1.53	4.90	
2	37.60	36.68	0.92	2.45	3.93
3	43.23	41.04	2.19	5.07	
4	44.47	45.93	−1.46	3.28	
5	39.60	39.09	0.51	1.29	
6	35.22	36.27	−1.05	2.98	2.00
7	34.25	33.66	0.59	1.72	

由表 6-4 可见,相对误差都小于 10%,平均相对误差小于 5%,所以模型所得数据与试验数据吻合度较高。因此,在 9%浓度硫酸盐溶液中浸泡,混凝土抗压强度模型为

$$\hat{f}_c(t)=\begin{cases}29.30e^{0.11t}, & t=1,2,3,4 \\ 42.12e^{-0.07(t-4)}, & t=5,6,7,\cdots\end{cases} \tag{6-19}$$

(3)根据 12%浓度硫酸盐溶液中混凝土抗压强度变化规律建立模型。

当 $t\leqslant 3$ 时,抗压强度一直增长,初始强度数值序列为

$$f_c^{(0)}=(30.45,30.68,38.10,41.50)$$

对原始数据进行 1-AGO 序列生成,得

$$f_c^{(1)}=(30.45,61.13,99.23,140.73)$$

对 $f_c^{(1)}$ 做紧邻均值序列生成,得

$$z^{(1)}=(45.79,80.18,119.98)$$

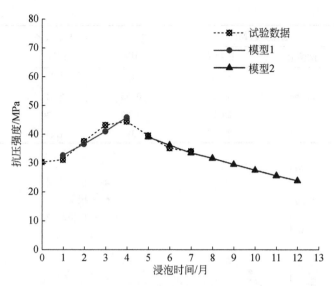

图 6-4　9%浓度硫酸盐溶液中混凝土抗压强度模型模拟值与试验数据对比
（初始预压应力为 0MPa）

计算得到发展系数 a、灰色作用量 b 为

$$a=-0.14, \quad b=24.93$$

得出预测模型函数为

$$\hat{f}_c(t)=(1-e^a)\left(f_c^{(0)}(1)-\frac{b}{a}\right)e^{-at}=27.31e^{0.14t}, \quad t=1,2,3$$

当 $t>3$ 时，根据上述建模方式，得出预测模型函数为

$$\hat{f}_c(t)=(1-e^a)\left(f_c^{(0)}(3)-\frac{b}{a}\right)e^{-a(t-3)}=32.36e^{-0.03(t-3)}, \quad t=4,5,6,7,\cdots$$

根据上述公式模拟的混凝土抗压强度与试验值的残差和相对误差如表 6-5 所示，模拟值与试验数据对比如图 6-5 所示。

表 6-5　12%浓度硫酸盐溶液中混凝土抗压强度残差和相对误差(初始预压应力为 0MPa)

浸泡时间 /月	抗压强度/MPa		残差 /MPa	相对误差 /%	平均相对 误差/%
	试验值	模拟值			
0	30.45	30.45	0	0	
1	30.68	31.55	-0.87	2.84	2.88
2	38.10	36.44	1.66	4.36	
3	41.50	42.10	-0.60	1.45	

续表

浸泡时间 /月	抗压强度/MPa		残差 /MPa	相对误差 /%	平均相对 误差/%
	试验值	模拟值			
4	31.80	31.31	0.49	1.54	
5	29.64	30.29	−0.65	2.19	1.47
6	29.07	29.30	−0.23	0.79	
7	28.74	28.35	0.39	1.36	

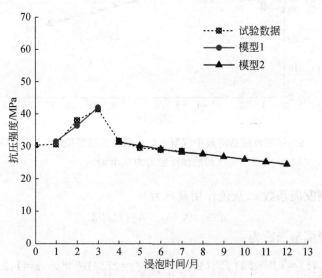

图 6-5　12%浓度硫酸盐溶液中混凝土抗压强度模型模拟值与试验数据对比
（初始预压应力为 0MPa）

由表 6-5 可知,相对误差都小于 5%,平均相对误差小于 5%,所以模型所得数据与试验数据吻合度较高。因此,在 12%浓度硫酸盐溶液中浸泡,混凝土抗压强度模型为

$$\hat{f}_c(t) = \begin{cases} 27.31e^{0.14t}, & t=1,2,3 \\ 32.36e^{-0.03(t-3)}, & t=4,5,6,7,\cdots \end{cases} \tag{6-20}$$

(4)根据 15%浓度硫酸盐溶液中混凝土抗压强度变化规律建立模型。

当 $t \leq 3$ 时,抗压强度一直增长,初始强度数值序列为

$$f_c^{(0)} = (30.45, 30.66, 34.40, 44.20)$$

对原始数据进行 1-AGO 序列生成,得

$$f_c^{(1)} = (30.45, 61.11, 95.51, 139.71)$$

对 $f_c^{(1)}$ 做紧邻均值序列生成,得

$$z^{(1)} = (45.78, 78.31, 117.61)$$

计算得到发展系数 a、灰色作用量 b 为

$$a=-0.19, \quad b=21.07$$

得出预测模型函数为

$$\hat{f}_c(t)=(1-e^a)\left(f_c^{(0)}(1)-\frac{b}{a}\right)e^{-at}=24.46e^{0.19t}, \quad t=1,2,3$$

当 $t>3$ 时，根据上述建模方式，得出预测模型函数为

$$\hat{f}_c(t)=(1-e^a)\left(f_c^{(0)}(3)-\frac{b}{a}\right)e^{-a(t-3)}=37.21e^{-0.06(t-3)}, \quad t=4,5,6,7,\cdots$$

根据上述公式模拟的混凝土抗压强度与试验值的残差和相对误差如表 6-6 所示，模拟值与试验数据对比如图 6-6 所示。

表 6-6　15%浓度硫酸盐溶液中混凝土抗压强度残差和相对误差(初始预压应力为 0MPa)

浸泡时间 /月	抗压强度/MPa		残差 /MPa	相对误差 /%	平均相对 误差/%
	试验值	模拟值			
0	30.45	30.45	0	0	
1	30.66	29.60	1.06	3.46	3.18
2	34.40	35.81	-1.41	4.10	
3	44.20	43.33	0.87	1.97	
4	34.70	34.92	-0.22	0.63	
5	32.95	32.77	0.18	0.55	0.97
6	31.20	30.76	0.44	1.41	
7	28.50	28.87	-0.37	1.30	

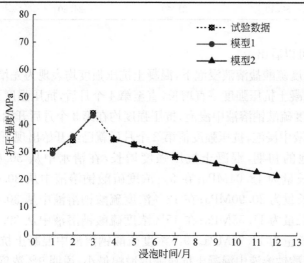

图 6-6　15%浓度硫酸盐溶液中混凝土抗压强度模型模拟值与试验数据对比
(初始预压应力为 0MPa)

由表 6-6 可知,相对误差都小于 5%,平均相对误差小于 5%,所以模型所得数据与试验数据吻合度较高。因此,在 15% 浓度硫酸盐溶液中浸泡,混凝土抗压强度模型为

$$\hat{f}_c(t) = \begin{cases} 24.46e^{0.19t}, & t=1,2,3 \\ 37.21e^{-0.06(t-3)}, & t=4,5,6,7,\cdots \end{cases} \tag{6-21}$$

6.3.2　初始预压应力为 14MPa 时混凝土强度变化规律及预测模型

1. 混凝土强度变化规律

表 6-7 为初始预压应力为 14MPa 时不同浓度溶液浸泡的混凝土抗压强度。

表 6-7　不同浓度溶液浸泡的混凝土抗压强度(初始预压应力为 14MPa)

浸泡时间 /月	抗压强度/MPa			
	清水	硫酸钠浓度 9%	硫酸钠浓度 12%	硫酸钠浓度 15%
0	30.45	30.45	30.45	30.45
1	35.40	34.35	35.53	35.18
2	36.92	40.93	39.70	41.95
3	45.22	51.35	42.00	41.10
4	48.49	49.25	41.70	45.20
5	42.44	39.37	36.00	39.03
6	36.39	29.50	30.30	32.85
7	30.10	21.40	24.80	28.40

从表 6-7 可以看出:

(1)不同浓度硫酸盐溶液浸泡下,混凝土抗压强度均表现为先增长后降低的趋势。清水中,混凝土抗压强度一直增长,直至第 4 个月后,抗压强度开始出现下降;在 9%、12% 浓度硫酸钠溶液中浸泡,抗压强度均在第 3 个月后开始出现下降趋势;在 15% 浓度溶液中浸泡,抗压强度值第 2 个月后就已经开始出现下降规律。

(2)在浸泡的初期,混凝土抗压强度增长,在清水中从 30.45MPa 增长到 48.49MPa,增长量为 18.04MPa;在 9% 浓度硫酸钠溶液中从 30.45MPa 增长到 51.35MPa,增长量为 20.90MPa;在 12% 浓度硫酸钠溶液中从 30.45MPa 增长到 42.00MPa,增长量为 11.55MPa;在 15% 浓度硫酸钠溶液中从 30.45MPa 增长到 45.20MPa,增长量为 14.75MPa。9% 浓度硫酸钠溶液中混凝土抗压强度增幅最大,12% 浓度硫酸钠溶液中混凝土抗压强度增幅最小,说明 9% 浓度硫酸盐溶液在浸泡初期对混凝土抗压强度增长促进作用最好,12% 浓度硫酸盐溶液对混凝土抗

压强度增长促进作用最差。

（3）在浸泡后期，混凝土抗压强度出现下降趋势，相同的浸泡时间下，不同浓度溶液的下降速率与下降幅值不一样，9%浓度硫酸钠溶液浸泡下，混凝土抗压强度下降幅值最大，在浸泡7个月后下降至21.4MPa，下降速率也最快。清水、12%浓度、15%浓度硫酸钠溶液浸泡下，混凝土抗压强度分别下降至30.10MPa、24.80MPa、28.40MPa，清水中抗压强度下降幅值最小。

2. 抗压强度损失率或者抗压强度损伤度

初始预压应力为14MPa时混凝土抗压强度损失率如表6-8和图6-7所示。

表6-8 混凝土抗压强度损失率（初始预压应力为14MPa）

浸泡时间 /月	抗压强度损失率/%		
	硫酸钠浓度9%	硫酸钠浓度12%	硫酸钠浓度15%
0	0	0	0
1	2.97	−0.37	0.62
2	−10.86	−7.53	−13.62
3	−13.56	7.12	9.11
4	−1.57	14.00	6.78
5	7.23	15.17	8.03
6	18.93	16.74	9.73
7	28.90	17.61	5.65

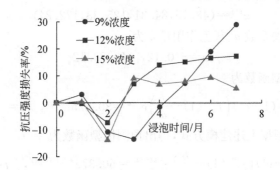

图6-7 混凝土抗压强度损失率变化规律（初始预压应力为14MPa）

表6-8和图6-7显示，混凝土抗压强度损失率在浸泡第2个月为负值，表明在硫酸盐溶液中混凝土抗压强度增长速率高于其在清水中的增长速率。从浸泡第3

个月开始,12%浓度、15%浓度中混凝土抗压强度损失率为正值,表明混凝土试块开始出现腐蚀劣化,抗压强度出现了正的损失;而9%浓度下,混凝土抗压强度损失率还为负值,表明抗压强度相对清水中还处于增强阶段。

浸泡4个月后,混凝土抗压强度损失率都为正值,而且在9%浓度硫酸盐溶液中表现为快速增长的现象,说明混凝土抗压强度在该浓度下损失速率最快,而且持续较长,在浸泡7个月后,混凝土抗压强度损失率达到28.9%;在12%浓度、15%浓度硫酸盐溶液中混凝土强度损失率缓慢增长,在浸泡7个月后,混凝土抗压强度损失率分别为17.61%、5.65%,说明在这两种浓度溶液下,抗压强度继续损失,但损失速率很平缓。

综合分析,在混凝土试块受到初始预压应力14MPa的作用后,在低浓度(9%)硫酸盐溶液下,抗压强度增长速率最快,损失率较高;随着浓度增大(试验最高浓度为15%),抗压强度损失率增长速率会变慢。

3. 抗压强度灰色预测 GM(1,1)模型建立

混凝土抗压强度变化规律反映出抗压强度在浸泡前期属于增强的过程,浸泡3、4个月后开始降低,根据模型特征,分段建立 GM(1,1)预测模型。

(1)根据清水中混凝土抗压强度变化规律建立模型。

当 $t \leqslant 4$ 时,抗压强度一直增长,初始强度数值序列为

$$f_c^{(0)} = (30.45, 35.40, 36.92, 45.22, 48.49)$$

对原始数据进行 1-AGO 序列生成,得

$$f_c^{(1)} = (30.45, 65.85, 102.77, 147.99, 196.48)$$

对 $f_c^{(1)}$ 做紧邻均值序列生成,得

$$z^{(1)} = (48.15, 84.31, 125.38, 172.24)$$

计算得出发展系数 a、灰色作用量 b 为

$$a = -0.12, \quad b = 29.12$$

得出预测模型函数为

$$\hat{f}_c(t) = (1 - e^a)\left(f_c^{(0)}(1) - \frac{b}{a}\right)e^{-at} = 30.825e^{0.12t}, \quad t = 1, 2, 3, 4$$

当 $t > 4$ 时,根据上述建模方式,得出预测模型函数为

$$\hat{f}_c(t) = (1 - e^a)\left(f_c^{(0)}(4) - \frac{b}{a}\right)e^{-a(t-4)} = 50.37e^{-0.17(t-4)}, \quad t = 5, 6, 7, \cdots$$

根据上述公式模拟的混凝土抗压强度与试验值的残差和相对误差如表 6-9 所示,模拟值与试验数据对比如图 6-8 所示。

表 6-9　清水中混凝土抗压强度残差和相对误差(初始预压应力为 14MPa)

浸泡时间 /月	抗压强度/MPa		残差 /MPa	相对误差 /%	平均相对 误差/%
	试验值	模拟值			
0	30.45	30.45	0	0	
1	35.40	34.58	0.82	2.32	
2	36.92	38.81	−1.89	5.12	2.98
3	45.22	43.54	1.68	3.72	
4	48.49	48.86	−0.37	0.76	
5	42.44	42.53	−0.09	0.21	
6	36.39	35.90	0.49	1.35	0.75
7	30.10	30.31	−0.21	0.70	

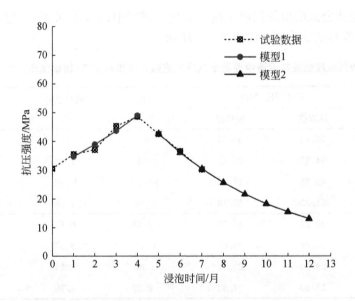

图 6-8　清水中混凝土抗压强度模型模拟值与试验数据对比(初始预压应力为 14MPa)

由表 6-9 可知,相对误差都小于 10%,平均相对误差小于 5%,模型所得数据与试验数据吻合度较高。因此,在清水中浸泡,混凝土抗压强度模型为

$$\hat{f}_c(t)=\begin{cases}30.825e^{0.12t}, & t=1,2,3,4 \\ 50.37e^{-0.17(t-4)}, & t=5,6,7,\cdots\end{cases} \tag{6-22}$$

(2)根据 9% 浓度硫酸盐溶液中混凝土抗压强度变化规律建立模型。

当 $t\leqslant3$ 时,抗压强度一直增长,初始强度数值序列为

$$f_c^{(0)} = (30.45, 34.35, 40.93, 51.35)$$

对原始数据进行 1-AGO 序列生成,得

$$f_c^{(1)} = (30.45, 64.80, 105.73, 157.08)$$

对 $f_c^{(1)}$ 做紧邻均值序列生成,得

$$z^{(1)} = (47.63, 85.27, 131.41)$$

计算得出发展系数 a、灰色作用量 b 为

$$a = -0.20, \quad b = 24.26$$

得出预测模型函数为

$$\hat{f}_c(t) = (1 - e^a)\left(f_c^{(0)}(1) - \frac{b}{a}\right)e^{-at} = 27.56e^{0.20t}, \quad t = 1, 2, 3$$

当 $t > 3$ 时,根据上述建模方式,得出预测模型函数为

$$\hat{f}_c(t) = (1 - e^a)\left(f_c^{(0)}(3) - \frac{b}{a}\right)e^{-a(t-3)} = 64.86e^{-0.27(t-3)}, \quad t = 4, 5, 6, 7, \cdots$$

根据上述公式模拟的混凝土抗压强度与试验值的残差和相对误差如表 6-10 所示,模拟值与试验数据对比如图 6-9 所示。

表 6-10　9%浓度硫酸盐溶液中混凝土抗压强度残差和相对误差(初始预压应力为 14MPa)

浸泡时间 /月	抗压强度/MPa		残差 /MPa	相对误差 /%	平均相对 误差/%
	试验值	模拟值			
0	30.45	30.45	0	0	
1	34.35	33.79	0.56	1.63	
2	40.93	41.42	−0.49	1.20	1.31
3	51.35	50.79	0.56	1.09	
4	49.25	49.68	−0.43	0.87	
5	39.37	38.05	1.32	3.35	
6	29.50	29.14	0.36	1.22	2.44
7	21.40	22.32	−0.92	4.30	

由表 6-10 可知,相对误差都小于 5%,模型所得数据与试验数据吻合度较高。因此,在 9%浓度硫酸盐溶液中浸泡,混凝土抗压强度模型为

$$\hat{f}_c(t) = \begin{cases} 27.56e^{0.20t}, & t = 1, 2, 3 \\ 64.86e^{-0.27(t-3)}, & t = 4, 5, 6, 7, \cdots \end{cases} \tag{6-23}$$

(3)根据 12%浓度硫酸盐溶液中混凝土抗压强度变化规律建立模型。

当 $t \leqslant 3$ 时,抗压强度值一直增长,初始强度数值序列为

$$f_c^{(0)} = (30.45, 35.53, 39.70, 42.00)$$

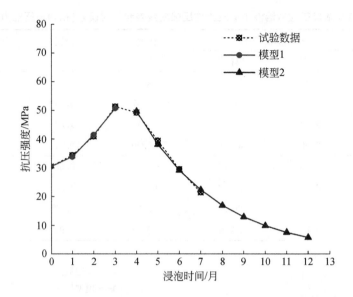

图 6-9　9%浓度硫酸盐溶液中混凝土抗压强度模型模拟值与试验数据对比
（初始预压应力为 14MPa）

对原始数据进行 1-AGO 序列生成,得
$$f_c^{(1)} = (30.45, 65.98, 105.68, 147.68)$$

对 $f_c^{(1)}$ 做紧邻均值序列生成,得
$$z^{(1)} = (48.22, 85.83, 126.68)$$

计算得到发展系数 a、灰色作用量 b 为
$$a = -0.08, \quad b = 31.94$$

得出预测模型函数为
$$\hat{f}_c(t) = (1 - e^a)\left(f_c^{(0)}(1) - \frac{b}{a}\right)e^{-at} = 33.07e^{0.08t}, \quad t = 1, 2, 3$$

当 $t > 3$ 时,根据上述建模方式,得出预测模型函数为
$$\hat{f}_c(t) = (1 - e^a)\left(f_c^{(0)}(3) - \frac{b}{a}\right)e^{-a(t-3)} = 49.70e^{-0.17(t-3)}, \quad t = 4, 5, 6, 7, \cdots$$

根据上述公式模拟的混凝土抗压强度与试验值的残差和相对误差如表 6-11 所示,模拟值与试验数据对比如图 6-10 所示。

由表 6-11 可知,相对误差都小于 5%,模型所得数据与试验数据吻合度较高。因此,在 12%浓度硫酸盐溶液中浸泡,混凝土抗压强度模型为

$$\hat{f}_c(t) = \begin{cases} 33.07e^{0.08t}, & t = 1, 2, 3 \\ 49.70e^{-0.17(t-3)}, & t = 4, 5, 6, 7, \cdots \end{cases} \tag{6-24}$$

表 6-11　12%浓度硫酸盐溶液中混凝土抗压强度残差和相对误差(初始预压应力为 14MPa)

浸泡时间 /月	抗压强度/MPa		残差 /MPa	相对误差 /%	平均相对 误差/%
	试验值	模拟值			
0	30.45	30.45	0	0	
1	35.53	35.90	−0.37	1.04	1.20
2	39.70	38.97	0.73	1.84	
3	42.00	42.30	−0.30	0.71	
4	41.70	41.97	−0.27	0.65	
5	36.00	35.44	0.56	1.56	1.33
6	30.30	29.93	0.37	1.22	
7	24.80	25.27	−0.47	1.90	

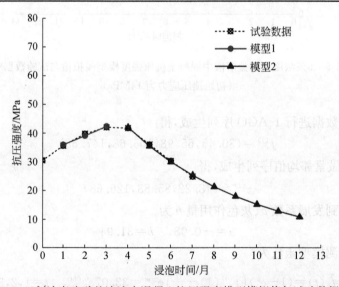

图 6-10　12%浓度硫酸盐溶液中混凝土抗压强度模型模拟值与试验数据对比
(初始预压应力为 14MPa)

(4)根据 15%浓度硫酸盐溶液中混凝土抗压强度变化规律建立模型。

当 $t \leqslant 4$ 时,抗压强度一直增长,初始强度数值序列为

$$f_c^{(0)} = (30.45, 35.18, 41.95, 41.10, 45.20)$$

对原始数据进行 1-AGO 序列生成,得

$$f_c^{(1)} = (30.45, 65.63, 107.58, 148.68, 193.88)$$

对 $f_c^{(1)}$ 做紧邻均值序列生成,得

$$z^{(1)} = (48.04, 86.61, 128.13, 171.28)$$

计算得到发展系数 a、灰色作用量 b 为

$$a = -0.07, \quad b = 33.20$$

得出预测模型函数为

$$\hat{f}_c(t) = (1 - e^a)\left(f_c^{(0)}(1) - \frac{b}{a}\right)e^{-at} = 34.13e^{0.07t}, \quad t = 1, 2, 3, 4$$

当 $t > 4$ 时,根据上述建模方式,得出预测模型函数:

$$\hat{f}_c(t) = (1 - e^a)\left(f_c^{(0)}(4) - \frac{b}{a}\right)e^{-a(t-4)} = 45.57e^{-0.16(t-4)}, \quad t = 5, 6, 7, \cdots$$

根据上述公式模拟的混凝土抗压强度与试验值的残差和相对误差如表 6-12 所示,模拟值与试验数据对比如图 6-11 所示。

表 6-12 15%浓度硫酸盐溶液中混凝土抗压强度残差和相对误差(初始预压应力为 14MPa)

浸泡时间 /月	抗压强度/MPa		残差 /MPa	相对误差 /%	平均相对 误差/%
	试验值	模拟值			
0	30.45	30.45	0	0	
1	35.18	36.63	−1.45	4.12	
2	41.95	39.30	2.65	6.32	3.3
3	41.10	42.18	−1.08	2.63	
4	45.20	45.26	−0.06	0.13	
5	39.03	38.83	0.20	0.51	
6	32.85	33.09	−0.24	0.73	0.66
7	28.40	28.19	0.21	0.74	

由表 6-12 可知,相对误差都小于 10%,平均相对误差均小于 5%,模型所得数据与试验数据吻合度较高。因此,在 15%浓度硫酸盐溶液中浸泡,混凝土抗压强度模型为

$$\hat{f}_c(t) = \begin{cases} 34.13e^{0.07t}, & t = 1, 2, 3, 4 \\ 45.57e^{-0.16(t-4)}, & t = 5, 6, 7, \cdots \end{cases} \tag{6-25}$$

6.3.3 初始预压应力为 21MPa 时混凝土强度变化规律及预测模型

1. 混凝土强度变化规律

表 6-13 为初始预压应力为 21MPa 时不同浓度溶液浸泡的混凝土抗压强度。

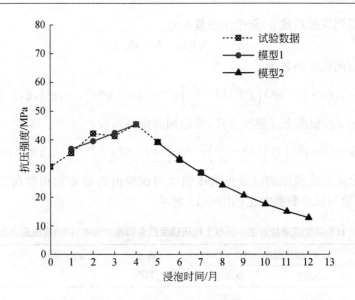

图 6-11　15％浓度硫酸盐溶液中混凝土抗压强度模型模拟值与试验数据对比
（初始预压应力为 14MPa）

表 6-13　不同浓度溶液浸泡的混凝土抗压强度（初始预压应力为 21MPa）

浸泡时间 /月	抗压强度/MPa			
	清水	硫酸盐浓度 9％	硫酸盐浓度 12％	硫酸盐浓度 15％
0	30.45	30.45	30.45	30.45
1	32.60	35.50	37.55	33.37
2	38.60	38.67	40.78	36.60
3	45.00	43.70	36.40	40.60
4	41.26	31.42	30.50	35.85
5	35.11	29.91	24.83	26.93
6	28.97	28.40	19.15	22.00
7	26.10	21.10	18.93	21.25

由表 6-13 可以看出：

(1)在溶液中浸泡,混凝土抗压强度均表现为先上升后下降的趋势。在清水、9％浓度、15％浓度的溶液中浸泡,抗压强度前 3 个月增长,第 4 个月开始出现下降的趋势;在 12％浓度的溶液中浸泡,混凝土抗压强度前 2 个月增长,从第 3 个月开始下降。

(2)浸泡初期,在不同浓度的硫酸盐溶液中,混凝土抗压强度的增长速率、增长量有所不同,其中,清水中增长速率相对较慢。浸泡一段时间后,混凝土抗压强度都达到最大值,在清水、9%浓度、12%浓度、15%浓度溶液中分别达到 45.00MPa、43.70MPa、40.78MPa、40.60MPa。分析得出,低浓度下混凝土抗压强度增长量相对较大。

(3)在浸泡后期,混凝土抗压强度下降,说明混凝土性能出现劣化现象。在不同浓度硫酸盐溶液中浸泡到第 7 个月后,混凝土抗压强度分别下降到 26.10MPa、21.10MPa、18.93MPa、21.25MPa。

2. 抗压强度损失率或者抗压强度损伤度

初始预压应力为 21MPa 时混凝土抗压强度损失率如表 6-14 所示。

表 6-14　混凝土抗压强度损失率(初始预压应力为 21MPa)

浸泡时间 /月	抗压强度损失率/%		
	硫酸盐浓度 9%	硫酸盐浓度 12%	硫酸盐浓度 15%
0	0	0	0
1	−8.90	−15.18	−2.36
2	−0.18	−5.65	5.18
3	2.89	19.11	9.78
4	23.85	26.08	13.11
5	14.81	29.28	23.30
6	1.97	33.90	24.06
7	19.16	27.47	18.58

由表 6-14 可知,混凝土抗压强度损失率在浸泡前 2 个月基本为负值,表明在硫酸盐溶液中混凝土强度增长速率高于其在清水中的增长速率。说明在浸泡初期,硫酸盐溶液对混凝土强度增长起到促进作用,而且 12%浓度溶液中抗压强度损失率的绝对值最大,因此此浓度对抗压强度的增长最为有利。

从浸泡第 3 个月开始,9%浓度、12%浓度、15%浓度中混凝土抗压强度损失率为正值,表明混凝土试块开始出现腐蚀劣化,抗压强度出现了正的损失;不同浓度的硫酸盐对混凝土的作用大小不同,9%浓度下混凝土抗压强度损失率小于其他浓度,说明低浓度的硫酸盐溶液对混凝土的劣化作用相对较小;15%浓度下混凝土抗压强度损失率在第 3 个月后都小于 12%浓度下,说明 12%浓度对混凝土抗压强度劣化最强烈。12%浓度下,抗压强度损失率最大值达到 33.90%,而 15%浓度下抗压强度损失率最大值达到 24.06%。

3. 抗压强度灰色预测 GM(1,1)模型建立

混凝土抗压强度变化规律反映抗压强度在浸泡前期属于增长的过程,浸泡 3、4 个月后开始降低,根据模型建立特征,分段建立该预测模型。

(1)根据清水中混凝土抗压强度变化规律建立模型。

当 $t \leqslant 3$ 时,抗压强度一直增长,初始强度数值序列为

$$f_c^{(0)} = (30.45, 32.60, 38.60, 45.00)$$

对原始数据进行 1-AGO 序列生成,得

$$f_c^{(1)} = (30.45, 63.05, 101.65, 146.65)$$

对 $f_c^{(1)}$ 做紧邻均值序列生成,得

$$z^{(1)} = (46.75, 82.35, 124.15)$$

计算得到发展系数 a、灰色作用量 b 为

$$a = -0.16, \quad b = 25.23$$

得出预测模型函数为

$$\hat{f}_c(t) = (1 - e^a)\left(f_c^{(0)}(1) - \frac{b}{a}\right)e^{-at} = 27.81e^{0.16t}, \quad t = 1, 2, 3$$

当 $t > 3$ 时,根据上述建模方式,得出预测模型函数为

$$\hat{f}_c(t) = (1 - e^a)\left(f_c^{(0)}(3) - \frac{b}{a}\right)e^{-a(t-3)} = 48.10e^{-0.16(t-3)}, \quad t = 4, 5, 6, 7, \cdots$$

根据上述公式模拟的混凝土抗压强度与试验值的残差和相对误差如表 6-15 所示,模拟值与试验数据对比如图 6-12 所示。

表 6-15 清水中混凝土抗压强度残差和相对误差(初始预压应力为 21MPa)

浸泡时间 /月	抗压强度/MPa		残差 /MPa	相对误差 /%	平均相对 误差/%
	试验值	模拟值			
0	30.45	30.45	0	0	
1	32.60	32.64	−0.04	0.12	
2	38.60	38.30	0.30	0.78	0.34
3	45.00	44.95	0.05	0.11	
4	41.26	41.01	0.25	0.61	
5	35.11	34.97	0.14	0.40	
6	28.97	29.81	−0.84	2.90	1.63
7	26.10	25.42	0.68	2.61	

由表 6-15 可知,相对误差都小于 5%,模型所得数据与试验数据吻合度较高。

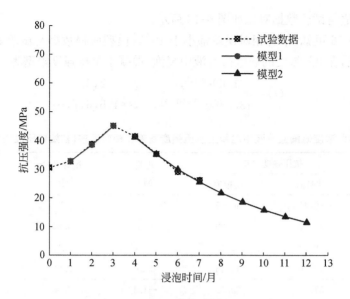

图 6-12　清水中混凝土抗压强度模型模拟值与试验数据对比(初始预压应力为 21MPa)

因此,在清水中浸泡,混凝土抗压强度模型为

$$\hat{f}_c(t)=\begin{cases}27.81e^{0.16t}, & t=1,2,3\\48.10e^{-0.16(t-3)}, & t=4,5,6,7,\cdots\end{cases} \tag{6-26}$$

(2)根据 9% 浓度硫酸盐溶液中混凝土抗压强度变化规律建立模型。

当 $t\leqslant3$ 时,抗压强度一直增长,初始强度数值序列为

$$f_c^{(0)}=(30.45,35.50,38.67,43.70)$$

对原始数据进行 1-AGO 序列生成,得

$$f_c^{(1)}=(30.45,65.95,104.62,148.32)$$

对 $f_c^{(1)}$ 做紧邻均值序列生成,得

$$z^{(1)}=(48.20,85.29,126.47)$$

计算得到发展系数 a、灰色作用量 b 为

$$a=-0.11,\quad b=30.18$$

得出预测模型函数为

$$\hat{f}_c(t)=(1-e^a)\left(f_c^{(0)}(1)-\frac{b}{a}\right)e^{-at}=31.69e^{0.11t},\quad t=1,2,3$$

当 $t>3$ 时,根据上述建模方式,得出预测模型函数为

$$\hat{f}_c(t)=(1-e^a)\left(f_c^{(0)}(3)-\frac{b}{a}\right)e^{-a(t-3)}=36.38e^{-0.11(t-3)},\quad t=4,5,6,7,\cdots$$

根据上述公式模拟的混凝土抗压强度与试验值的残差和相对误差如表 6-16

所示,模拟值与试验数据对比如图 6-13 所示。

由表 6-16 可知,平均相对误差都小于 10%,模型所得数据与试验数据吻合度较高。因此,在 9%浓度的硫酸盐溶液中浸泡,混凝土抗压强度模型为

$$\hat{f}_c(t)=\begin{cases}31.69e^{0.11t}, & t=1,2,3\\ 36.38e^{-0.11(t-3)}, & t=4,5,6,7,\cdots\end{cases} \tag{6-27}$$

表 6-16　9%浓度硫酸盐溶液中混凝土抗压强度残差和相对误差(初始预压应力为 21MPa)

浸泡时间 /月	抗压强度/MPa		残差 /MPa	相对误差 /%	平均相对 误差/%
	试验值	模拟值			
0	30.45	30.45	0	0	
1	35.50	35.20	0.3	0.85	
2	38.67	39.10	−0.43	1.11	0.86
3	43.70	43.43	0.27	0.62	
4	31.42	32.52	−1.1	3.50	
5	29.91	29.07	0.84	2.81	
6	28.40	25.99	2.41	8.49	6.22
7	21.10	23.23	−2.13	10.09	

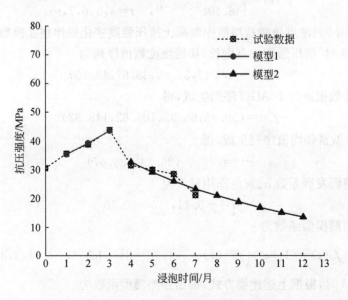

图 6-13　9%浓度硫酸盐溶液中混凝土抗压强度模型模拟值与试验数据对比

(初始预压应力为 21MPa)

(3)根据 12%浓度硫酸盐溶液中混凝土抗压强度变化规律建立模型。

当 $t \leqslant 2$ 时，抗压强度一直增长，初始强度数值序列为

$$f_c^{(0)} = (30.45, 37.55, 40.78)$$

对原始数据进行 1-AGO 序列生成，得

$$f_c^{(1)} = (30.45, 68.00, 108.78)$$

对 $f_c^{(1)}$ 做紧邻均值序列生成，得

$$z^{(1)} = (49.23, 88.39)$$

计算得到发展系数 a、灰色作用量 b 为

$$a = -0.08, \quad b = 33.52$$

得出预测模型函数为

$$\hat{f}_c(t) = (1 - e^a)\left(f_c^{(0)}(1) - \frac{b}{a}\right)e^{-at} = 34.56e^{0.08t}, \quad t = 1, 2$$

当 $t > 2$ 时，根据上述建模方式，得出预测模型函数：

$$\hat{f}_c(t) = (1 - e^a)\left(f_c^{(0)}(2) - \frac{b}{a}\right)e^{-a(t-2)} = 43.48e^{-0.18(t-2)}, \quad t = 3, 4, 5, 6, 7, \cdots$$

根据上述公式模拟的混凝土抗压强度与试验值的残差和相对误差如表 6-17 所示，模拟值与试验数据对比如图 6-14 所示。

表 6-17　12%浓度硫酸盐溶液中混凝土抗压强度残差和相对误差(初始预压应力为 21MPa)

浸泡时间 /月	抗压强度/MPa		残差 /MPa	相对误差 /%	平均相对 误差/%
	试验值	模拟值			
0	30.45	30.45	0	0	
1	37.55	37.53	0.02	0.05	0.06
2	40.78	40.75	0.03	0.07	
3	36.40	36.17	0.23	0.63	
4	30.50	30.10	0.40	1.31	
5	24.83	25.04	−0.21	0.85	4.00
6	19.15	20.83	−1.68	8.77	
7	18.93	17.33	1.60	8.45	

由表 6-17 可知，平均相对误差都小于 5%，模型所得数据与试验数据吻合度较高。因此，在 12%浓度的硫酸盐溶液中浸泡，混凝土抗压强度模型为

$$\hat{f}_c(t) = \begin{cases} 34.56e^{0.08t}, & t = 1, 2 \\ 43.48e^{-0.18(t-2)}, & t = 3, 4, 5, 6, 7, \cdots \end{cases} \tag{6-28}$$

(4)根据 15%浓度硫酸盐溶液中混凝土抗压强度变化规律建立模型。

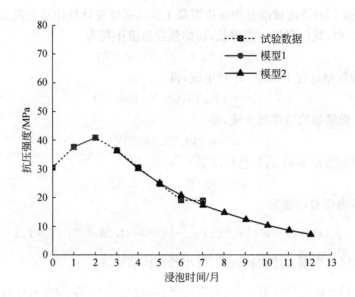

图 6-14　12%浓度硫酸盐溶液中混凝土抗压强度模型模拟值与试验数据对比
（初始预压应力为 21MPa）

当 $t{\leqslant}3$ 时，抗压强度一直增长，初始强度数值序列为
$$f_c^{(0)}=(30.45,33.37,36.60,40.60)$$
对原始数据进行 1-AGO 序列生成，得
$$f_c^{(1)}=(30.45,63.82,100.42,141.02)$$
对 $f_c^{(1)}$ 做紧邻均值序列生成，得
$$z^{(1)}=(47.14,82.12,120.72)$$
计算得到发展系数 a、灰色作用量 b 为
$$a=-0.10,\quad b=28.66$$
得出预测模型函数为
$$\hat{f}_c(t)=(1-e^a)\Big(f_c^{(0)}(1)-\frac{b}{a}\Big)e^{-at}=30.15e^{0.11t},\quad t=1,2,3$$
当 $t>3$ 时，根据上述建模方式，得出预测模型函数为
$$\hat{f}_c(t)=(1-e^a)\Big(f_c^{(0)}(3)-\frac{b}{a}\Big)e^{-a(t-3)}=41.93e^{-0.19(t-3)},\quad t=4,5,6,7,\cdots$$
根据上述公式模拟的混凝土抗压强度与试验值的残差和相对误差如表 6-18 所示，模拟值与试验数据对比如图 6-15 所示。

由表 6-18 可知，平均相对误差都小于 10%，模型所得数据与试验数据吻合度较高。因此，在 15%浓度的硫酸盐溶液中浸泡，混凝土抗压强度模型为

$$\hat{f}_{c}(t) = \begin{cases} 30.15e^{0.1t}, & t=1,2,3 \\ 41.93e^{-0.19(t-3)}, & t=4,5,6,7,\cdots \end{cases} \quad (6\text{-}29)$$

表 6-18　15％浓度硫酸盐溶液中混凝土抗压强度残差和相对误差（初始预压应力为 21MPa）

浸泡时间 /月	抗压强度/MPa		残差 /MPa	相对误差 /%	平均相对 误差/%
	试验值	模拟值			
0	30.45	30.45	0	0	
1	33.37	33.27	0.1	0.30	
2	36.60	36.70	−0.1	0.27	0.27
3	40.60	40.50	0.1	0.25	
4	35.85	36.10	−0.25	0.70	
5	26.93	29.68	−2.75	10.21	
6	22.00	24.40	−2.4	10.91	6.87
7	21.25	20.05	1.2	5.65	

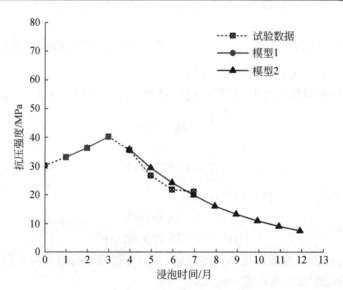

图 6-15　15％浓度硫酸盐溶液中混凝土抗压强度模型模拟值与试验数据对比
（初始预压应力为 21MPa）

6.4　硫酸盐环境下混凝土弹性模量变化规律及预测模型

弹性模量 E 是混凝土重要的力学性能，它反映了混凝土所受应力与所产生应变之间的关系,是计算混凝土结构变形、裂缝开展和温度应力所必需的参数之一。本节受腐蚀混凝土弹性模量通过应力-应变曲线,采用割线模量确定。

$$E = \frac{\sigma}{\varepsilon} \tag{6-30}$$

式中,E 为混凝土立方体试件弹性模量(GPa);σ 为压应力(MPa);ε 为轴向应变(10^{-3})。

混凝土应力-应变曲线可以较好地反映混凝土在各个受力阶段的变形、内部微裂纹的扩张过程、抗压极限强度。在混凝土内部组织结构中,SO_4^{2-} 进入混凝土中,与水泥凝胶反应,其产物会产生膨胀应力,最终导致混凝土细观结构产生缺陷,随着腐蚀程度的增加,受腐蚀混凝土细观结构的缺陷不断扩大,微裂纹、微孔洞等引起的混凝土材料的劣化不断加深,将这种劣化定义为损伤。混凝土损伤程度越大,混凝土的腐蚀程度也就越大,混凝土的力学性能退化越大,腐蚀程度作为衡量腐蚀混凝土性能的指标,需要对其进行量化。

根据弹性模量随腐蚀时间的变化规律,借助损伤力学公式 $D = 1 - \frac{\tilde{E}}{E_0}$ 对腐蚀程度进行量化,定义损伤变量 $D_E = \frac{\tilde{E}}{E_0}$,$D_E$ 与腐蚀时间 t、硫酸盐溶液浓度 C 有关,因此建立一个以 t、C 为自变量的损伤模型。

结合弹性模量随腐蚀时间变化特征,定义损伤变量 D_E 是 t、C 的指数函数:

$$\frac{\tilde{E}}{E_0} = D_E(t) = e^{Bt} \tag{6-31}$$

$$\frac{\tilde{E}}{E_0} = D_E(C) = e^{AC} \tag{6-32}$$

根据损伤力学公式得出损伤度函数:

$$D(t) = 1 - D_E(t) = 1 - e^{Bt} \tag{6-33}$$

$$D(C) = 1 - D_E(C) = 1 - e^{AC} \tag{6-34}$$

式中,A 为与硫酸盐溶液浓度相关的系数;B 为与腐蚀时间相关的系数;t 为腐蚀时间(月);C 为硫酸盐溶液浓度(mg/L)。

6.4.1 初始预压应力为 0MPa 时混凝土弹性模量变化规律及预测模型

1. 弹性模量变化规律

表 6-19 为初始预压应力为 0 时不同浓度溶液浸泡的混凝土弹性模量。可以得出:

(1) 浸泡 7 个月后,弹性模量基本呈下降趋势,在清水中从 30.49GPa 下降至

20.27GPa,下降值为 10.22GPa;在 9%浓度硫酸盐溶液中从 30.49GPa 下降至 18.51GPa,下降值为 11.98GPa;12%浓度硫酸盐溶液中从 30.49GPa 下降至 19.59GPa,下降值为 10.9GPa;在 15%浓度硫酸盐溶液中从 30.49GPa 下降至 17.23GPa,下降值为 13.26GPa。试件在没有预压应力的情况下,浸泡在不同浓度硫酸盐溶液中,弹性模量下降值不同,在清水中下降值最小,15%浓度硫酸盐溶液中下降值最大。

(2)混凝土试件浸泡于硫酸盐溶液中出现腐蚀是从表面向内部渗透,腐蚀速率加快,弹性模量下降速率也加快。不同浓度硫酸盐溶液浸泡下,混凝土弹性模量整体表现为降低趋势,在个别月份中出现了漂移(不规则波动),浸泡初期下降速率比较慢,浸泡后期下降速率整体提高。在 9%浓度、15%浓度硫酸盐溶液中,弹性模量下降速率较快,12%浓度硫酸盐溶液中,弹性模量下降速率相对缓慢。

表 6-19　不同浓度溶液浸泡的混凝土弹性模量(初始预压应力为 0MPa)

浸泡时间/月	弹性模量/GPa			
	清水	硫酸盐浓度 9%	硫酸盐浓度 12%	硫酸盐浓度 15%
0	30.49	30.49	30.49	30.49
1	32.00	29.67	33.06	28.48
2	28.00	25.00	27.93	27.94
3	27.02	23.46	28.74	25.07
4	22.12	19.75	25.23	22.30
5	20.48	21.41	25.44	23.35
6	18.83	23.07	25.64	24.40
7	20.27	18.51	19.59	17.23

2. 弹性模量 GM(1,1)预测模型的建立

混凝土弹性模量变化规律反映弹性模量在浸泡前 7 个月属于不断劣化降低的过程,根据 7 个月变化规律,建立 GM(1,1)预测模型。

(1)在清水中浸泡,初始预压应力为 0MPa,建立弹性模量 GM(1,1)模型。

初始弹性模量数值序列为

$$E^{(0)} = (30.49,\ 32.00,\ 28.00,\ 27.02,\ 22.12,\ 20.48,\ 18.83,\ 20.27)$$

对原始数据进行 1-AGO 序列生成,得

$$E^{(1)} = (30.49,\ 62.49,\ 90.49,\ 117.51,\ 139.63,\ 160.11,\ 178.94,\ 199.21)$$

对 $E^{(1)}$ 做紧邻均值序列生成,得

$$z^{(1)} = (46.49,\ 76.49,\ 104.00,\ 128.57,\ 149.87,\ 169.53,\ 189.08)$$

计算得到发展系数 a、灰色作用量 b 为

$$a=0.09, \quad b=35.51$$

得出预测模型函数为

$$E(t)=1-\mathrm{e}^a\left(E^{(0)}(1)-\frac{b}{a}\right)\mathrm{e}^{-at}=34.25\,\mathrm{e}^{-0.09t}, \quad t=1,2,3,4,\cdots$$

根据上述公式模拟的弹性模量与试验值的残差和相对误差如表 6-20 所示,模拟值与试验数据对比如图 6-16 所示。

表 6-20 清水中混凝土弹性模量残差和相对误差(初始预压应力为 0MPa)

浸泡时间/月	弹性模量/GPa		残差/GPa	相对误差/%	平均相对误差/%
	试验值	模拟值			
0	30.49	30.49	0	0	
1	32.00	31.23	0.77	2.41	
2	28.00	28.47	−0.47	1.68	
3	27.02	25.96	1.06	3.92	
4	22.12	23.67	−1.55	7.01	5.20
5	20.48	21.58	−1.10	5.37	
6	18.83	19.67	−0.84	4.46	
7	20.27	17.93	2.34	11.54	

从表 6-20 可以看出,平均相对误差为 5.20%,符合误差允许范围,7 个月后相对误差为 11.54%,存在个别偏差,但对整体结果影响不大,说明此模型所得数据与试验数据吻合度较好。因此,在清水中浸泡,混凝土弹性模量模型为

$$E(t)=34.25\,\mathrm{e}^{-0.09t}, \quad t=1,2,3,4,\cdots \tag{6-35}$$

(2)在 9% 浓度硫酸盐溶液中浸泡,初始预压应力为 0MPa,建立弹性模量 GM(1,1)模型。

初始弹性模量数值序列为

$$E^{(0)}=(30.49, 29.67, 25.00, 23.46, 19.75, 21.41, 23.07, 18.51)$$

对原始数据进行 1-AGO 序列生成,得

$$E^{(1)}=(30.49, 60.16, 85.16, 108.62, 128.37, 149.78, 172.85, 191.36)$$

对 $E^{(1)}$ 做紧邻均值序列生成,得

$$z^{(1)}=(45.33, 72.66, 95.89, 116.50, 137.08, 159.32, 180.11)$$

计算得到发展系数 a、灰色作用量 b 为

$$a=0.06, \quad b=30.41$$

得出预测模型函数为

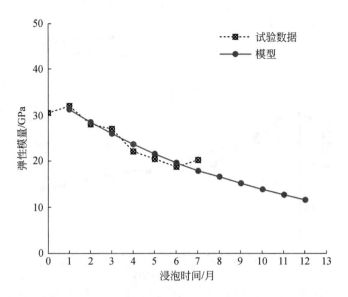

图 6-16　清水中混凝土弹性模量模型模拟值与试验数据对比(初始预压应力为 0MPa)

$$E(t)=1-e^a\left(E^{(0)}(1)-\frac{b}{a}\right)e^{-at}=29.40\,e^{-0.06t},\quad t=1,2,3,4,\cdots$$

根据上述公式模拟的混凝土弹性模量与试验值的残差和相对误差如表 6-21 所示,模拟值与试验数据对比如图 6-17 所示。

表 6-21　9%浓度硫酸盐溶液中混凝土弹性模量残差和相对误差(初始预压应力为 0MPa)

浸泡时间/月	弹性模量/GPa		残差/GPa	相对误差/%	平均相对误差/%
	试验值	模拟值			
0	30.49	30.49	0	0	
1	29.67	27.58	2.09	7.04	
2	25.00	25.88	−0.88	3.52	
3	23.46	24.28	−0.82	3.50	
4	19.75	22.78	−3.03	15.34	6.33
5	21.41	21.37	0.04	0.19	
6	23.07	20.05	3.02	13.09	
7	18.51	18.81	−0.30	1.62	

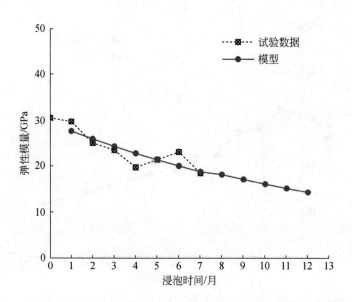

图 6-17　9％浓度硫酸盐溶液中混凝土弹性模量模型模拟值与试验数据对比
（初始预压应力为 0MPa）

从表 6-21 可以看出，平均相对误差为 6.33％，符合误差允许范围，第 4 个月、第 6 个月相对误差分别为 15.34％、13.09％，存在个别偏差，但对整体结果影响不大，说明此模型所得数据与试验数据吻合度较好。因此，在 9％浓度硫酸盐溶液中浸泡，混凝土弹性模量模型为

$$E(t)=29.40\,\mathrm{e}^{-0.06t}, \quad t=1,2,3,4,\cdots \tag{6-36}$$

（3）在 12％浓度硫酸盐溶液中浸泡，初始预压应力为 0MPa，建立弹性模量 GM(1,1)模型。

初始弹性模量数值序列为

$E^{(0)}=(30.49,\,33.06,\,27.93,\,28.74,\,25.23,\,25.44,\,25.64,\,19.59)$

对原始数据进行 1-AGO 序列生成，得

$E^{(1)}=(30.49,\,63.55,\,91.48,\,120.22,\,145.45,\,170.89,\,196.53,\,216.12)$

对 $E^{(1)}$ 做紧邻均值序列生成，得

$z^{(1)}=(47.02,\,77.52,\,105.85,\,132.84,\,158.17,\,183.71,\,206.33)$

计算得出发展系数 a、灰色作用量 b 为

$$a=0.06, \quad b=34.97$$

得出预测模型函数为

$$E(t)=(1-\mathrm{e}^{a})\left(E^{(0)}(1)-\frac{b}{a}\right)\mathrm{e}^{-at}=34.08\,\mathrm{e}^{-0.06t}, \quad t=1,2,3,4,\cdots$$

　　根据上述公式模拟的混凝土弹性模量与试验值的残差和相对误差如表 6-22 所示,模拟值与试验数据对比如图 6-18 所示。

表 6-22　12%浓度硫酸盐溶液中混凝土弹性模量残差和相对误差(初始预压应力为 0MPa)

浸泡时间/月	弹性模量/GPa		残差/GPa	相对误差/%	平均相对误差/%
	试验值	模拟值			
0	30.49	30.49	0	0	
1	33.06	31.94	1.12	3.39	
2	27.93	29.93	−2.00	7.16	
3	28.74	28.05	0.69	2.40	5.81
4	25.23	26.29	−1.06	4.20	
5	25.44	24.64	0.80	3.14	
6	25.64	23.09	2.55	9.95	
7	19.59	21.64	−2.05	10.46	

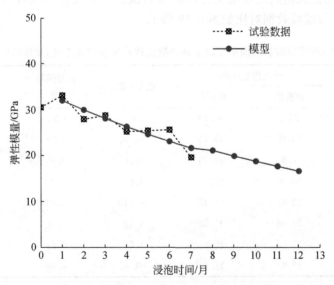

图 6-18　12%浓度硫酸盐溶液中混凝土弹性模量模型模拟值与试验数据对比
(初始预压应力为 0MPa)

　　从表 6-22 可以看出,平均相对误差为 5.81%,符合误差允许范围,第 7 个月相对误差为 10.46%,存在个别偏差,但对整体结果影响不大,说明此模型所得数据与试验数据吻合度较好。因此,在 12%浓度的硫酸盐溶液中浸泡,混凝土弹性模量模型为

$$E(t)=34.08\,\mathrm{e}^{-0.06t}, \quad t=1,2,3,4,\cdots \tag{6-37}$$

(4)在 15%浓度硫酸盐溶液中浸泡,初始预压应力为 0MPa,建立弹性模量 GM(1,1)模型。

初始弹性模量数值序列为

$$E^{(0)}=(30.49,\ 28.48,\ 27.94,\ 25.07,\ 22.30,\ 23.35,\ 21.52,\ 17.23)$$

对原始数据进行 1-AGO 序列生成,得

$$E^{(1)}=(30.49,\ 58.97,\ 86.91,\ 111.98,\ 134.28,\ 157.63,\ 179.15,\ 196.38)$$

对 $E^{(1)}$ 做紧邻均值序列生成,得

$$z^{(1)}=(44.73,\ 72.94,\ 99.45,\ 123.13,\ 145.96,\ 168.39,\ 187.77)$$

计算得到发展系数 a、灰色作用量 b 为

$$a=0.07, \quad b=32.35$$

得出预测模型函数为

$$E(t)=(1-\mathrm{e}^a)\left(E^{(0)}(1)-\frac{b}{a}\right)\mathrm{e}^{-at}=31.27\,\mathrm{e}^{-0.07t}, \quad t=1,2,3,4,\cdots$$

根据上述公式模拟的混凝土弹性模量与试验值的残差和相对误差如表 6-23 所示,模拟值与试验数据对比如图 6-19 所示。

表 6-23　15%浓度硫酸盐溶液中混凝土弹性模量残差和相对误差(初始预压应力为 0MPa)

浸泡时间/月	弹性模量/GPa		残差/GPa	相对误差/%	平均相对误差/%
	试验值	模拟值			
0	30.49	30.49	0	0	
1	28.48	29.10	−0.62	2.18	
2	27.94	27.08	0.86	3.08	
3	30.00	25.20	4.80	16.00	6.89
4	22.30	23.45	−1.15	5.16	
5	23.35	21.83	1.52	6.51	
6	21.52	20.31	1.21	5.62	
7	17.23	18.90	−1.67	9.69	

从表 6-23 可以看出,平均相对误差为 6.89%,符合误差允许范围,第 3 个月相对误差为 16%,存在个别偏差,但对整体结果影响不大,说明此模型所得数据与试验数据吻合度较好。因此,在 15%浓度硫酸盐溶液中浸泡,混凝土弹性模量模型为

$$E(t)=31.27\,\mathrm{e}^{-0.07t}, \quad t=1,2,3,4,\cdots \tag{6-38}$$

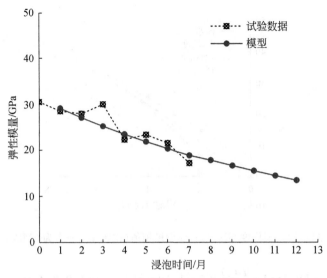

图 6-19　15％浓度硫酸盐溶液中混凝土弹性模量模型模拟值与试验数据对比
（初始预压应力为 0MPa）

3. 弹性模量损伤度函数的建立

根据式(6-33)建立混凝土弹性模量损伤度随时间的变化关系,如图 6-20 和图 6-21所示,结合弹性模量 GM(1,1)模型,得到混凝土弹性模量损伤度的函数表达式。

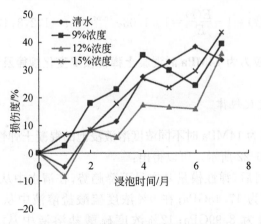

图 6-20　损伤度试验数据(初始预压应力为 0MPa)

(1)在清水中浸泡,损伤度的函数表达式为

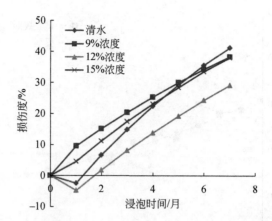

$$图\ 6\text{-}21 \quad 损伤度\ GM(1,1)模型模拟值(初始预压应力为\ 0MPa)$$

$$D(t)=1-\frac{E(t)}{E_0}=1-1.12\mathrm{e}^{-0.09t}, \quad t=1,2,3,4,\cdots \tag{6-39}$$

(2)在 9%浓度硫酸盐溶液中浸泡,损伤度的函数表达式为

$$D(t)=1-\frac{E(t)}{E_0}=1-0.96\mathrm{e}^{-0.06t}, \quad t=1,2,3,4,\cdots \tag{6-40}$$

(3)在 12%浓度硫酸盐溶液中浸泡,损伤度的函数表达式为

$$D(t)=1-\frac{E(t)}{E_0}=1-1.12\mathrm{e}^{-0.06t}, \quad t=1,2,3,4,\cdots \tag{6-41}$$

(4)在 15%浓度硫酸盐溶液中浸泡,损伤度的函数表达式为

$$D(t)=1-\frac{E(t)}{E_0}=1-1.03\mathrm{e}^{-0.07t}, \quad t=1,2,3,4,\cdots \tag{6-42}$$

6.4.2　初始预压应力为 14MPa 时混凝土弹性模量变化规律及预测模型

1. 弹性模量变化规律

初始预压应力为 14MPa 时不同浓度溶液浸泡的混凝土弹性模量如表 6-24 所示,变化规律如图 6-22 所示。可以得出:

(1)浸泡 7 个月后,弹性模量基本呈下降趋势,在清水中从 30.49GPa 下降至 13.04GPa,下降值为 17.45GPa;在 9%浓度硫酸盐溶液中从 30.49GPa 下降至 21.50GPa,下降值为 8.99GPa;12%浓度硫酸盐溶液中从 30.49GPa 下降至 12.04GPa,下降值为 18.45GPa;在 15%浓度硫酸盐溶液中从 30.49GPa 下降至 13.97GPa,下降值为 16.52GPa。试件浸泡在不同浓度硫酸盐溶液中,弹性模量下降值不同,在 9%浓度硫酸盐溶液中下降值最小,15%浓度硫酸盐溶液中下降值最大。

表 6-24　不同浓度溶液浸泡的混凝土弹性模量(初始预压应力为 14MPa)

浸泡时间 /月	弹性模量/GPa			
	清水	硫酸盐浓度 9%	硫酸盐浓度 12%	硫酸盐浓度 15%
0	30.49	30.49	30.49	30.49
1	30.12	26.09	29.25	28.77
2	25.37	25.84	28.98	27.61
3	26.10	23.01	21.29	28.49
4	18.50	25.91	22.47	22.79
5	17.91	24.29	18.67	19.51
6	17.32	22.68	14.87	16.23
7	13.04	21.50	12.04	13.97

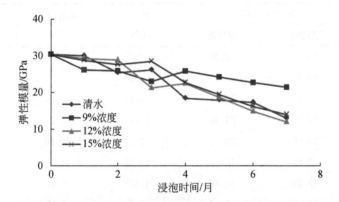

图 6-22　不同浓度溶液浸泡的混凝土弹性模量变化规律(初始预压应力为 14MPa)

(2)混凝土试件浸泡于硫酸盐溶液中出现腐蚀是从表面向内部渗透,同时由于施加了 14MPa 的初始预压应力,在试件上产生了裂纹,渗透速度加快,混凝土腐蚀速率加快,弹性模量下降速率也加快。在浸泡初期,混凝土弹性模量下降速率比较慢,在浸泡后期,混凝土弹性模量下降速率整体提高。在 12%浓度、15%浓度硫酸盐溶液中,弹性模量下降速率较快。在 9%浓度硫酸盐溶液中,弹性模量下降速率相对缓慢。

2. 弹性模量 GM(1,1)预测模型建立

(1)在清水中浸泡,初始预压应力为 14MPa,建立弹性模量 GM(1,1)模型。
初始弹性模量数值序列为

$$E^{(0)} = (30.49, 30.12, 25.37, 26.10, 18.50, 17.91, 17.32, 13.04)$$

对原始数据进行 1-AGO 序列生成,得

$$E^{(1)} = (30.49, 60.61, 85.98, 112.08, 130.58, 148.49, 165.81, 178.85)$$

对 $E^{(1)}$ 做紧邻均值序列生成,得

$$z^{(1)} = (45.55, 73.30, 99.03, 121.33, 139.54, 157.15, 172.33)$$

计算得到发展系数 a、灰色作用量 b 为

$$a = 0.13, \quad b = 35.96$$

得出预测模型函数为

$$E(t) = (1 - e^a)\left(E^{(0)}(1) - \frac{b}{a}\right)e^{-at} = 34.20e^{-0.13t}, \quad t = 1, 2, 3, 4, \cdots$$

根据上述公式模拟的混凝土弹性模量与试验值的残差和相对误差如表 6-25 所示,模拟值与试验数据对比如图 6-23 所示。

表 6-25　清水中混凝土弹性模量残差和相对误差(初始预压应力为 14MPa)

浸泡时间 /月	弹性模量/GPa		残差 /GPa	相对误差 /%	平均相对 误差/%
	试验值	模拟值			
0	30.49	30.49	0	0	
1	30.12	30.09	0.03	0.10	
2	25.37	26.48	−1.11	4.38	
3	26.10	23.30	2.80	10.73	
4	18.50	20.51	−2.01	10.86	6.03
5	17.91	18.04	−0.13	0.73	
6	17.32	15.88	1.44	8.31	
7	13.04	13.97	−0.93	7.13	

由表 6-25 可知,平均相对误差小于 10%,第 3 个月、第 4 个月相对误差分别为 10.73%、10.86%,存在个别偏差,但对整体结果影响不大,说明此模型所得数据与试验数据吻合度较好。因此,在清水中浸泡,混凝土弹性模量模型为

$$E(t) = 34.20e^{-0.13t}, \quad t = 1, 2, 3, 4, \cdots \tag{6-43}$$

(2)在 9% 浓度硫酸盐溶液中浸泡,初始预压应力为 14MPa,建立弹性模量 GM(1,1)模型。

初始弹性模量数值序列为

$$E^{(0)} = (30.49, 26.09, 25.84, 23.01, 25.91, 24.29, 22.68, 21.50)$$

对原始数据进行 1-AGO 序列生成,得

$$E^{(1)} = (30.49, 56.58, 82.42, 105.43, 131.34, 155.63, 178.31, 199.81)$$

对 $E^{(1)}$ 做紧邻均值序列生成,得

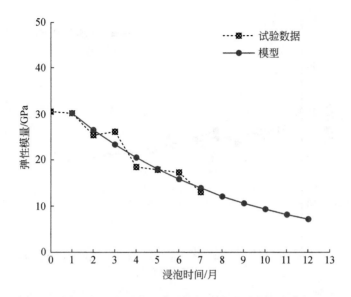

图 6-23 清水中混凝土弹性模量模型模拟值与试验数据对比(初始预压应力为 14MPa)

$$z^{(1)} = (43.54, 69.50, 93.93, 118.39, 143.49, 166.97, 189.06)$$

计算得到发展系数 a、灰色作用量 b 为

$$a = 0.03, \quad b = 27.42$$

得出预测模型函数为

$$E(t) = (1 - e^a)\left(E^{(0)}(1) - \frac{b}{a}\right)e^{-at} = 26.95e^{-0.03t}, \quad t = 1, 2, 3, 4, \cdots$$

根据上述公式模拟的混凝土弹性模量与试验值的残差和相对误差如表 6-26 所示,模拟值与试验数据对比如图 6-24 所示。

表 6-26　9%浓度硫酸盐溶液中混凝土弹性模量残差和相对误差(初始预压应力为 14MPa)

浸泡时间 /月	弹性模量/GPa		残差 /GPa	相对误差 /%	平均相对 误差/%
	试验值	模拟值			
0	30.49	30.49	0	0	
1	26.09	26.22	−0.13	0.50	
2	25.84	25.51	0.33	1.28	
3	23.01	24.82	−1.81	7.87	3.42
4	25.91	24.15	1.76	6.79	
5	24.29	23.50	0.79	3.25	
6	22.68	22.86	−0.18	0.79	
7	21.50	22.24	−0.74	3.44	

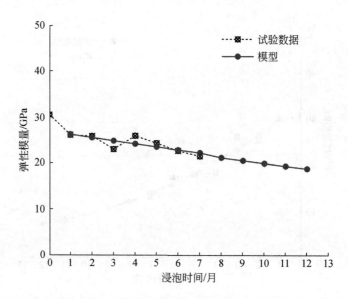

图 6-24　9％浓度硫酸盐溶液中混凝土弹性模量模型模拟值与试验数据对比
（初始预压应力为 14MPa）

由表 6-26 可知，平均相对误差小于 5％，存在个别偏差，但对整体结果影响不大，说明此模型所得数据与试验数据吻合度较好。因此，在 9％浓度硫酸盐溶液中浸泡，混凝土弹性模量模型为

$$E(t)=26.95\mathrm{e}^{-0.03t}, \quad t=1,2,3,4,\cdots \tag{6-44}$$

（3）在 12％浓度硫酸盐溶液中浸泡，初始预压应力为 14MPa，建立弹性模量 GM(1,1)模型。

初始弹性模量数值序列为

$$E^{(0)}=(30.49,29.25,28.98,21.29,22.47,18.67,14.87,12.04)$$

对原始数据进行 1-AGO 序列生成，得

$$E^{(1)}=(30.49,59.74,88.72,110.01,132.48,151.15,166.02,178.06)$$

对 $E^{(1)}$ 做紧邻均值序列生成，得

$$z^{(1)}=(45.12,74.23,99.37,121.25,141.82,158.59,172.04)$$

计算得到发展系数 a、灰色作用量 b 为

$$a=0.14, \quad b=36.98$$

得出预测模型函数为

$$E(t)=(1-\mathrm{e}^a)\left(E^{(0)}(1)-\frac{b}{a}\right)\mathrm{e}^{-at}=35.15\mathrm{e}^{-0.14t}, \quad t=1,2,3,4,\cdots$$

根据上述公式模拟的混凝土弹性模量与试验值的残差和相对误差如表 6-27

所示,模拟值与试验数据对比如图 6-25 所示。

表 6-27　12%浓度硫酸盐溶液中混凝土弹性模量残差和相对误差(初始预压应力为 14MPa)

浸泡时间 /月	弹性模量/GPa		残差 /GPa	相对误差 /%	平均相对 误差/%
	试验值	模拟值			
0	30.49	30.49	0	0	
1	29.25	30.65	−1.40	4.79	
2	28.98	26.73	2.25	7.76	
3	21.29	23.31	−2.02	9.49	7.51
4	22.47	20.33	2.14	9.52	
5	18.67	17.72	0.95	5.09	
6	14.87	15.46	−0.59	3.97	
7	12.04	13.48	−1.44	11.96	

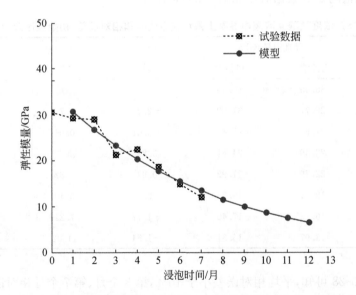

图 6-25　12%浓度硫酸盐溶液中混凝土弹性模量模型模拟值与试验数据对比
(初始预压应力为 14MPa)

由表 6-27 可知,平均相对误差小于 10%,第 7 个月相对误差为 11.96%,存在个别偏差,但对整体结果影响不大,说明此模型所得数据与试验数据吻合度较好。因此,在 12%浓度的硫酸盐溶液中浸泡,混凝土弹性模量模型为

$$E(t) = 35.15\mathrm{e}^{-0.14t}, \quad t = 1, 2, 3, 4, \cdots \tag{6-45}$$

（4）在15%浓度硫酸盐溶液中浸泡，初始预压应力为14MPa，建立弹性模量GM(1,1)模型。

初始弹性模量数值序列为
$$E^{(0)}=(30.49,28.77,27.61,28.49,22.79,19.51,16.23,13.97)$$

对原始数据进行1-AGO序列生成，得
$$E^{(1)}=(30.49,59.26,86.87,115.36,138.15,157.66,173.89,187.86)$$

对$E^{(1)}$做紧邻均值序列生成，得
$$z^{(1)}=(44.88,73.07,101.12,126.76,147.91,165.78,180.88)$$

计算得到发展系数a、灰色作用量b为
$$a=0.12,\quad b=36.34$$

得出预测模型函数为
$$E(t)=(1-e^a)\left(E^{(0)}(1)-\frac{b}{a}\right)e^{-at}=34.79e^{-0.12t},\quad t=1,2,3,4,\cdots$$

根据上述公式模拟的混凝土弹性模量与试验值的残差和相对误差如表6-28所示，模拟值与试验数据对比如图6-26所示。

表6-28　15%浓度硫酸盐溶液中混凝土弹性模量残差和相对误差(初始预压应力为14MPa)

浸泡时间 /月	弹性模量/GPa		残差 /GPa	相对误差 /%	平均相对误差/%
	试验值	模拟值			
0	30.49	30.49	0	0	
1	28.77	31.00	−2.23	7.75	
2	27.61	27.62	−0.01	0.04	
3	28.49	24.61	3.88	13.62	
4	22.79	21.92	0.87	3.82	6.22
5	19.51	19.53	−0.02	0.10	
6	16.23	17.40	−1.17	7.21	
7	13.97	15.51	−1.54	11.02	

由表6-28可知，平均相对误差小于10%，第3个月、第7个月相对误差分别为13.62%、11.02%，存在个别偏差，但对整体结果影响不大，说明此模型所得数据与试验数据吻合度较好。因此，在15%浓度的硫酸盐溶液中浸泡，混凝土弹性模量模型为
$$E(t)=34.79e^{-0.12t},\quad t=1,2,3,4,\cdots \tag{6-46}$$

3. 弹性模量损伤度函数的建立

根据式(6-33)建立混凝土弹性模量损伤度随时间的变化关系，如图6-27和

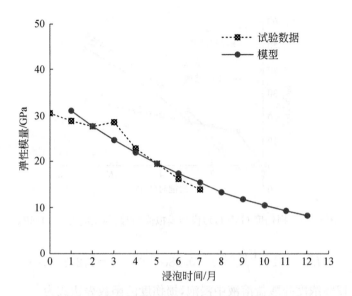

图 6-26　15％浓度硫酸盐溶液中混凝土弹性模量模型模拟值与试验数据对比
（初始预压应力为 14MPa）

图 6-28所示，结合弹性模量 GM(1,1)模型，得到混凝土弹性模量损伤度的函数表达式。

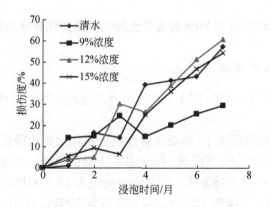

图 6-27　损伤度试验数据（初始预压应力为 14MPa）

(1)在清水中浸泡，损伤度的函数表达式为

$$D(t)=1-\frac{E(t)}{E_0}=1-1.12e^{-0.13t}, \quad t=1,2,3,4,\cdots$$

(2)在 9％浓度硫酸盐溶液中浸泡，损伤度的函数表达式为

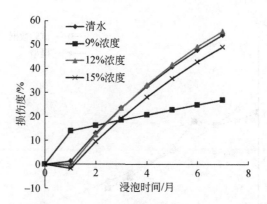

图 6-28　损伤度 GM(1,1)模型模拟值(初始预压应力为 14MPa)

$$D(t)=1-\frac{E(t)}{E_0}=1-0.88\mathrm{e}^{-0.03t}, \quad t=1,2,3,4,\cdots$$

(3)在 12%浓度硫酸盐溶液中浸泡,损伤度的函数表达式为

$$D(t)=1-\frac{E(t)}{E_0}=1-1.15\mathrm{e}^{-0.14t}, \quad t=1,2,3,4,\cdots$$

(4)在 15%浓度硫酸盐溶液中浸泡,损伤度的函数表达式为

$$D(t)=1-\frac{E(t)}{E_0}=1-1.14\mathrm{e}^{-0.12t}, \quad t=1,2,3,4,\cdots$$

6.4.3　初始预压应力为 21MPa 时混凝土弹性模量变化规律及预测模型

1. 弹性模量变化规律

初始预压应力为 21MPa 时不同浓度溶液浸泡的混凝土弹性模量如表 6-29 所示。可以得出:

(1)不同浓度溶液浸泡下,混凝土弹性模量整体表现为降低趋势,浸泡 7 个月后,在清水中从 30.49GPa 下降至 11.06GPa,下降值为 19.43GPa,在 9%浓度硫酸盐溶液中从 30.49GPa 下降至 12.14GPa,下降值为 18.35GPa,在 12%浓度硫酸盐溶液中从 30.49GPa 下降至 12.49GPa,下降值为 18GPa,在 15%浓度硫酸盐溶液中从 30.49GPa 下降至 8.59GPa,下降值为 21.90GPa。试件在初始预压应力 21MPa 时浸泡在不同浓度硫酸盐溶液中,弹性模量下降值都较大。

(2)混凝土试件浸泡于硫酸盐溶液中出现腐蚀是从表面向内部渗透施加,初始预压应力后,混凝土试件产生了微裂纹,混凝土腐蚀速率加快,导致弹性模量下降速率也加快。

表 6-29　不同浓度溶液浸泡的混凝土弹性模量(初始预压应力为 21MPa)

浸泡时间 /月	弹性模量/GPa			
	清水	硫酸盐浓度 9%	硫酸盐浓度 12%	硫酸盐浓度 15%
0	30.49	30.49	30.49	30.49
1	24.00	23.00	26.22	25.00
2	24.90	23.01	18.40	17.56
3	16.19	16.30	16.42	16.00
4	11.76	13.15	10.03	9.66
5	14.55	10.56	8.79	8.10
6	17.34	7.97	7.55	6.53
7	11.06	12.14	12.49	8.59

2. 弹性模量 GM(1,1)预测模型建立

(1)在清水中浸泡,初始预压应力为 21MPa,建立弹性模量 GM(1,1)模型。

初始弹性模量数值序列为

$$E^{(0)} = (30.49, 24.00, 24.90, 16.19, 11.76, 14.55, 17.34, 11.06)$$

对原始数据进行 1-AGO 序列生成,得

$$E^{(1)} = (30.49, 54.49, 79.39, 95.58, 107.34, 121.89, 139.23, 150.29)$$

对 $E^{(1)}$ 做紧邻均值序列生成,得

$$z^{(1)} = (42.49, 66.94, 87.49, 101.46, 114.62, 130.56, 144.76)$$

计算得到发展系数 a、灰色作用量 b 为

$$a = 0.12, \quad b = 29.28$$

得出预测模型函数为

$$E(t) = (1-e^a)\left(E^{(0)}(1) - \frac{b}{a}\right)e^{-at} = 27.15e^{-0.12t}, \quad t = 1, 2, 3, 4, \cdots$$

根据上述公式模拟的混凝土弹性模量与试验值的残差和相对误差如表 6-30 所示,模拟值与试验数据对比如图 6-29 所示。

表 6-30　清水中混凝土弹性模量残差和相对误差(初始预压应力为 21MPa)

浸泡时间 /月	弹性模量/GPa		残差 /GPa	相对误差 /%	平均相对 误差/%
	试验值	模拟值			
0	30.49	30.49	0	0	
1	24.00	23.99	0.01	0.04	14.36
2	24.90	21.20	3.70	14.86	

续表

浸泡时间/月	弹性模量/GPa		残差/GPa	相对误差/%	平均相对误差/%
	试验值	模拟值			
3	16.19	18.73	−2.54	15.69	
4	11.76	16.55	−4.79	40.73	
5	14.55	14.63	−0.08	0.55	14.36
6	17.34	12.93	4.41	25.43	
7	11.06	11.42	−0.36	3.25	

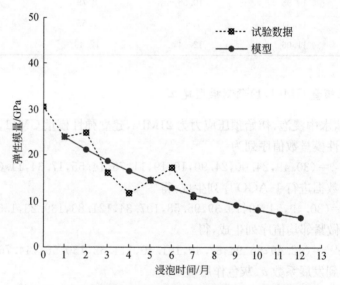

图 6-29　清水中混凝土弹性模量模型模拟值与试验数据对比
（初始预压应力为 21MPa）

由表 6-30 可知，平均相对误差为 14.36%，第 4 个月、第 6 个月相对误差分别为 40.73%，25.43%，存在一定偏差。在清水中浸泡，混凝土弹性模量模型为

$$E(t) = 27.15e^{-0.12t}, \quad t = 1,2,3,4,\cdots \tag{6-47}$$

（2）在 9% 浓度硫酸盐溶液中浸泡，初始预压应力为 21MPa，建立弹性模量 GM(1,1) 模型。

初始弹性模量数值序列为

$$E^{(0)} = (30.49, 23.00, 23.01, 16.30, 13.15, 10.56, 7.97)$$

对原始数据进行 1-AGO 序列生成，得

$$E^{(1)} = (30.49, 53.49, 76.50, 92.80, 105.95, 116.51, 124.48)$$

对 $E^{(1)}$ 做紧邻均值序列生成，得

$$z^{(1)} = (41.99, 65.00, 84.65, 99.38, 111.23, 120.50)$$

计算得到发展系数 a、灰色作用量 b 为

$$a = 0.21, \quad b = 33.69$$

得出预测模型函数为

$$E(t) = (1 - e^a)\left(E^{(0)}(1) - \frac{b}{a}\right)e^{-at} = 30.42e^{-0.21t}, \quad t = 1, 2, 3, 4, \cdots$$

根据上述公式模拟的混凝土弹性模量与试验值的残差和相对误差如表 6-31 所示,模拟值与试验数据对比如图 6-30 所示。

表 6-31　9%浓度硫酸盐溶液中混凝土弹性模量残差和相对误差(初始预压应力为 21MPa)

浸泡时间 /月	弹性模量/GPa		残差 /GPa	相对误差 /%	平均相对 误差/%
	试验值	模拟值			
0	30.49	30.49	0	0	
1	23.00	24.74	−1.74	7.57	
2	23.01	20.11	2.90	12.60	
3	16.30	16.35	−0.05	0.31	5.71
4	13.15	13.30	−0.15	1.14	
5	10.56	10.81	−0.25	2.37	
6	7.97	8.79	−0.82	10.29	

注:第 7 个月数据偏差较大,不予考虑。

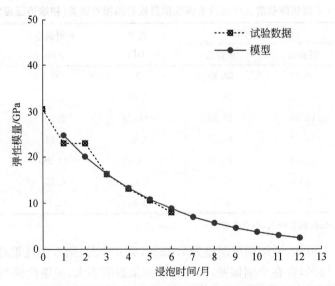

图 6-30　9%浓度硫酸盐溶液中混凝土弹性模量模型模拟值与试验数据对比
(初始预压应力为 21MPa)

由表 6-31 可知,平均相对误差为 5.71%,第 2 个月、第 6 个月相对误差分别为 12.60%、10.29%,存在个别偏差,但对整体结果影响不大,说明此模型所得数据与试验数据吻合度比较好。因此,在 9%浓度硫酸盐溶液中浸泡,混凝土弹性模量模型为

$$E(t) = 30.42e^{-0.21t}, \quad t = 1, 2, 3, 4, \cdots \tag{6-48}$$

(3)在 12%浓度硫酸盐溶液中浸泡,初始预压应力为 21MPa,建立弹性模量 GM(1,1)模型。

初始弹性模量数值序列为

$$E^{(0)} = (30.49, 26.22, 18.40, 16.42, 10.03, 8.79, 7.55)$$

对原始数据进行 1-AGO 序列生成,得

$$E^{(1)} = (30.49, 56.71, 75.11, 91.53, 101.56, 110.35, 117.90)$$

对 $E^{(1)}$ 做紧邻均值序列生成,得

$$z^{(1)} = (43.60, 65.91, 83.32, 96.55, 105.96, 114.13)$$

计算得到发展系数 a、灰色作用量 b 为

$$a = 0.27, \quad b = 37.28$$

得出预测模型函数为

$$E(t) = (1 - e^a)\left(E^{(0)}(1) - \frac{b}{a}\right)e^{-at} = 33.39e^{-0.27t}, \quad t = 1, 2, 3, 4, \cdots$$

根据上述公式模拟的混凝土弹性模量与试验值的残差和相对误差如表 6-32 所示,模拟值与试验数据对比如图 6-31 所示。

表 6-32　12%浓度硫酸盐溶液中混凝土弹性模量残差和相对误差(初始预压应力为 21MPa)

浸泡时间 /月	弹性模量/GPa		残差 /GPa	相对误差 /%	平均相对 误差/%
	试验值	模拟值			
0	30.49	30.49	0	0	
1	26.22	25.55	0.67	2.56	
2	18.40	19.56	−1.16	6.30	
3	16.42	14.97	1.45	8.83	7.22
4	10.03	11.46	−1.43	14.26	
5	8.79	8.77	0.02	0.23	
6	7.55	6.71	0.84	11.13	

注:第 7 个月数据偏差较大,不予考虑。

由表 6-32 可知,平均相对误差为 7.22%,第 4 个月、第 6 个月相对误差分别为 14.26%、11.13%,存在个别偏差,但在整体结果影响不大,说明此模型所得数据与试验数据吻合度比较好。因此,在 12%浓度硫酸盐溶液中浸泡,混凝土弹性模量模型为

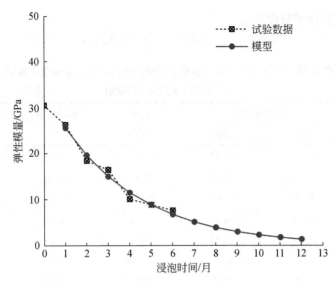

图 6-31　12％浓度硫酸盐溶液中混凝土弹性模量模型模拟值与试验数据对比
（初始预压应力为 21MPa）

$$E(t) = 33.39e^{-0.27t}, \quad t = 1,2,3,4,\cdots \quad (6\text{-}49)$$

（4）在 15％浓度硫酸盐溶液中浸泡，初始预压应力为 21MPa，建立弹性模量 GM(1,1)模型。

初始弹性模量数值序列为

$$E^{(0)} = (30.49, 25.00, 17.56, 16.00, 9.66, 8.10, 6.53)$$

对原始数据进行 1-AGO 序列生成，得

$$E^{(1)} = (30.49, 55.49, 73.05, 89.05, 98.71, 106.81, 113.34)$$

对 $E^{(1)}$ 做紧邻均值序列生成，得

$$z^{(1)} = (42.99, 64.27, 81.05, 93.88, 102.76, 110.08)$$

计算得到发展系数 a、灰色作用量 b 为

$$a = 0.27, \quad b = 36.46$$

得出预测模型函数为

$$E(t) = (1 - e^a)\left(E^{(0)}(1) - \frac{b}{a}\right)e^{-at} = 32.32e^{-0.27t}, \quad t = 1,2,3,4,\cdots$$

根据上述公式模拟的混凝土弹性模量与试验值的残差和相对误差如表 6-33 所示，模拟值与试验数据对比如图 6-32 所示。

由表 6-33 可知，平均相对误差为 7.22％，第 3 个月、第 4 个月、第 6 个月相对误差分别为 11.38％、11.59％、11.13％，存在一定偏差，但对整体结果影响不大，说明此模型所得数据与试验数据吻合度比较好。因此，在 15％浓度硫酸盐溶液中

浸泡,混凝土弹性模量模型为

$$E(t)=32.32\mathrm{e}^{-0.27t}, \quad t=1,2,3,4,\cdots \tag{6-50}$$

表 6-33　15%浓度硫酸盐溶液中混凝土弹性模量残差和相对误差
(初始预压应力为 21MPa)

浸泡时间/月	弹性模量/GPa		残差/GPa	相对误差/%	平均相对误差/%
	试验值	模拟值			
0	30.49	30.49	0	0	
1	25.00	24.56	0.44	1.76	
2	17.56	18.67	−1.11	6.32	
3	16.00	14.18	1.82	11.38	7.22
4	9.66	10.78	−1.12	11.59	
5	8.10	8.19	−0.09	1.11	
6	6.53	6.71	0.84	11.13	

注:第 7 个月数据偏差较大,不予考虑。

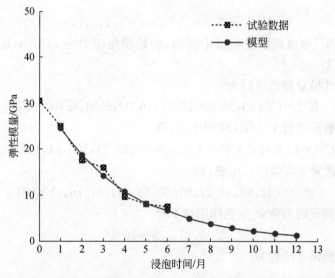

图 6-32　15%浓度硫酸盐溶液中混凝土弹性模量模型模拟值与试验数据对比
(初始预压应力为 21MPa)

3. 弹性模量损伤度函数的建立

根据式(6-33)建立损伤度随时间变化的关系,如图 6-33 和图 6-34 所示,结合弹性模量 GM(1,1)模型得到出损伤度的函数表达式。

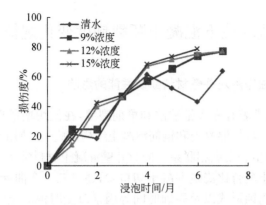

图 6-33　损伤度试验数据(初始预压应力为 21MPa)

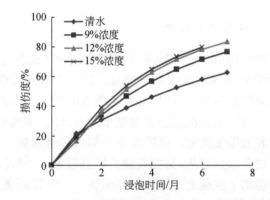

图 6-34　损伤度 GM(1,1)模型模拟值(初始预压应力为 21MPa)

(1)在清水中浸泡,损伤度的函数表达式为

$$D(t)=1-\frac{E(t)}{E_0}=1-0.89\mathrm{e}^{-0.12t}, \quad t=1,2,3,4,\cdots$$

(2)在 9%浓度硫酸盐溶液中浸泡,损伤度的函数表达式为

$$D(t)=1-\frac{E(t)}{E_0}=1-0.99\mathrm{e}^{-0.21t}, \quad t=1,2,3,4,\cdots$$

(3)在 12%浓度硫酸盐溶液中浸泡,损伤度的函数表达式为

$$D(t)=1-\frac{E(t)}{E_0}=1-1.10\mathrm{e}^{-0.27t}, \quad t=1,2,3,4,\cdots$$

(4)在 15%浓度硫酸盐溶液中浸泡,损伤度的函数表达式为

$$D(t)=1-\frac{E(t)}{E_0}=1-1.06\mathrm{e}^{-0.27t}, \quad t=1,2,3,4,\cdots$$

6.5 硫酸盐环境下混凝土断裂韧度变化规律及损伤演化

6.5.1 硫酸盐腐蚀作用对井壁材料断裂性能的影响

混凝土在浇筑期就存在大量缺陷和早期裂缝,在使用期严重开裂乃至断裂的事故时有发生。可以说,混凝土和钢筋混凝土结构从施工、使用到失效的整个生命过程都与裂缝的发生和发展相联系。同时井壁混凝土材料常年处于硫酸盐腐蚀状态,以原井壁混凝土配合比浇筑混凝土切口梁,通过三点弯曲断裂试验,分析在硫酸盐浓度、硫酸盐腐蚀形式以及腐蚀时间等因素改变时混凝土断裂韧度的变化规律,总结硫酸盐腐蚀对井壁材料断裂性能的影响规律,为评价井壁混凝土材料的服役安全提供参考。

1. 试验原理——双 K 断裂原理

混凝土作为一种非均质多相材料,由于裂缝尖端存在稳态与非稳态扩展阶段,在荷载-位移曲线上表现出明显的非线性特征。这就意味着线弹性断裂力学不能直接应用于混凝土裂缝体的研究,所以混凝土断裂的研究重点转向非线性断裂力学。根据混凝土现有理论结合混凝土自身变形特点,许多学者相继提出了适用于混凝土类非线性材料的断裂模型。徐世烺等[13]以线弹性断裂力学为基础,考虑作用在断裂过程区上的黏聚力影响,根据裂缝扩展过程的 3 个阶段(初始起裂、稳定扩展和失稳破坏),提出了混凝土非线性断裂模型——双 K 断裂模型。该模型中,对 Ⅰ 型裂缝用起裂断裂韧度 K_{IC}^Q 和失稳断裂韧度 K_{IC}^S 分别表示裂缝起裂和失稳的临界状态,并创立了双 K 断裂判据。具体描述为

$K<K_{IC}^Q$,裂缝稳定;

$K=K_{IC}^Q$,裂缝开始起裂;

$K_{IC}^Q<K<K_{IC}^S$,裂缝处于稳定扩展阶段;

$K=K_{IC}^S$,裂缝开始临界失稳状态;

$K>K_{IC}^S$,裂缝处于失稳扩展阶段。

根据《水工混凝土断裂试验规程》(DL/T 5332—2005),三点弯曲梁混凝土试件失稳断裂韧度 K_{IC}^S 按式(6-51)计算[14]:

$$K_{IC}^S=\frac{1.5\left(P_{max}+\frac{mg}{2}\times10^{-2}\right)\times10^{-3}\cdot S\cdot a_c^{\frac{1}{2}}}{th^2}f(\alpha) \tag{6-51}$$

式中

$$f(\alpha) = \frac{1.99 - \alpha(1-\alpha)(2.15 - 3.93\alpha + 2.7\alpha^2)}{(1+2\alpha)(1-\alpha)^{\frac{3}{2}}} \tag{6-52}$$

$$\alpha = \frac{a_c}{h} \tag{6-53}$$

$$a_c = \frac{2}{\pi}(h + h_0)\arctan\left(\frac{t\,\text{ECMOD}_c}{32.6P_{\max}} - 0.1135\right)^{\frac{1}{2}} - h_0 \tag{6-54}$$

$$E = \frac{1}{tc_i}\left[3.70 + 32.60\tan^2\left(\frac{\pi}{2}\frac{a_0 + h_0}{h + h_0}\right)\right] \tag{6-55}$$

式中，$P_{\max}$ 为最大荷载；m 为试件支座间的质量（用试件总质量按 S/L 折算，S 为试件两支座间的跨度，L 为试件总长度）；g 为重力加速度；a_c 为临界有效裂缝长度；t 为试件宽度；h 为试件高度；α 为缝高比；CMOD_c 为临界裂缝张开口位移，即最大荷载对应的裂缝张开口位移；h_0 为装置夹式引伸计刀口薄钢板的厚度；E 为弹性模量；c_i 为 P-CMOD 曲线中直线段任一点的斜率；a_0 为跨中预制裂缝长度。

三点弯曲梁混凝土试件的起裂韧度 K_{IC}^{Q} 按式(6-56)计算：

$$K_{\text{IC}}^{\text{Q}} = \frac{1.5\left(P_{\text{Q}} + \frac{mg}{2}\times 10^{-2}\right)\times 10^{-3}\cdot S\cdot a_c^{\frac{1}{2}}}{th^2}f(\alpha) \tag{6-56}$$

式中，P_{Q} 为起裂荷载。

2. 起裂荷载的确定

采用电阻应变片法，在裂缝尖端两侧布置感应混凝土起裂的应变片，典型的荷载-应变关系曲线如图 6-35 所示。在断裂过程中，裂缝尖端产生弹性变形，起裂应变片的变形为线性变形，在荷载-应变关系曲线初始段，随着荷载的增加，裂缝尖端处起裂应变片的应变增加，且基本呈线性关系；荷载继续增加，裂缝尖端由于应力奇异性，发生应力高度集中而开裂，裂缝两侧混凝土变形能得到释放，应变值回缩。图 6-35 中箭头表现出起裂应变片的应变达到最大后出现转折点，应变值开始减小，因此该处应变片的峰值应变对应的荷载即为该韧带处相应的起裂荷载；荷载继续增加，沿着韧带布置的下一应变片出现同样的现象。

3. 试验仪器、方法和步骤

临涣煤矿副井基岩段井壁混凝土标号为 C30，配合比如表 6-34 所示，水泥标号为 P.O42.5，100g 水泥中早强剂用量如表 6-35 所示。

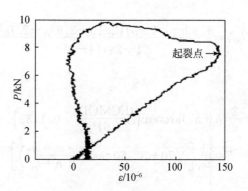

图 6-35　荷载-应变关系曲线

表 6-34　混凝土配合比

名称	水	水泥	砂	石
每立方米混凝土用量/kg	176	400	620	1224
配合比	0.44	1	1.55	3.06

表 6-35　100kg 水泥中早强剂用量

名称	氯化钠	亚硝酸钠	三乙醇胺	水
占水泥重/%	1	1	0.05	5
用量/kg	1	1	0.05	5

浇筑混凝土标准试件,现浇按 400mm×100mm×100mm 的标准试件进行浇筑,并在混凝土试件中部预设切口。混凝土试件尺寸及加载示意图如图 6-36 所示,其中缝高比:$\alpha=a_c/h=0.4$。预制裂缝采用钢板预埋生成,5~8h 取出,24h 后拆模。

6.5.2　硫酸盐环境下混凝土断裂韧度变化规律

由于试件尺寸为非标准尺寸,需按式(6-57)换算成标准试件的断裂韧度:

$$K_{IC}^{标准}=\left(\frac{V_{非标准}}{V_{标准}}\right)^{\frac{1}{m}}\left(\frac{h_{非标准}}{h_{标准}}\right)^{\frac{1}{2}}K_{IC}^{非标准} \tag{6-57}$$

式中,$h_{标准}$、$h_{非标准}$ 分别为 0.2m 和 0.1m;$V_{标准}$、$V_{非标准}$ 为标准试件和非标准试件的体积,分别为 0.024m³ 和 0.004m³;m 为 Weibull 参数,对混凝土一般可取 7~13,这里取中间值 10。

表 6-36 给出了试件换算成标准状况下的失稳断裂韧度 K_{IC}^S 结果。综上计算得

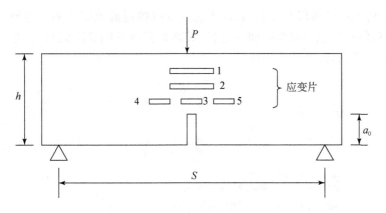

图 6-36　混凝土试件尺寸及加载示意图

到自然状态下未经腐蚀试件的起裂韧度 K_{IC}^Q 和失稳断裂韧度 K_{IC}^S 分别为 0.403MPa•m$^{1/2}$ 和 0.836MPa•m$^{1/2}$。

表 6-36　试件换算成标准状况下的失稳断裂韧度 K_{IC}^S 结果　　（单位：MPa•m$^{1/2}$）

浸泡时间/月	自然状态	9%浓度硫酸盐溶液	15%浓度硫酸盐溶液	干湿循环	自然状态（仿钢纤维）	9%浓度硫酸盐溶液（仿钢纤维）	15%浓度硫酸盐溶液（仿钢纤维）
0	0.836	0.836	0.836	0.836	1.532	1.532	1.532
1	0.877	0.793	0.788	0.762	1.443	1.515	1.504
2	0.916	0.749	0.739	0.689	1.355	1.498	1.479
3	0.922	0.746	0.731	0.677	1.287	1.274	1.205
4	0.938	0.711	0.653	0.483	1.280	1.231	1.139
5	0.936	0.643	0.637	0.275	1.228	1.185	1.091

　　根据表 6-36 的试验数据可以得到不同浓度硫酸盐状态下混凝土试件失稳断裂韧度与浸泡时间的关系，如图 6-37 和图 6-38 所示。可以看出：

　　(1)自然状态下试件失稳断裂韧度随着浸泡时间的延长而缓慢增长，浸泡 2 个月内增长幅度较大，2 个月后增长缓慢并基本趋于定值。

　　(2)9%浓度、15%浓度硫酸盐溶液中试件失稳断裂韧度随浸泡时间的延长而下降，降低趋势基本一致，在影响强度方面，15%浓度相比 9%浓度来说略微显著。

　　(3)干湿循环状态下试件失稳断裂韧度降低最为明显。当循环至 3 个月后，硫酸盐腐蚀作用已明显超过加载对试件的作用。当循环至第 5 个月时，部分试件在硫酸盐侵蚀作用下已完全断裂，无法加载。

(4)从图 6-38 可以明显看出,加入仿钢纤维的混凝土试件的失稳断裂韧度有明显提高,但同样随着浸泡时间的延长,其断裂韧度有明显降低趋势,并且随浸泡溶液浓度的增长,降低趋势加快。

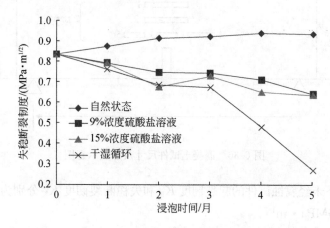

图 6-37　不同浓度硫酸盐溶液中混凝土试件失稳断裂韧度与浸泡时间的关系

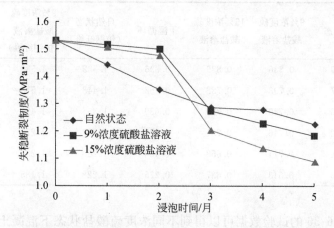

图 6-38　不同浓度硫酸盐溶液中仿钢纤维混凝土试件失稳断裂韧度与浸泡时间的关系

6.5.3　硫酸盐环境下混凝土断裂韧度损伤演化

常见的混凝土损伤本构模型有弹性力学模型、塑性力学模型、断裂力学模型、内蕴时间模型以及作为断裂力学模型重要补充的损伤力学模型。大量研究表明,混凝土的破坏过程是各种尺度的损伤演化、发展和累积造成混凝土强度、刚度等性能的劣化直至破坏。简单的弹、塑性理论都不足以准确描述混凝土的损伤演化情况,损伤力学模型以连续介质力学和不可逆力学为基础,引入损伤变量来研究微缺陷的发展对材料宏观力学性质的影响,比较适合描述混凝土材料的本构关系。

建立损伤力学模型的首要问题是选择合适的可以表征混凝土宏观力学性能的损伤变量,常见的材料宏观性能指标有动弹性模量、质量、密度、超声波波速、屈服应力、延伸率等,本节采用断裂韧度作为损伤变量研究混凝土的损伤演化规律。而混凝土的损伤通常用损伤度或损伤变量度量,于是采用失稳断裂韧度 K_{IC}^S 作为腐蚀损伤参数,则混凝土断裂损伤度计算公式为

$$D=1-\frac{K_{IC}^S(t)}{K_{IC}^S(0)} \tag{6-58}$$

从式(6-58)可以看出,当 $D<0$ 时,表示失稳断裂韧度增加;当 $D=0$ 时,表示失稳断裂韧度不变;当 $D>0$ 时,表示失稳断裂韧度降低。

根据式(6-58)可以得到不同状态下混凝土试件的断裂损伤度,如表 6-37 所示。

表 6-37　混凝土试件断裂损伤度计算结果

浸泡时间/月	自然状态	9%浓度硫酸盐溶液	15%浓度硫酸盐溶液	干湿循环	自然状态(仿钢纤维)	9%浓度硫酸盐溶液(仿钢纤维)	15%浓度硫酸盐溶液(仿钢纤维)
0	0	0	0	0	0	0	0
1	−0.049	0.052	0.058	0.088	0.058	0.011	0.018
2	−0.096	0.104	0.116	0.176	0.116	0.022	0.035
3	−0.103	0.108	0.126	0.190	0.160	0.168	0.213
4	−0.122	0.150	0.219	0.422	0.164	0.196	0.257
5	−0.120	0.231	0.238	0.671	0.198	0.227	0.288

根据表 6-37 可以得到混凝土试件受硫酸盐作用影响后基于失稳断裂韧度的损伤度变化规律,如图 6-39 和图 6-40 所示。从图 6-39 可以看出,自然状态下损伤度始终为负值并缓慢降低,说明自然状态下混凝土试件失稳断裂韧度在缓慢增长;9%浓度与 15%浓度硫酸盐溶液中混凝土试件的损伤度变化规律基本一致,随浸泡时间持续增长;干湿循环状态下混凝土试件损伤度变化最为显著,损伤最为明显。从图 6-40 可以看出,加入仿钢纤维后,混凝土试件损伤度也有明显增大。

1. 自然状态断裂损伤度预测模型

初始化后的序列:

$$D^{(0)}=(0,-0.049,-0.096,-0.103,-0.122,-0.120)$$

对原始数据进行 1-AGO 序列生成,得

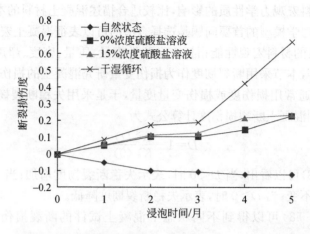

图 6-39　不同浓度硫酸盐溶液中混凝土试件断裂损伤度与浸泡时间的关系曲线

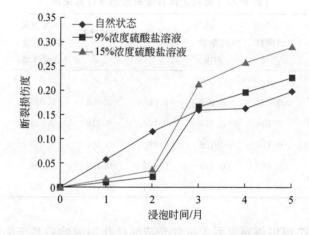

图 6-40　不同浓度硫酸盐溶液中仿钢纤维混凝土试件断裂损伤度与浸泡时间的关系曲线

$$D^{(1)}=(0,-0.049,-0.145,-0.248,-0.370,-0.490)$$

对 $D^{(1)}$ 做紧邻均值序列生成,得

$$z^{(1)}=(-0.025,-0.097,-0.197,-0.309,-0.430)$$

计算得到发展系数 a、灰色作用量 b 为

$$a=-0.1554,\quad b=-0.0655$$

得出预测模型函数为

$$D(t)=(1-\mathrm{e}^a)\left(D^{(0)}(1)-\frac{b}{a}\right)\mathrm{e}^{-at}=-0.0606\mathrm{e}^{0.1554t},\quad t=1,2,3,4,\cdots$$

根据上述公式模拟的混凝土断裂损伤度与试验值的残差和相对误差如表 6-38

所示,模拟值与试验数据对比如图 6-41 所示。

表 6-38　自然状态下混凝土断裂损伤度残差和相对误差

浸泡时间 /月	断裂损伤度		残差	相对误差 /%	平均相对 误差/%
	试验值	模拟值			
0	0	0	0	0	
1	−0.049	−0.071	0.022	44.90	
2	−0.096	−0.083	−0.013	13.54	
3	−0.103	−0.097	−0.006	5.83	16.33
4	−0.122	−0.113	−0.009	7.38	
5	−0.120	−0.132	0.012	10.00	

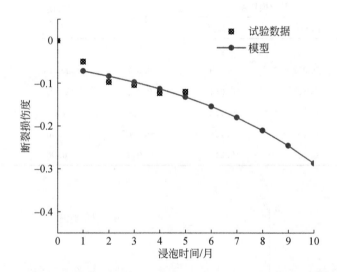

图 6-41　自然状态下混凝土断裂损伤度模型模拟值与试验数据对比

从表 6-38 可以看出,平均相对误差为 16.33%,第 1 个月相对误差为 44.90%,存在较大偏差。自然状态下,混凝土断裂韧度损伤度模型为

$$D(t) = -0.0606\mathrm{e}^{0.1554t}, \quad t=1,2,3,4,\cdots \tag{6-59}$$

2.9%浓度状态断裂损伤度预测模型

初始化后的序列:

$$D^{(0)} = (0, 0.052, 0.104, 0.108, 0.150, 0.231)$$

对原始数据进行 1-AGO 序列生成,得

$$D^{(1)} = (0, 0.052, 0.156, 0.264, 0.414, 0.645)$$

对 $D^{(1)}$ 做紧邻均值序列生成,得

$$z^{(1)} = (0.026, 0.104, 0.210, 0.339, 0.530)$$

计算得到发展系数 a、灰色作用量 b 为

$$a = -0.3728, \quad b = -0.0495$$

得出预测模型函数为

$$D(t) = (1 - e^a)\left(D^{(0)}(1) - \frac{b}{a}\right)e^{-at} = 0.0422e^{0.3278t}, \quad t = 1, 2, 3, 4, \cdots$$

根据上述公式模拟的混凝土断裂损伤度与试验值的残差和相对误差如表 6-39 所示,模拟值与试验数据对比如图 6-42 所示。

表 6-39　9%浓度硫酸盐溶液中混凝土断裂损伤度残差和相对误差

浸泡时间 /月	断裂损伤度		残差	相对误差 /%	平均相对 误差/%
	试验值	模拟值			
0	0	0	0	0	
1	0.052	0.059	0.007	13.46	
2	0.104	0.081	0.023	22.12	
3	0.108	0.113	−0.005	4.63	10.05
4	0.150	0.156	−0.006	4.00	
5	0.231	0.217	0.014	6.06	

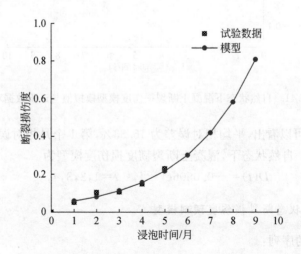

图 6-42　9%浓度硫酸盐溶液中混凝土断裂损伤度模型模拟值与试验数据对比

从表 6-39 可以看出,平均相对误差为 10.05%,第 2 个月相对误差为 22.12%,存在较大偏差。因此 9% 浓度硫酸盐溶液中,混凝土断裂韧度损伤度模型为

$$D(t) = 0.0422\mathrm{e}^{0.3278t}, \quad t = 1,2,3,4,\cdots \tag{6-60}$$

3. 15% 浓度状态断裂损伤度预测模型

初始化后的序列:

$$D^{(0)} = (0, 0.058, 0.116, 0.126, 0.219, 0.238)$$

对原始数据进行 1-AGO 序列生成,得

$$D^{(1)} = (0, 0.058, 0.174, 0.300, 0.519, 0.757)$$

对 $D^{(1)}$ 做紧邻均值序列生成,得

$$z^{(1)} = (0.029, 0.116, 0.237, 0.410, 0.638)$$

计算得到发展系数 a、灰色作用量 b 为

$$a = -0.2969, \quad b = -0.0664$$

得出预测模型函数为

$$D(t) = (1 - \mathrm{e}^a)\left(D^{(0)}(1) - \frac{b}{a}\right)\mathrm{e}^{-at} = 0.0574\mathrm{e}^{0.2969t}, \quad t = 1,2,3,4,\cdots$$

根据上述公式模拟的混凝土断裂损伤度与试验值的残差和相对误差如表 6-40 所示,模拟值与试验数据对比如图 6-43 所示。

表 6-40　15% 浓度硫酸盐溶液中混凝土断裂损伤度残差和相对误差

浸泡时间 /月	断裂损伤度		残差	相对误差 /%	平均相对 误差/%
	试验值	模拟值			
0	0	0	0	0	
1	0.058	0.077	−0.019	32.76	
2	0.116	0.104	0.012	10.34	
3	0.126	0.140	−0.014	11.11	14.93
4	0.219	0.188	0.031	14.16	
5	0.238	0.253	−0.015	6.30	

由表 6-40 可以看出,平均相对误差为 14.93%,第 1 个月相对误差为 32.76%,存在较大偏差。因此,15% 浓度硫酸盐溶液中,混凝土断裂韧度损伤度模型为

$$D(t) = 0.0574\mathrm{e}^{0.2969t}, \quad t = 1,2,3,4,\cdots \tag{6-61}$$

4. 干湿循环状态断裂损伤度预测模型

初始化后的序列:

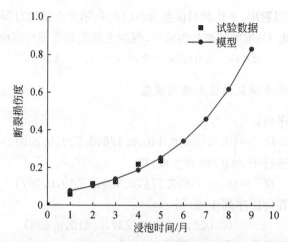

图 6-43　15%浓度硫酸盐溶液中混凝土断裂损伤度模型模拟值与试验数据对比

$$D^{(0)} = (0, 0.088, 0.176, 0.190, 0.422, 0.671)$$

对原始数据进行 1-AGO 序列生成,得

$$D^{(1)} = (0, 0.088, 0.264, 0.454, 0.876, 1.547)$$

对 $D^{(1)}$ 做紧邻均值序列生成,得

$$z^{(1)} = (0.044, 0.176, 0.359, 0.665, 1.212)$$

计算得到发展系数 a、灰色作用量 b 为

$$a = -0.49, \quad b = -0.0611$$

得出预测模型函数为

$$D(t) = (1 - e^a)\left(D^{(0)}(1) - \frac{b}{a}\right)e^{-at} = 0.0515e^{0.49t}, \quad t = 1, 2, 3, 4, \cdots$$

根据上述公式模拟的混凝土断裂损伤度与试验值的残差和相对误差如表 6-41 所示,模拟值与试验数据对比如图 6-44 所示。

表 6-41　干湿循环状态下混凝土断裂损伤度残差和相对误差

浸泡时间 /月	断裂损伤度		残差	相对误差 /%	平均相对 误差/%
	试验值	模拟值			
0	0	0	0	0	
1	0.088	0.084	0.004	4.55	
2	0.176	0.131	0.045	25.57	12.70
3	0.190	0.218	−0.028	14.74	
4	0.422	0.361	0.061	14.45	
5	0.671	0.699	−0.028	4.17	

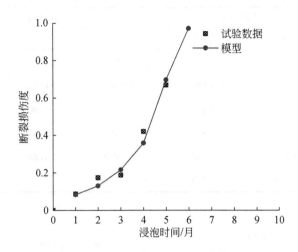

图 6-44　干湿循环状态下混凝土断裂损伤度模型模拟值与试验数据对比

从表 6-41 可以看出,平均相对误差为 12.70％,第 2 个月相对误差为 25.57％,存在一定偏差。因此,干湿循环状态下,混凝土断裂韧度损伤度模型为

$$D(t)=0.0515e^{0.49t}, \quad t=1,2,3,4,\cdots \tag{6-62}$$

5. 自然状态(仿钢纤维)断裂损伤度预测模型

初始化后的序列:

$$D^{(0)}=(0,0.058,0.116,0.160,0.164,0.198)$$

对原始数据进行 1-AGO 序列生成,得

$$D^{(1)}=(0,0.058,0.174,0.334,0.498,0.696)$$

对 $D^{(1)}$ 做紧邻均值序列生成,得

$$z^{(1)}=(0.029,0.116,0.254,0.416,0.597)$$

计算得到发展系数 a、灰色作用量 b 为

$$a=-0.2194, \quad b=-0.0776$$

得出预测模型函数为

$$D(t)=(1-e^a)\left(D^{(0)}(1)-\frac{b}{a}\right)e^{-at}=0.0696e^{0.2194t}, \quad t=1,2,3,4,\cdots$$

根据上述公式模拟的混凝土断裂损伤度与试验值的残差和相对误差表 6-42 所示,模拟值与试验数据对比如图 6-45 所示。

表 6-42 自然状态下仿钢纤维混凝土断裂损伤度残差和相对误差

浸泡时间 /月	断裂损伤度		残差	相对误差 /%	平均相对误差/%
	试验值	模拟值			
0	0	0	0	0	
1	0.058	0.087	−0.029	50.00	
2	0.116	0.108	0.008	6.90	16.01
3	0.160	0.134	0.026	16.25	
4	0.164	0.167	−0.003	1.83	
5	0.198	0.208	−0.010	5.05	

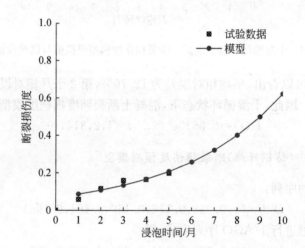

图 6-45 自然状态下仿钢纤维混凝土断裂损伤度模型模拟值与试验数据对比

从表 6-42 可以看出,平均相对误差为 16.01%,第 1 个月相对误差为 50.00%,存在较大偏差。因此,自然状态(仿钢纤维)下,混凝土断裂韧度损伤度模型为

$$D(t) = 0.0696e^{0.2194t}, \quad t = 1,2,3,4,\cdots \quad (6-63)$$

6.9% 浓度状态(仿钢纤维)断裂损伤度预测模型

初始化后的序列:
$$D^{(0)} = (0, 0.011, 0.022, 0.168, 0.196, 0.227)$$

对原始数据进行 1-AGO 序列生成,得
$$D^{(1)} = (0, 0.011, 0.033, 0.201, 0.397, 0.624)$$

对 $D^{(1)}$ 做紧邻均值序列生成,得

$$z^{(1)} = (0.006, 0.022, 0.117, 0.299, 0.511)$$

计算得到发展系数 a、灰色作用量 b 为

$$a = -0.4148, \quad b = 0.0457$$

得出预测模型函数为

$$D(t) = (1 - e^a)\left(D^{(0)}(1) - \frac{b}{a}\right)e^{-at} = 0.0374e^{0.4148t}, \quad t = 1, 2, 3, 4, \cdots$$

根据上述公式模拟的混凝土断裂损伤度与试验值的残差和相对误差如表 6-43 所示,模拟值与试验数据对比如图 6-46 所示。

表 6-43　9%浓度硫酸盐溶液中仿钢纤维混凝土断裂损伤度残差和相对误差

浸泡时间 /月	断裂损伤度		残差	相对误差 /%	平均相对 误差/%
	试验值	模拟值			
0	0	0	0	0	
1	0.011	0.006	0.005	45.45	
2	0.022	0.026	−0.004	18.18	
3	0.168	0.130	0.038	22.62	23.42
4	0.196	0.196	0	0	
5	0.227	0.297	−0.070	30.84	

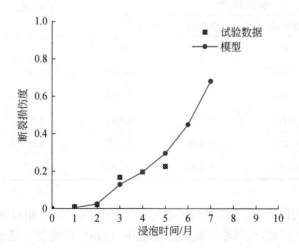

图 6-46　9%浓度硫酸盐溶液中仿钢纤维混凝土断裂损伤度模型模拟值与试验数据对比

从表 6-43 可以看出,平均相对误差为 23.42%,第 1 个月相对误差为 45.45%,存在较大偏差。因此,9%浓度硫酸盐溶液中仿钢纤维混凝土断裂韧度损伤度模

型为

$$D(t)=0.0374e^{0.4148t}, \quad t=1,2,3,4,\cdots \tag{6-64}$$

7. 15%浓度状态(仿钢纤维)断裂损伤度预测模型

初始化后的序列：
$$D^{(0)}=(0,0.018,0.035,0.213,0.257,0.288)$$

对原始数据进行 1-AGO 序列生成,得
$$D^{(1)}=(0,0.018,0.053,0.266,0.523,0.811)$$

对 $D^{(1)}$ 做紧邻均值序列生成,得
$$z^{(1)}=(0.009,0.036,0.160,0.395,0.667)$$

计算得到发展系数 a、灰色作用量 b 为
$$a=-0.4022, \quad b=0.0605$$

得出预测模型函数为

$$D(t)=(1-e^a)\left(D^{(0)}(1)-\frac{b}{a}\right)e^{-at}=0.0498e^{0.4022t}, \quad t=1,2,3,4,\cdots$$

根据上述公式模拟的混凝土断裂损伤度与试验值的残差和相对误差如表 6-44 所示,模拟值与试验数据对比如图 6-47 所示。

表 6-44　15%浓度硫酸盐溶液中仿钢纤维混凝土断裂损伤度残差和相对误差

浸泡时间 /月	断裂损伤度		残差	相对误差 /%	平均相对 误差/%
	试验值	模拟值			
0	0	0	0	0	
1	0.018	0.001	−0.017	94.44	
2	0.035	0.050	−0.015	42.86	
3	0.213	0.166	0.047	22.07	38.27
4	0.257	0.248	0.009	3.50	
5	0.288	0.370	−0.082	28.47	

从表 6-44 可以看出,平均相对误差为 38.27%,第 1 个月相对误差为 94.44%,存在较大偏差。因此,15%浓度硫酸盐溶液中,仿钢纤维混凝土断裂韧度损伤度模型为

$$D(t)=0.0498e^{0.4022t}, \quad t=1,2,3,4,\cdots \tag{6-65}$$

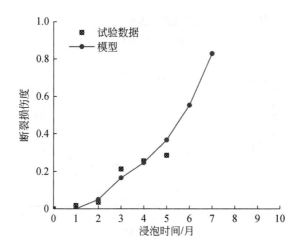

图 6-47　15％浓度硫酸盐溶液中仿钢纤维混凝土断裂损伤度模型模拟值与试验数据对比

6.6　混凝土腐蚀厚度损伤模型

6.6.1　腐蚀厚度变化规律

不同浓度硫酸盐溶液浸泡的混凝土腐蚀厚度如表 6-45 所示。

表 6-45　不同浓度硫酸盐溶液浸泡的混凝土腐蚀厚度　　（单位：mm）

浸泡时间/月	9％浓度硫酸盐溶液	15％浓度硫酸盐溶液	干湿循环	9％浓度硫酸盐溶液（仿钢纤维）	15％浓度硫酸盐溶液（仿钢纤维）
0	0	0	0	0	0
1	0	0	9.697	0	0
2	1.427	2.157	12.435	0.757	0.976
3	3.112	3.800	15.041	1.590	1.765
4	4.645	5.317	17.024	2.259	2.412
5	6.072	6.726	—	2.913	3.004

根据表 6-45 的试验数据可以得到不同浓度硫酸盐溶液中混凝土试件腐蚀厚度与浸泡时间的关系曲线，如图 6-48 和图 6-49 所示。可以看出：

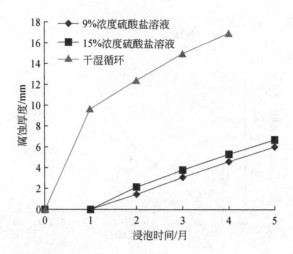

图 6-48　不同浓度硫酸盐溶液中混凝土试件腐蚀厚度与浸泡时间的关系曲线

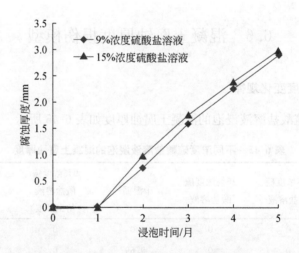

图 6-49　不同浓度硫酸盐溶液中仿钢纤维混凝土试件腐蚀厚度与浸泡时间的关系曲线

(1)在 9%浓度硫酸盐溶液浸泡下的试件腐蚀厚度逐渐增大,但增长趋势逐渐变缓。第 2 个月腐蚀厚度为 1.427mm,第 3 个月腐蚀厚度为 3.112mm,增加了1.685mm,第 4 个月腐蚀厚度为 4.645mm,增加了 1.533mm,第 5 个月腐蚀厚度为 6.072mm,增加了 1.427mm。

(2)15%浓度硫酸盐溶液浸泡下的试件腐蚀厚度变化规律与 9%浓度硫酸盐溶液浸泡下的试件大致相同,但是腐蚀厚度比 9%浓度硫酸盐溶液浸泡下的试件要略大。

(3)干湿循环的试件腐蚀厚度明显要大于 9％和 15％浓度硫酸盐溶液浸泡下的试件,第 4 个月腐蚀厚度已达 17.024mm,第 5 个月试件直接从预制的缺口处断开,无法测试和计算腐蚀厚度,可见干湿循环对试件腐蚀力度之强。而且腐蚀厚度增幅也明显,但变化规律与硫酸盐溶液浸泡下的试件大致相同。

(4)加入仿钢纤维后的混凝土试件对硫酸盐溶液的腐蚀抵抗能力明显要高于普通混凝土试件。腐蚀到第 5 个月时 15％浓度硫酸盐溶液浸泡下的试件腐蚀厚度也仅为 3.004mm。可见加入仿钢纤维对提升混凝土试件的抗腐蚀性有比较显著的作用。

6.6.2 硫酸盐环境下混凝土腐蚀厚度损伤演化

本节假定受腐蚀后混凝土为各向同性体,采用腐蚀厚度作为损伤变量来研究混凝土的损伤度,损伤度的定义如下:

$$D=1-\frac{h(t)}{h(0)} \tag{6-66}$$

$$h(t)=h(0)-2h(f) \tag{6-67}$$

将式(6-67)代入式(6-66),得

$$D=1-\frac{h(0)-2h(f)}{h(0)} \tag{6-68}$$

式中,$h(f)$ 为腐蚀厚度(mm);$h(0)$ 为试件初始厚度(mm);$h(t)$ 为腐蚀时间为 t 时未腐蚀部分混凝土厚度(mm)。

从式(6-68)可以看出,当 $D=0$ 时,混凝土试件未受腐蚀;当 $D=1$ 时,混凝土试件完全被腐蚀。

表 6-46 为不同浓度硫酸盐溶液浸泡的混凝土腐蚀损伤度。

表 6-46 不同浓度硫酸盐溶液浸泡的混凝土腐蚀损伤度

浸泡时间 /月	9％浓度硫 酸盐溶液	15％浓度硫 酸盐溶液	干湿循环	9％浓度硫 酸盐溶液 (仿钢纤维)	15％浓度硫 酸盐溶液 (仿钢纤维)
0	0	0	0	0	0
1	0	0	0.194	0	0
2	0.029	0.043	0.249	0.015	0.020
3	0.062	0.076	0.301	0.032	0.035
4	0.093	0.106	0.340	0.045	0.048
5	0.121	0.135	—	0.058	0.060

　　根据表 6-46 的试验数据可以得到不同浓度硫酸盐溶液中混凝土试件的腐蚀厚度与浸泡时间的关系曲线，如图 6-50 和图 6-51 所示。可以看出，随着硫酸盐溶液浓度的增大，腐蚀损伤度逐渐增加，增加趋势随着浸泡时间的增加逐渐降低。干湿循环作用下混凝土试件损伤度要远高于 9％和 15％硫酸盐浓度浸泡的试件，损伤最为显著。加仿钢纤维混凝土试件的损伤度远低于未加仿钢纤维混凝土试件。

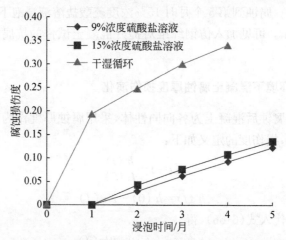

图 6-50　不同浓度硫酸盐溶液中混凝土试件腐蚀损伤度与浸泡时间的关系曲线

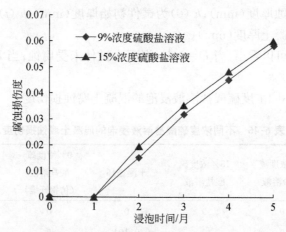

图 6-51　不同浓度硫酸盐溶液中仿钢纤维混凝土试件腐蚀损伤度与浸泡时间的关系曲线

1. 9％浓度硫酸盐溶液腐蚀损伤度预测模型

初始化后的序列：
$$D^{(0)} = (0, 0.029, 0.062, 0.093, 0.121)$$

对原始数据进行 1-AGO 序列生成，得

$$D^{(1)} = (0, 0.029, 0.091, 0.184, 0.305)$$

对 $D^{(1)}$ 做紧邻均值序列生成，得

$$z^{(1)} = (0.015, 0.060, 0.138, 0.245)$$

计算得到发展系数 a、灰色作用量 b 为

$$a = -0.3915, \quad b = 0.0316$$

得出预测模型函数为

$$D(t) = (1 - e^a)\left(D^{(0)}(1) - \frac{b}{a}\right)e^{-a(t-1)} = 0.0261e^{0.3915(t-1)}, \quad t = 2, 3, 4, \cdots$$

根据上述公式模拟的混凝土腐蚀损伤度与试验值的残差和相对误差如表 6-47 所示，模拟值与试验数据对比如图 6-52 所示。

表 6-47 9%浓度硫酸盐溶液中混凝土腐蚀损伤度残差和相对误差

浸泡时间 /月	腐蚀损伤度		残差	相对误差 /%	平均相对 误差/%
	试验值	模拟值			
0	0	0	0	0	
1	0	0	0	0	
2	0.029	0.039	−0.010	34.48	10.89
3	0.062	0.057	0.005	8.06	
4	0.093	0.085	0.008	8.60	
5	0.121	0.125	−0.004	3.31	

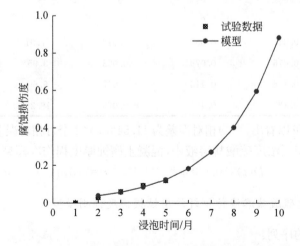

图 6-52 9%浓度硫酸盐溶液中混凝土腐蚀损伤度模型模拟值与试验数据对比

从表 6-47 可以看出,平均相对误差为 10.89%,第 2 个月相对误差为 34.48%,存在较大偏差。因此,9% 浓度硫酸盐溶液中,混凝土腐蚀厚度损伤度模型为

$$D(t)=0.0261\mathrm{e}^{0.3915(t-1)}, \quad t=2,3,4,\cdots \tag{6-69}$$

2. 15% 浓度硫酸盐溶液腐蚀损伤度预测模型

初始化后的序列:

$$D^{(0)}=(0,0.043,0.076,0.106,0.135)$$

对原始数据进行 1-AGO 序列生成,得

$$D^{(1)}=(0,0.043,0.119,0.225,0.360)$$

对 $D^{(1)}$ 做紧邻均值序列生成,得

$$z^{(1)}=(0.022,0.081,0.172,0.293)$$

计算得到发展系数 a、灰色作用量 b 为

$$a=-0.3584, \quad b=0.0459$$

得出预测模型函数为

$$D(t)=(1-\mathrm{e}^a)\Big(D^{(0)}(1)-\frac{b}{a}\Big)\mathrm{e}^{-a(t-1)}=0.0384\mathrm{e}^{0.3584(t-1)}, \quad t=2,3,4,\cdots$$

根据上述公式模拟的混凝土腐蚀损伤度与试验值的残差和相对误差如表 6-48 所示,模拟值与试验数据对比如图 6-53 所示。

表 6-48　15% 浓度硫酸盐溶液中混凝土腐蚀损伤度残差和相对误差

浸泡时间 /月	腐蚀损伤度		残差	相对误差 /%	平均相对 误差/%
	试验值	模拟值			
0	0	0	0	0	
1	0	0	0	0	
2	0.043	0.055	−0.012	27.91	11.54
3	0.076	0.079	−0.003	3.95	
4	0.106	0.113	−0.007	6.60	
5	0.135	0.161	−0.026	19.26	

从表 6-48 可以看出,平均相对误差为 11.54%,第 2 个月相对误差为 27.91%,存在较大偏差。15% 浓度硫酸盐溶液中,混凝土腐蚀厚度损伤度模型为

$$D(t)=0.0384\mathrm{e}^{0.3584(t-1)}, \quad t=2,3,4,\cdots \tag{6-70}$$

3. 9% 浓度硫酸盐溶液仿钢纤维腐蚀损伤度预测模型

初始化后的序列:

$$D^{(0)}=(0,0.015,0.032,0.045,0.058)$$

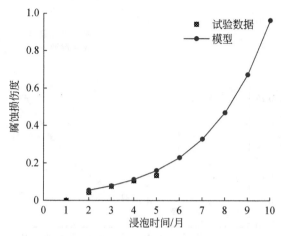

图 6-53　15%浓度硫酸盐中混凝土腐蚀损伤度模型模拟值与试验数据对比

对原始数据进行 1-AGO 序列生成,得
$$D^{(1)} = (0, 0.015, 0.047, 0.092, 0.150)$$
对 $D^{(1)}$ 做紧邻均值序列生成,得
$$z^{(1)} = (0.0075, 0.0310, 0.0695, 0.1210)$$
计算得到发展系数 a、灰色作用量 b 为
$$a = -0.3609, \quad b = 0.0168$$
得出预测模型函数为
$$D(t) = (1 - e^a)\left(D^{(0)}(1) - \frac{b}{a}\right)e^{-a(t-1)} = 0.0141e^{0.3609(t-1)}, \quad t = 2, 3, 4, \cdots$$

根据上述公式模拟的混凝土腐蚀损伤度与试验值的残差和相对误差如表 6-49 所示,模拟值与试验数据对比如图 6-54 所示。

表 6-49　9%浓度硫酸盐溶液中仿钢纤维混凝土腐蚀损伤度残差和相对误差

浸泡时间 /月	腐蚀损伤度		残差	相对误差 /%	平均相对 误差/%
	试验值	模拟值			
0	0	0	0	0	
1	0	0	0	0	
2	0.015	0.020	−0.005	33.33	
3	0.032	0.028	0.004	12.5	11.19
4	0.045	0.042	0.003	6.67	
5	0.058	0.060	−0.002	3.45	

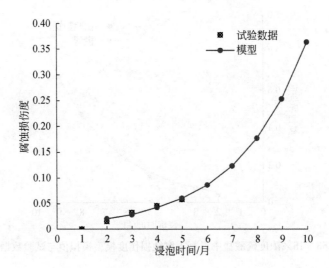

图 6-54　9％浓度硫酸盐溶液中仿钢纤维混凝土腐蚀损伤度模型模拟值与试验数据对比

　　从表 6-49 可以看出,平均相对误差为 11.19％,第 2 个月相对误差为 33.33％,存在较大偏差。9％浓度硫酸盐溶液中,仿钢纤维混凝土腐蚀厚度损伤度模型为

$$D(t)=0.0141\mathrm{e}^{0.3609(t-1)}, \quad t=2,3,4,\cdots \tag{6-71}$$

4.15％浓度硫酸盐溶液仿钢纤维腐蚀损伤度预测模型

初始化后的序列:
$$D^{(0)}=(0,0.020,0.035,0.048,0.060)$$

对原始数据进行 1-AGO 序列生成,得
$$D^{(1)}=(0,0.020,0.055,0.103,0.163)$$

对 $D^{(1)}$ 做紧邻均值序列生成,得
$$z^{(1)}=(0.0100,0.0375,0.0790,0.1390)$$

计算得到发展系数 a、灰色作用量 b 为
$$a=-0.3175, \quad b=0.0199$$

得出预测模型函数为

$$D(t)=(1-\mathrm{e}^a)\left(D^{(0)}(1)-\frac{b}{a}\right)\mathrm{e}^{-a(t-1)}=0.017\mathrm{e}^{0.3175(t-1)}, \quad t=2,3,4,\cdots$$

　　根据上述公式模拟的混凝土腐蚀损伤度与试验值的残差和相对误差如表 6-50 所示,模拟值与试验数据对比如图 6-55 所示。

表 6-50　15%浓度硫酸盐溶液中仿钢纤维混凝土腐蚀损伤度残差和相对误差

浸泡时间 /月	腐蚀损伤度		残差	相对误差 /%	平均相对 误差/%
	试验值	模拟值			
0	0	0	0	0	
1	0	0	0	0	
2	0.020	0.023	−0.003	15.00	
3	0.035	0.032	0.003	8.57	6.71
4	0.048	0.044	0.004	8.33	
5	0.060	0.061	−0.001	1.67	

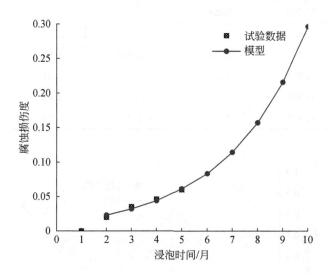

图 6-55　15%浓度硫酸盐溶液中仿钢纤维混凝土腐蚀损伤度模型模拟值与试验数据对比

从表 6-50 可以看出,平均相对误差为 6.71%,第 2 个月相对误差为 15.00%,存在较大偏差。15%浓度硫酸盐溶液中,仿钢纤维混凝土腐蚀厚度损伤度模型为

$$D(t)=0.017\mathrm{e}^{0.3175(t-1)}, \quad t=2,3,4,\cdots \tag{6-72}$$

5. 干湿循环作用下腐蚀损伤度预测模型

初始化后的序列：

$$D^{(0)}=(0,0.194,0.249,0.301,0.340)$$

对原始数据进行 1-AGO 序列生成,得

$$D^{(1)}=(0,0.194,0.443,0.744,1.084)$$

对 $D^{(1)}$ 做紧邻均值序列生成,得

$$z^{(1)} = (0.0970, 0.3185, 0.5935, 0.9140)$$

计算得到发展系数 a、灰色作用量 b 为

$$a = -0.178, \quad b = 0.1857$$

得出预测模型函数为

$$D(t) = (1 - e^a)\left(D^{(0)}(1) - \frac{b}{a}\right)e^{-a(t-1)} = 0.17e^{0.178t}, \quad t = 2, 3, 4, \cdots$$

根据上述公式模拟的混凝土腐蚀损伤度与试验值的残差和相对误差如表 6-51 所示,模拟值与试验数据对比如图 6-56 所示。

表 6-51　干湿循环作用下混凝土腐蚀损伤度残差和相对误差

浸泡时间 /月	腐蚀损伤度		残差	相对误差 /%	平均相对 误差/%
	试验值	模拟值			
0	0	0	0	0	
1	0.194	0.203	−0.009	4.64	
2	0.249	0.243	0.006	2.41	3.12
3	0.301	0.290	0.011	3.65	
4	0.340	0.346	−0.006	1.76	

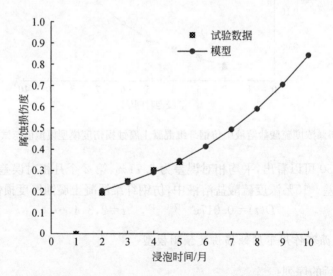

图 6-56　干湿循环作用下混凝土腐蚀损伤度模型模拟值与试验数据对比

从表 6-51 可以看出,平均相对误差为 3.12%,吻合度良好。干湿循环作用下,混凝土腐蚀厚度损伤度模型为

$$D(t)=0.17\mathrm{e}^{0.178(t-1)}, \quad t=2,3,4,\cdots \tag{6-73}$$

6.7　小　　结

本章从硫酸盐侵蚀条件下井壁混凝土性能演化特征入手,系统研究了不同硫酸盐浓度和初始预压应力作用下混凝土的力学强度、弹性模量和断裂韧度的变化规律,研究结论如下:

(1)硫酸盐对混凝土抗压强度的影响具有明显的两面性,侵蚀早期,混凝土抗压强度随着时间增加有所提高,侵蚀后期则开始降低,降低程度与硫酸盐浓度和初始预压应力有关,浓度越高,初始预压应力越大,后期力学强度损伤越严重。

(2)混凝土的弹性模量随硫酸盐侵蚀时间的增加一直呈降低趋势,且初始预压应力越大,后期弹性模量损失越严重。

(3)混凝土的断裂韧度易受硫酸盐侵蚀影响,浓度越高,侵蚀效果越严重;干湿循环将会造成混凝土断裂韧度显著降低,掺入仿钢纤维可以有效提高混凝土的断裂韧度。

(4)灰色预测 GM(1,1)模型能有效拟合不同初始预压应力和硫酸盐侵蚀条件下混凝土的性能参数变化规律,其结果可为深地井壁混凝土的设计和施工提供参考。

参 考 文 献

[1] 高润东,赵顺波,李庆斌,等. 干湿循环作用下混凝土硫酸盐侵蚀劣化机理试验研究[J]. 土木工程学报,2010,43(2):48-54.

[2] 梁咏宁,袁迎曙. 硫酸钠和硫酸镁溶液中混凝土腐蚀破坏的机理[J]. 硅酸盐学报,2007,35(4):504-508.

[3] 王海龙,董宜森,孙晓燕,等. 干湿交替环境下混凝土受硫酸盐侵蚀劣化机理[J]. 浙江大学学报(工学版),2012,46(7):1255-1261.

[4] 左晓宝,孙伟. 硫酸盐侵蚀下的混凝土损伤破坏全过程[J]. 硅酸盐学报,2009,37(7):1063-1067.

[5] 刘超,马忠诚,刘浩云. 水泥混凝土硫酸盐侵蚀综述[J]. 材料导报,2013,27(7):67-71.

[6] 马昆林,谢友均,龙广成,等. 水泥基材料在硫酸盐结晶侵蚀下的劣化行为[J]. 中南大学学报(自然科学版),2010,41(1):303-309.

[7] 邓德华,刘赞群,Schutter G D,等. 关于"混凝土硫酸盐结晶破坏"理论的研究进展[J]. 硅酸盐学报,2012,40(2):175-185.

[8] 刘云强,左晓宝,黎亮,等. 硫酸盐侵蚀下硬化水泥浆体微结构演变及膨胀过程的数值模拟[J]. 硅酸盐通报,2022,41(12):4128-4138.

[9] 王家滨,牛荻涛,马蕊. 硫酸盐侵蚀喷射混凝土损伤层及微观结构研究[J]. 武汉理工大学学

报,2014,36(10):105-112.

[10] 张景富,王珣,王宇,等. 油井水泥石的硫酸盐侵蚀(英文)[J]. 硅酸盐学报,2011,39(12): 2021-2026.

[11] 吴萌,张云升,刘志勇,等. 水泥基材料碳硫硅钙石型硫酸盐侵蚀的研究进展[J]. 硅酸盐学 报,2022,50(8):2270-2283.

[12] 邓聚龙. 灰色控制系统[M]. 2版. 武汉:华中科技大学出版社,1997.

[13] 徐世烺,周厚贵,高洪波,等. 各种级配大坝混凝土双 K 断裂参数试验研究——兼对《水 工混凝土断裂试验规程》制定的建议[J]. 土木工程学报,2006,39(11):50-62.

[14] 中华人民共和国国家发展和改革委员会. 水工混凝土断裂试验规程(DL/T 5332—2005)[S]. 北京:中国电力出版社,2005.

第 7 章 深地高应力环境下混凝土冲击倾向性表征

7.1 概　述

深部高地应力、高地温、高渗水压等复杂的地质环境和应力条件导致冲击地压等动力灾害在煤矿频繁发生[1-3]。冲击地压是由于井巷内的岩体内部聚积大量弹性能,当岩体在外界荷载的作用下达到强度极限时,能量会突然、猛烈释放,破坏煤岩体的结构,出现井筒、马头门及硐室等部位的严重变形破坏,同时造成人员伤亡等。

冲击地压问题的日趋严重,促使国内外众多学者对煤矿开采中冲击地压的机理、预测和防治进行了深入研究[4-8]。研究表明,冲击地压与岩体自身是否具有冲击倾向性有关,冲击倾向性是用来衡量岩体是否具有冲击破坏危险及其发生概率大小的主要预测指标。苏联、南非和波兰等国家的学者对冲击倾向性理论做了较多的研究,Kidybinski[9]提出利用弹性变形能指数作为评价冲击倾向性的指标,Singh[10,11]提出用能量释放指数评价冲击倾向性。我国对于冲击倾向性的研究始于 20 世纪 80 年代,虽然起步较晚,但发展迅猛,目前已经基本建立了较实用的冲击倾向性评价体系,成为我国煤矿冲击危险性评价的行业标准[12],其中常用指标包括单轴抗压强度 R_c、动态破坏时间 D_T、弹性能量指数 W_{ET}、冲击能量指数 K_E 等。

在深部复杂地质条件下,深地工程结构混凝土也会发生类似于冲击地压的瞬时性破坏,在营盘壕煤矿已经发生过混凝土的瞬时破坏,严重威胁生产和人员安全。但是,现阶段对于混凝土的冲击倾向性、韧性和抗变形能力等方面的研究很少。

本章提出混凝土的冲击倾向性概念,基于煤岩冲击倾向性评价体系,选取单轴抗压强度、动态破坏时间、弹性能量指数、冲击能量指数等指标,围绕深部地下工程中混凝土出现的瞬时性破坏问题,进行不同强度等级混凝土的单轴压缩试验,研究不同强度等级混凝土的冲击倾向性,并基于煤岩冲击倾向性指标进行改进和优化,提出了一套适用于深部矿井的混凝土冲击倾向性的评价方法,并对深地复杂应力条件下混凝土瞬时性破坏问题提出相应的预防措施。

7.2　混凝土基本力学性能和冲击倾向性研究方法

以普通高性能混凝土为研究基础,设计了五种常用强度等级的混凝土配合比,如表 7-1 所示。由于深部地层面临的腐蚀等环境因素,需考虑复合矿物掺合料替代部分水泥,满足一定的耐久性能[13,14]。

表 7-1　不同强度等级混凝土配合比　　　　　（单位:kg/m³）

标号	水泥	粉煤灰	矿粉	硅灰	砂	石子	水	减水剂
C30	200	100	60(S95)	0	800	1010	173	2.57
C40	250	110	60(S95)	0	750	1030	168	4.23
C50	300	120	60(S95)	0	700	1050	163	6.11
C60	350	120	60(S95)	0	670	1060	154	7.39
C70	350	100	60(S95)	50	650	1070	145	8.80

采用北京金隅股份有限公司生产的 P.O42.5 水泥。通过 X 射线荧光光谱 (X-ray fluorescence spectrometer,XRF,日本岛津公司生产,X 射线光管:Rh 靶,4kW) 和 X 射线衍射全谱拟合(XRD-Rietveld)分析水泥的化学和矿物成分比例,所得结果如表 7-2 所示。水泥的主要物理参数如表 7-3 所示,其相关性能均符合《通用硅酸盐水泥》(GB 175—2007)[15] 中的有关规定。

从表 7-2 可见,水泥中的主要化学成分为 CaO 和 SiO_2,其主要以 C_3S 单斜体和 $C_2S\beta$ 的形式存在,少部分的立方体 Al_2O_3 以 C_3A 和 C_4AF 的形式存在,除这四种主要矿物成分外,还有极少量的石膏和碳酸钙等。

表 7-2　水泥的主要化学和矿物成分　　　　　（单位:%）

	SiO_2	Al_2O_3	Fe_2O_3	CaO	MgO	SO_3	Na_2O_{eq}	
XRF	21.73	4.60	3.45	64.55	3.56	0.46	0.59	

	C_3S 单斜体	$C_2S\beta$	C_3A 立方体	C_4AF	二水石膏	方镁石	氢氧化钙	碳酸钙	无水石膏
XRD	62.05	10.78	8.56	7.69	3.80	1.16	0.78	4.10	1.18

表 7-3　水泥的主要物理参数

类型	密度 /(g/cm³)	烧失量 /%	凝结时间/min 初凝	凝结时间/min 终凝	安定性	抗折强度/MPa 3d	抗折强度/MPa 28d	抗压强度/MPa 3d	抗压强度/MPa 28d
P.O42.5	3.06	3.85	145	205	合格	5.50	7.90	31.20	51.20

采用 I 级粉煤灰,其细度($45\mu m$)筛余为 6.5%,需水量比为 92%,烧失量为 4.8%。粉煤灰的主要化学和矿物成分如表 7-4 所示。粉煤灰以大部分的非晶态 SiO_2 和 Al_2O_3 及部分莫来石为主,SiO_2 含量高于 Al_2O_3。采用河北金泰成建材股份有限公司生产的 S95 和 S105 矿粉,其主要化学成分如表 7-5 所示。硅灰密度为 $2.2g/cm^3$,平均粒径为 $0.3\mu m$,比表面积为 $18.3m^2/g$,其主要化学成分如表 7-6 所示。

细骨料为普通河砂,细度模数为 2.8,含泥量为 4.7%,含水率为 3.0%,表观密度为 $2430kg/m^3$。粗骨料为 5.0~26.5mm 连续级配的碎石。减水剂为江苏苏博特新材料有限公司生产的高效减水剂,固含量为 30%。

表 7-4　粉煤灰的主要化学和矿物成分　　　　（单位:%）

XRF	SiO_2	Al_2O_3	Fe_2O_3	CaO	MgO	SO_3	Na_2O_{eq}
	30.63	14.57	0.56	39.06	9.20	2.35	0.44
XRD	莫来石	石英	磁铁矿	非晶相			
	35.27	3.44	1.29	60.00			

表 7-5　矿粉的主要化学成分　　　　（单位:%）

XRF	SiO_2	Al_2O_3	Fe_2O_3	CaO	MgO	SO_3	Na_2O_{eq}
	51.61	35.69	3.90	3.21	0.87	0.73	0.25

表 7-6　硅灰的主要化学成分　　　　（单位:%）

XRF	SiO_2	Al_2O_3	Fe_2O_3	CaO	MgO	SO_3	Na_2O_{eq}
	95.80	1.00	0.90	0.30	0.70	0	1.30

7.2.1　混凝土基本力学性能试验方法

依据《混凝土强度检验评定标准》(GB/T 50107—2010)[16] 中的相关测试方法测量混凝土的抗压强度。

劈裂抗拉强度采用如图 7-1 所示的试验方法,将试块放置于万能试验机(WEP-600 型液压式屏显万能试验机)受压区,上下各添加两个垫块(垫块为直径 150mm、高度 20mm 的弧形结构)。采用 0.05MPa/s 的加载速度对试件匀速加载,直至其完全破坏,记录峰值荷载 F。混凝土的劈裂抗拉强度可通过式(7-1)计算。

$$f_{ts} = \frac{2F}{\pi A} = 0.637 \frac{F}{A} \qquad (7-1)$$

式中，f_{ts} 为混凝土的劈裂抗拉强度；F 为所记录的峰值荷载；A 为试件受力面积。抗压强度、劈裂抗拉强度采用 100mm×100mm×100mm 的混凝土立方体试件，所有试验均进行三次后取平均值作为试验结果。

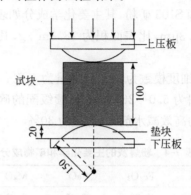

图 7-1　劈裂抗拉试验方法（单位：mm）

7.2.2　混凝土冲击倾向性试验方法

《煤层冲击倾向性分类及指数的测定方法》(MT/T 174—2000)[12] 中将弹性能量指数、冲击能量指数和动态破坏时间作为评价岩石冲击倾向性的参数，测量三个参数所用的试件均为 ϕ50mm×100mm 的混凝土圆柱体。

弹性能量指数是指试件在单轴压缩状态下持续加载，受力接近峰值应力时卸载，其弹性应变能与耗散能之比。具体操作为：任取三个圆柱体试件采用微机控制电液伺服刚性压力试验机（长春市朝阳试验仪器有限公司生产的 TAW-2000 型微机控制高低温岩石三轴试验机，仪器的最大试验力为 2000kN，有效测量范围为最大试验力的 2%～100%，轴向范围为 0～5mm，径向范围为 0～3mm，测量精度≤±1%示值）进行压缩试验，按照《煤和岩石物理力学性质测定方法　第 7 部分：单轴抗压强度测定及软化系数计算方法》(GB/T 23561.7—2009)[17] 中的相关规定，测定试件的平均破坏荷载，以此作为弹性能量指数卸载点的参考值。对试件以 0.5MPa/s 的速率加载至参考值的 75%～85% 即可以相同的速度卸载至参考值的 1%～5%，得到相应曲线（图 7-2）。弹性能量指数按式(7-2)计算：

$$W_{ET} = \frac{\phi_{SE}}{\phi_{SP}} \tag{7-2}$$

式中，W_{ET} 为弹性能量指数；ϕ_{SE} 为弹性应变能；ϕ_{SP} 为耗散能。

冲击能量指数是指试件在单轴压缩状态下进行全应力-应变试验，峰前总能量（峰后曲线结束端与峰前曲线相同荷载位置的切线所围成的面积）与峰后总能量之比。具体操作为：在微机控制电液伺服刚性压力试验机上，以 0.01mm/min 的速

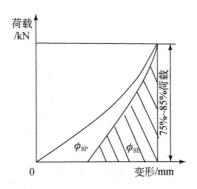

图 7-2　弹性能量指数计算方法

率对圆柱体试件施加荷载,直至峰值强度后,调整速率为 0.02mm/min 直至残余强度后停止试验,得到试件的荷载-变形曲线(图 7-3)。冲击能量指数按式(7-3)计算:

$$K_E = \frac{A_s}{A_x} \tag{7-3}$$

式中,K_E 为冲击能量指数;A_s 为峰前总能量;A_x 为峰后总能量。

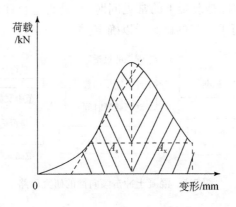

图 7-3　冲击能量指数计算方法

　　动态破坏时间是指试件在单轴压缩状态下,从峰值强度到完全破坏所经历的时间。具体操作为:采用微机控制电液伺服刚性压力试验机对试件以 0.5MPa/s 的速率进行加载直至破坏,破坏后继续记录 5s,最终得到荷载-时间曲线(图 7-4),记录峰后段所用的时间。

　　在深部地层支护的混凝土发生冲击破坏最重要的因素是其脆性程度大小。脆性是指材料在外力作用下仅产生很小的变形即断裂破坏的性质,脆性指数是材料

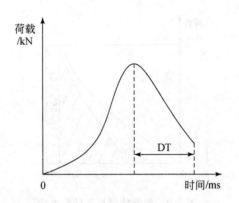

图 7-4　动态破坏时间计算方法

的抗压强度与劈裂抗拉强度的比值。处于深部环境中的脆性混凝土极易由于受力集中而引起能量的瞬时释放,因此可以尝试用脆性指数来评价混凝土的冲击倾向性。

　　对于岩石的冲击倾向性评价标准,弹性能量指数、冲击能量指数和动态破坏时间是否适合评价混凝土的冲击倾向性,且参数又如何确定是一个亟需探讨和解决的问题。脆性和准脆性是混凝土的常见问题,其是否适合评价混凝土的冲击倾向性(图 7-5),需要进行下一步的试验予以确定。

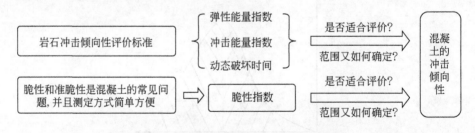

图 7-5　混凝土冲击倾向性的研究思路

7.3　混凝土冲击倾向性与强度等级间相关关系

7.3.1　混凝土的基本力学性能

　　表 7-1 中五种强度等级混凝土的坍落度、28d 抗压强度和劈裂抗拉强度如表 7-7 所示。五种混凝土的坍落度均高于 200mm,且 1h 内损失极小,满足工程施工的泵送要求。混凝土 28d 抗压强度基本能满足强度等级要求,劈裂抗拉强度随着混凝

土强度等级的提高呈上升趋势。

表 7-7　混凝土流动性和强度

标号	坍落度/mm	28d 抗压强度/MPa	劈裂抗拉强度/MPa
C30	240	35.6	1.8
C40	240	45.1	2.3
C50	230	60.8	2.8
C60	220	69.4	3.1
C70	210	80.4	3.5

7.3.2　混凝土的弹性能量指数

不同强度等级混凝土的弹性能量指数如图 7-6 所示。可以看出,弹性能量指数随混凝土强度等级的增加而上升,C30 混凝土的弹性能量指数小于 2(岩石有无冲击倾向性的阈值),而 C40～C70 混凝土的弹性能量指数均大于等于 2,从岩石的弹性能量指数角度可以认为 C30 及以下强度等级混凝土无冲击倾向性,C30 以上强度等级混凝土具有一定的冲击倾向性。C30～C70 混凝土的弹性能量指数均小于 5(岩石有无强冲击倾向性的阈值),根据岩石的指标控制范围,C70 以下强度等级混凝土均无强冲击倾向性。

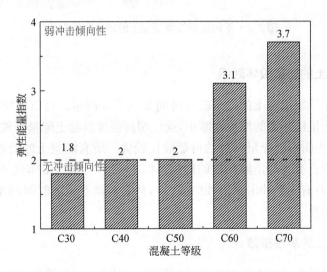

图 7-6　不同强度等级混凝土的弹性能量指数

7.3.3　混凝土的冲击能量指数

　　不同强度等级混凝土的冲击能量指数如图 7-7 所示。可以看出,混凝土冲击能量指数与抗压强度呈正相关,从岩石冲击倾向性角度属于无冲击倾向性混凝土,C30 及以上强度等级混凝土的冲击能量指数均大于等于 1.5(岩石有无冲击倾向性的阈值),且 C60 及以上强度等级混凝土的冲击能量指数大于 5(岩石有无强冲击倾向性的阈值),说明普通高强混凝土可能存在强冲击倾向性。

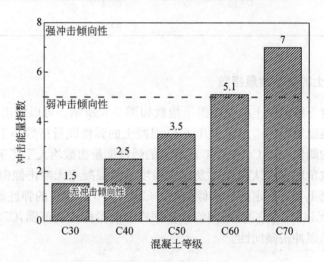

图 7-7　不同强度等级混凝土的冲击能量指数

7.3.4　混凝土的动态破坏时间

　　不同强度等级混凝土的动态破坏时间如图 7-8 所示。可以看出,动态破坏时间随着混凝土抗压强度的增加而减小,这说明高强度混凝土能量释放的速度较快、时间较短,发生瞬时性能量释放的可能性比较大。所有混凝土的动态破坏时间均高于 50ms(岩石有无冲击倾向性的阈值),C30~C50 混凝土的动态破坏时间均大于 500ms(岩石有无弱冲击倾向性的阈值),从岩石动态破坏时间的角度上可认为其无冲击倾向性。

7.3.5　混凝土的脆性指数

　　不同强度等级混凝土的脆性指数如图 7-9 所示。可以看出,所有强度等级混凝土的脆性指数均在 19~23 范围内,且脆性指数与混凝土强度等级呈正相关。这说明脆性指数与其他三个指标一致,可以从一定程度上评价混凝土的冲击倾向性。

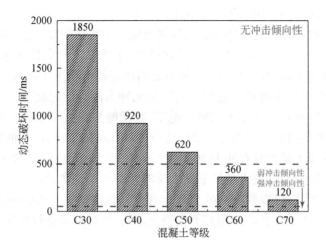

图 7-8 不同强度等级混凝土的动态破坏时间

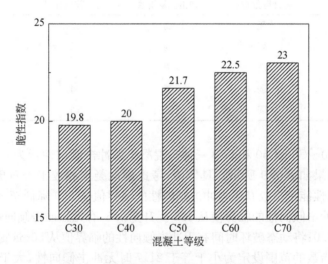

图 7-9 不同强度等级混凝土的脆性指数

7.3.6 混凝土的冲击倾向性表征方式

从以上试验结果可以看出,弹性能量指数、冲击能量指数、动态破坏时间和脆性指数在一定程度上均能评价混凝土的冲击倾向性。随着普通混凝土强度的提升,其冲击倾向性也显著增强。普通混凝土是由碎石、河砂和凝胶结合而成的复合材料,相同尺寸的混凝土试件的均质性明显差于岩石试件,在混凝土加载至接近峰值荷载时,骨料和砂浆界面破坏严重,可能对结果存在一定的影响,因此无法用岩石冲击倾向性参数的区间来界定混凝土。

　　根据各个参数评价岩石冲击倾向性的范围存在明显的差异性,如表 7-8 所示。C30 混凝土的弹性能量指数和动态破坏时间处于无冲击倾向性区域,冲击能量指数也处于有无冲击倾向性的临界值,同时岩石的脆性指数指标极为宽泛,不具有参考价值,因此可以初步将 C30 混凝土判定为无冲击倾向性混凝土。C40、C50 混凝土的动态破坏时间属于无冲击倾向性范围,弹性能量指数介于有无冲击倾向性的临界值,冲击能量指数属于弱冲击倾向性范围,可以将 C50 混凝土的冲击倾向性指标作为判断混凝土是否具有冲击倾向性的标准。根据营盘壕矿井等所用的 C70 以上强度等级混凝土在高应力条件下发生瞬时性破坏的现象,结合 C70 普通混凝土的冲击倾向性参数,可以判断 C70 及以上强度等级混凝土具有强冲击倾向性。相对而言,C60 混凝土介于 C50 和 C70 混凝土之间,结合相关参数判断其具有弱冲击倾向性。

表 7-8　以岩石冲击倾向性的指标范围评价混凝土

标号	弹性能量指数	冲击能量指数	动态破坏时间	脆性指数
C30	无	弱	无	—
C40	弱	弱	无	—
C50	弱	弱	无	—
C60	弱	强	弱	—
C70	弱	强	弱	—

　　通过 C30～C50、C60 和 C70 三种类混凝土的冲击倾向性行为区分,调整相关临界范围,结果如表 7-9 所示。具体为:考虑到混凝土相较于岩石更具有塑性特征,因此将弹性能量指数有无强冲击倾向性的临界值从 5.0 降低至 3.5;将冲击能量指数有无冲击倾向性的临界值从 1.5 提升至 3.5,有无强冲击倾向性的临界值由 5.0 提升至 6.0;将动态破坏时间有无冲击倾向性的临界值从 50ms 提升至 200ms。混凝土脆性指数的范围设定为小于等于 21.7 时无冲击倾向性,大于 22.8 时具有强冲击倾向性。

表 7-9　混凝土冲击倾向性的初步指标范围

等级	无冲击倾向性	弱冲击倾向性	强冲击倾向性
弹性能量指数	$W_{ET} \leqslant 2.0$	$2.0 < W_{ET} \leqslant 3.5$	$W_{ET} > 3.5$
冲击能量指数	$K_E \leqslant 3.5$	$3.5 < K_E \leqslant 6.0$	$K_E > 6.0$
动态破坏时间/ms	$DT > 500$	$200 < DT \leqslant 500$	$DT \leqslant 200$
脆性指数	$B \leqslant 21.7$	$21.7 < B \leqslant 22.8$	$B > 22.8$

7.3.7　高强混凝土声发射特征

混凝土也具有冲击倾向性,除岩石等材料要检测其冲击倾向性外,C60 以上的高强度混凝土应该注意冲击倾向性的防控措施。

声发射振铃是指在声发射波的时域图形上,换能器每振荡一次,输出的一个脉冲。声发射振铃计数反映了声发射的频度;声发射能量与声发射持续时间和幅度有关,对评价材料损伤程度具有重要意义。本章采用声发射探测仪(美国声学物理公司生产的高性能/低价位 PCI-2 型声发射探测仪,该系统具有 18 位 A/D、1kHz~3MHz 频率范围)记录高强混凝土不同阶段的声发射基本参数特征。

声发射被定义为由于材料内部产生微破裂而引起的局部内能释放现象[18]。声发射的信号主要是由受力材料的塑性变形、裂纹的扩展等因素造成的结构变形进程[19]。声发射技术的使用最早可追溯至 20 世纪 60 年代末,在航空航天和化工行业测定缺陷的相对位置[20],之后声发射技术迅速发展,现如今已被广泛应用于土木工程结构监测等方面,尤其是混凝土材料[21]。

图 7-10 为声发射技术原理,当试件内部瞬时出现裂纹、变形等一系列破坏行为时,应力波随即产生,并从内部向试件表面传播,最终被试件表面的传感器探测到,并将应力波信号转换为电信号[22],最终传感器将电信号传送至声发射系统,通过中心系统转换为所需的声发射数据。

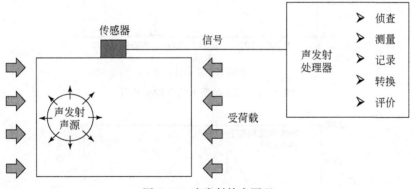

图 7-10　声发射技术原理

C60、C70 混凝土的声发射特征如图 7-11 和图 7-12 所示,从试验结果来看,混凝土强度对声发射基本参数的变化趋势无显著影响,而对声发射基本参数的数值有影响,尤其是对声发射能量的影响,随着混凝土强度的增大,出现大破裂时声发射能量的数值明显增大,这是由于混凝土强度增大,脆性增加,在发生大的破裂时释放的能量增加,也说明了高强混凝土有瞬时释放大量能量的可能性,发生冲击破坏的概率较大,冲击倾向性大。

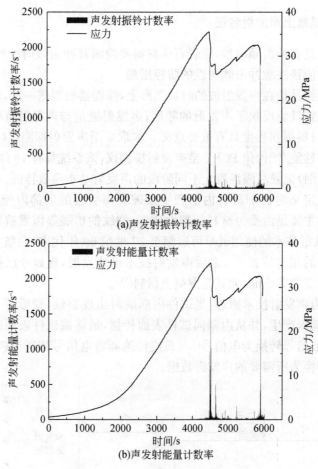

(a)声发射振铃计数率

(b)声发射能量计数率

图 7-11　C60 混凝土的声发射特征

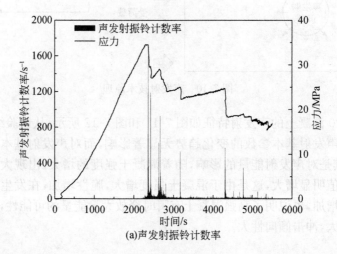

(a)声发射振铃计数率

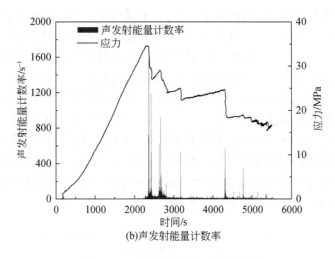

(b)声发射能量计数率

图 7-12　C70 混凝土的声发射特征

7.4　钢纤维对混凝土冲击倾向性的影响规律

7.4.1　钢纤维掺量对混凝土冲击倾向性的影响规律

图 7-13～图 7-15 为钢纤维掺量与 C30、C50 和 C70 混凝土冲击倾向性的关系。

从图 7-13 可以看出,钢纤维的不断掺入导致 C30 混凝土的弹性能量指数出现了轻微下降现象,钢纤维掺量为 1％时降低了 5.6％,而钢纤维掺量为 2％时降低了 16.7％。C30 混凝土的冲击能量指数也出现了相似的降低现象,钢纤维掺量为 1％和 2％时分别降低了 13.3％和 20.0％。掺加钢纤维对于延长 C30 混凝土的动态破坏时间非常有限,钢纤维掺量为 0.5％、1.0％、1.5％、2.0％时,动态破坏时间分别增加 6.5％、10.8％、13.5％和 16.2％。对于脆性指数,不同钢纤维掺量的 C30 混凝土出现了略微浮动,但均保持在 18.6～20.0 范围内。

从图 7-14 可以看出,C50 混凝土的冲击倾向性处于无冲击倾向性和弱冲击倾向性的界限,掺入钢纤维后,弹性能量指数降低 10.0％～20.0％,冲击能量指数降低 31.4％～45.7％,动态破坏时间上升 12.9％～27.4％,脆性指数降低 4.6％～15.2％。C30 和 C50 普通混凝土及钢纤维混凝土的各项冲击倾向性指标均仍处于无冲击倾向性范围。

从图 7-15 可以看出,随着钢纤维掺量的增加,C70 混凝土的弹性能量指数不断降低,钢纤维掺量为1%时降低至1.5(属于混凝土无冲击倾向性区域),降低了59.5%,钢纤维掺量为2%时降低至1.3(属于混凝土无冲击倾向性区域),降低了64.9%。C70普通混凝土的冲击能量指数也出现了降低现象,钢纤维掺量为1%时降低至2.3(属于混凝土无冲击倾向性区域),降低幅度达到67%,继续加大纤维掺量,混凝土的冲击能量指数变化较小。掺加钢纤维大大延长了C70混凝土的动态破坏时间,钢纤维掺量为0.5%、1.0%、1.5%、2.0%时,动态破坏时间分别增加至490ms、650ms、750ms、720ms。C70普通混凝土的脆性指数为23,掺加钢纤维同样可以大幅降低混凝土的脆性指数。钢纤维的掺入有利于改善混凝土的冲击倾向性,并且随着钢纤维掺量的增加,混凝土的弹性能量指数、冲击能量指数、动态破坏时间和脆性指数均向着无冲击倾向性方向发展。

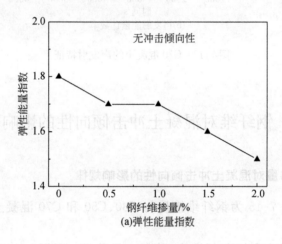

(a)弹性能量指数

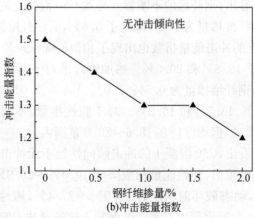

(b)冲击能量指数

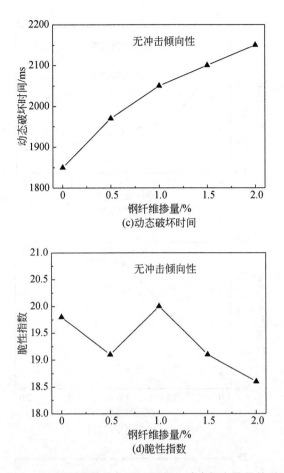

(c)动态破坏时间

(d)脆性指数

图 7-13　钢纤维掺量与 C30 混凝土冲击倾向性的关系

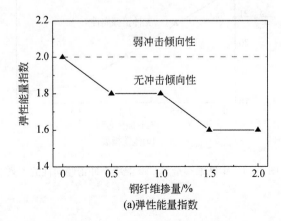

(a)弹性能量指数

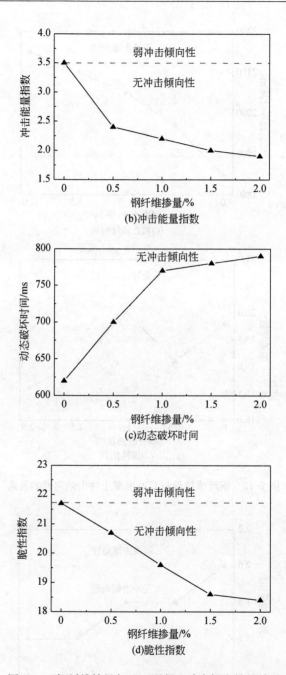

(b)冲击能量指数

(c)动态破坏时间

(d)脆性指数

图 7-14　钢纤维掺量与 C50 混凝土冲击倾向性的关系

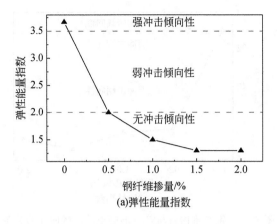

(a)弹性能量指数

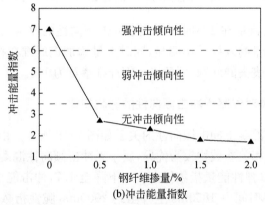

(b)冲击能量指数

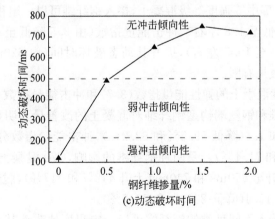

(c)动态破坏时间

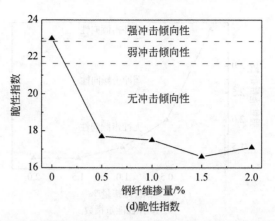

图 7-15　钢纤维掺量与 C70 混凝土冲击倾向性的关系

考虑到钢纤维掺量在 1％时对混凝土冲击倾向性的改善已经较为明显,并且继续增大钢纤维掺量的效果并不明显,同时大量添加钢纤维在拌和的过程中会出现工作性能大幅度丧失的问题,因此确定钢纤维掺量为 1％。

7.4.2　钢纤维种类对混凝土冲击倾向性的影响规律

钢纤维种类与混凝土冲击倾向性的关系如图 7-16 所示。由图可见,C30 等低强度等级混凝土的相关参数均较为优异,属于无冲击倾向性混凝土,钢纤维的掺入对其改善效果不大(弹性能量指数仅由 1.8 下降至 1.7,冲击能量指数由 1.5 下降至约 1.4,动态破坏时间由 1850ms 上升至约 2000ms,脆性指数由 19.8 下降至约19.6)。对于 C50 等中等强度等级混凝土,掺入钢纤维可以一定程度降低其弹性能量指数(由 2.0 降低至 1.8 左右)、冲击能量指数(由 3.5 降低至 2.0 左右)和脆性指数(由 21.7 降低至 19.5 左右),提升其动态破坏时间(由 620ms 上升至 800ms左右),但是改善效果有限。

C70 等高强度混凝土的弹性能量指数(3.7)和冲击能量指数(7.0)极高,1％的剪切波浪型钢纤维和钢丝端钩型钢纤维对混凝土的改善最为明显,弹性能量指数分别降低至 1.5 和 1.4(降低 59.5％和 62.2％),冲击能量指数分别降低至 2.3 和2.0(降低 67.1％和 71.4％)。受两种钢纤维的影响,C70 混凝土的动态破坏时间由 120ms 分别上升至 650ms 和 740ms(上升 442％和 517％),脆性指数由 23.0 分别降低至 17.5 和 16.4(降低 23.9％和 28.7％)。

在混凝土中掺入不同种类的钢纤维可以一定程度地改善其冲击倾向性,所选用的四种纤维中,钢丝端钩型钢纤维最为优异,剪切波浪型钢纤维次之。但是综合而言,钢纤维种类对混凝土冲击倾向性的影响并不明显。

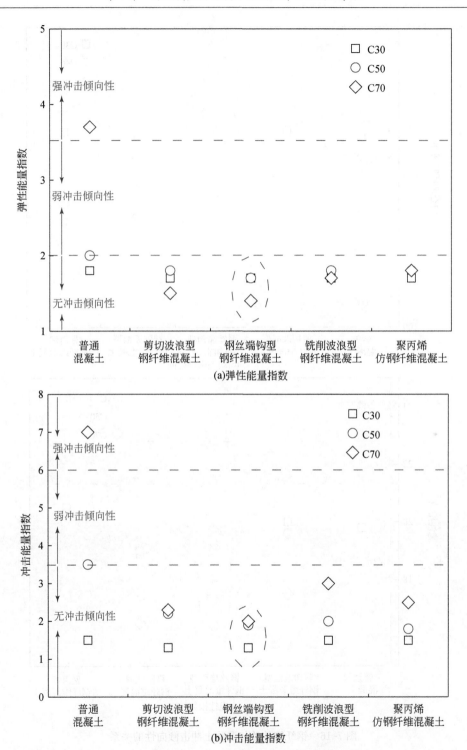

(a)弹性能量指数

(b)冲击能量指数

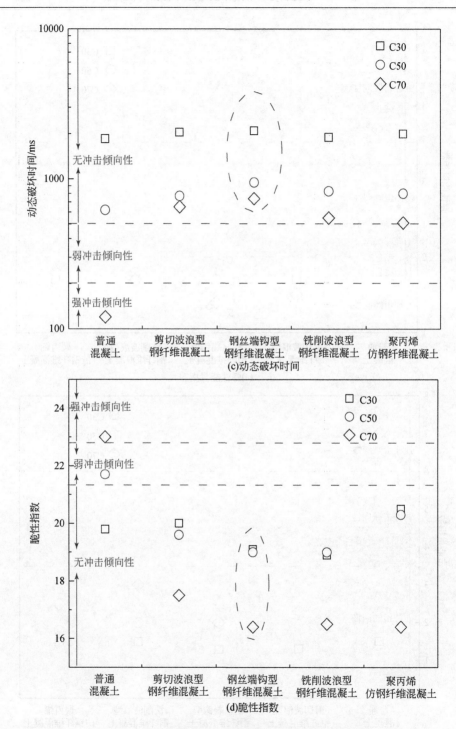

(c)动态破坏时间

(d)脆性指数

图 7-16　钢纤维种类与混凝土冲击倾向性的关系

7.5　深地工程结构混凝土设计

7.5.1　功能型混凝土材料设计思路

混凝土作为一种早期具有流动性而后期产生强度的多相复合材料,被广泛应用于水利、核电、桥梁和地铁等重大工程。为保证工程混凝土结构的服役寿命,工程研究人员通过实际的工程需求,明确混凝土的功能性后进行相应的设计,进行一系列力学和耐久性能研究后确保其满足相关的指标要求。

Charron 等[23]和 Yuan 等[24]为保障公路、桥梁等混凝土屏障在车辆和吊载货物等引起的低速冲击后仍能安全作业,借助纤维能够延缓裂纹传播的原理,设计钢纤维混凝土并开展低速冲击试验,确保材料能够起到安全有效的防护作用。为应对飓风袭击房屋[25]、大型车辆碰撞桥墩[26]和大型建筑物恐怖袭击[27]等事件,现代工程师 Ranade 等[28]以长度 12.7mm、直径 28μm 的超细小聚乙烯纤维替代工程常用的长度 30mm、直径 500μm 的钩型纤维,设计出高强高延性混凝土;通过重锤冲击和数值模拟试验证明了高强高延性混凝土板能够承受 20 次的冲击并保持自身完整性,而普通的钩型纤维混凝土无法达到此性能。Jin 等[29]研究混凝土在硫酸钠和氯化钠复合溶液中的劣化过程与机理,提出了以粉煤灰为矿物掺合料的混凝土可以有效抵抗高浓度化学离子环境,延长混凝土的服役寿命。Uthaman 等[30]在粉煤灰混凝土的基础上掺入纳米颗粒协同作用抵抗海水对混凝土的侵蚀作用,发现 1‰的纳米 TiO_2 和 1‰的纳米 $CaCO_3$ 有助于提升混凝土的早期和后期强度。

《"十三五"国家科技创新规划》提出,要加强"四深"领域的战略高技术部署,其中"深地"领域是国家保证能源资源安全、扩展经济社会发展空间的重大领域。但是深地环境,如高地应力、高地温、高渗水压与强腐蚀等诸多不确定环境因素对深部工程建设提出了前所未有的挑战。其中深部矿井井壁和硐室结构混凝土材料要长期经受深部"三高一腐蚀"等力学和化学作用。

7.5.2　深地工程矿井混凝土存在的问题

现代土木工程人员的研究普遍集中于解决住房、交通和水利等工程建筑材料问题,而对于深地极端环境中支护材料的应用极少。在浅部地层,工程人员常以四组分低强度混凝土进行施工。随着矿产开发进入深部,地应力和渗水压等环境因素的变化,井筒材料的设计以提高标号为主要方式。

在深部"三高一腐蚀"环境因素影响下,现有的井壁支护混凝土易产生诸多问题。

　　(1)在高地应力的环境中,由于开采扰动和爆破等因素影响,部分高强井壁或巷道混凝土易产生应力集中现象,混凝土内部积聚大量弹性势能而无法耗散,在某一瞬间释放而发生大面积破坏(图 7-17)。虽然也有部分学者开始着眼于钢纤维井壁混凝土的研究[31,32],但也会出现一系列问题,不足以应对深部应力环境。

　　(2)在高渗水压作用下,普通混凝土的孔隙率完全不能满足实际工程需求,新城金矿进风井千米以下出现了大面积井壁混凝土透水现象(图 7-18),严重影响工期和安全。

　　(3)地下水中含有大量具有腐蚀性的化学离子,部分离子对井壁材料造成破坏。淮北某矿井井壁混凝土受约 $1748mg/L$ 的 SO_4^{2-} 影响 20 年后出现鼓胀现象,强度基本丧失,腐蚀深度达 $30\sim40mm$,对矿井的安全造成极大的影响(图 7-19)。同时,高地温也会加速腐蚀离子的渗入,混凝土及锚杆、锚索等破坏行为加剧。混凝土是一种具有蝴蝶效应的混沌体,在混凝土不断形成固结体的过程中,任何环境条件均会对混凝土产生长远的影响。

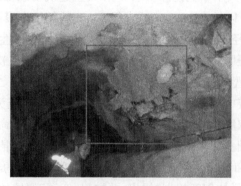

图 7-17　支护混凝土发生大面积破坏

图 7-18　井壁混凝土大量渗水

图 7-19　井壁混凝土受腐蚀影响

7.5.3　深地工程井壁混凝土的设计方法

"三高一腐蚀"问题的涌现,同时对于深部地层支护材料重视程度的缺乏,现有的普通井壁混凝土已经无法满足服役要求。

设计一种满足深井现实环境条件的新型井壁混凝土是当前急需完成的重要任务。参考近年来性能最为优异的混凝土——活性粉末混凝土(reactive pouder concrete,RPC)的设计原则,骨料协同胶凝材料体系形成最密实堆积体系,矿物掺合料二次水化增强混凝土耐久性等进行设计。

1. 深部地层对于材料设计强度与韧性的要求

深部矿井在 1500m 位置的水平地应力约为 45MPa,虽然存在围岩自承等因素,但是仍需要设计高强度等级混凝土(C70 左右),考虑到深部地层复杂应力条件的影响,需增强混凝土的韧性,同时考虑到经济性,采取 1% 体积掺量的抗腐蚀高强度纤维——微丝镀铜纤维(图 7-20),纤维参数如表 7-10 所示。

图 7-20　微丝镀铜纤维

表 7-10　微丝镀铜纤维的参数

纤维种类	抗拉强度/MPa	长度/mm	直径/mm
微丝镀铜纤维	>2850	13	0.22

2. 深部地层对于材料密实性的要求

为保证材料的密实性,剔除粗骨料,仅采用粒径为 2.05~0.85mm、0.42~0.18mm、0.18~0.15mm 的三种石英砂颗粒。通过石英砂的最紧密堆积试验和计算分析,可以得到三级砂的混掺比例为 1.00∶0.68∶0.56,紧密堆积密度为 1838kg/m³,表观密度为 2807kg/m³,此时为骨料的三级堆积密实状态,空隙率为 34.5%,其模型如图 7-21 所示[33,34],可以一定程度上保证混凝土的抗渗性,同时有利于其力学性能。

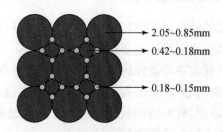

图 7-21　石英砂最密实堆积理论模型[34,35]

3. 深部地层对于材料抗腐蚀性能的要求

RPC 通常主要是使用水泥(平均粒径约为 11.6μm[23])和硅灰(纳米级)为二元粒径体系共同构成粉体的密实堆积。但是,该种类大体积井壁混凝土水化热较大,易造成混凝土开裂而导致耐久性的相关问题[36,37]。同时,密实度较低,无法满足深部地层渗水量大及高浓度腐蚀离子的特点。采用粉煤灰和矿粉复掺可以有效降低混凝土水化热,并且复掺材料与氢氧化钙发生二次水化进一步提升混凝土密实度,有效抵御腐蚀离子和地下水渗出[38,39]。孙伟院士在第十届全国水泥和混凝土化学及应用技术会议上提出:用矿物细粉取代 50%~60% 的水泥,提高性价比,是 RPC 材料今后研发的主攻方向之一。为保证混凝土的流动性能,需要将硅灰含量控制在 10% 以内。

4. 深部地层对于材料养护方式的要求

RPC 一般是通过高温、高压等方式加速胶凝材料水化达到足够的密实度,又或在 150℃ 以上高温就有可能形成托贝莫来石、硬硅钙石等高强度晶相,从而保证超高强度和耐久性的特征。在深部矿井中,一般通过吊笼将未硬化混凝土下降至深部后进行管道输送,预制构件难以实现。深部井壁混凝土在模具中养护会一定程度地受到地下水和地温的影响,地下水的渗入易造成混凝土水胶比增大,强度削减,偏高的温度却会加速水化反应,对强度有一定的提升作用。在本研究中,为了便于考虑,采用标准养护条件(20℃±1℃,95%RH)以表征混凝土的性能特征。

综合以上分析并结合前期的试验基础,本节提出一种具有高强度、高韧性且一定程度能够抵抗地下水渗出和腐蚀离子的水泥基材料——高强度、高韧性水泥基复合材料(high strength and toughness cementitious composites,HSTCC),配合比如表 7-11 所示。该配合比能一定程度地满足相应环境的需求,通过深部地层环境对 HSTCC 混凝土的影响分析后,此配合比在后续的研究中还存有优化空间。

表 7-11　HSTCC 配合比

| 种类 | 配合比/(kg/m³) | | | | | | | | | 坍落度/mm |
	水	水泥	粉煤灰	矿粉	硅灰	2.05～0.85mm 石英砂	0.42～0.18mm 石英砂	0.18～0.15mm 石英砂	微丝镀铜纤维	减水剂	
HSTCC	165	240	200	350	80	558	380	312	75	17	260

7.5.4　深地工程高韧性井壁材料力学性能

对 HSTCC 进行力学性能与冲击倾向性参数测定,如表 7-12 所示。HSTCC 在 28d 时的抗压强度为 85.8MPa,这与 Mostofinejad 等[40]在标准养护条件下获得的 RPC100 抗压强度(约为 86MPa)相近。HSTCC 的相关力学性能均最为优异,与强度等级相近的 C70 普通混凝土相比,其弹性能量指数、冲击能量指数和脆性指数分别降低了 81.1%、85.7% 和 57.8%,动态破坏时间提升了 2817%。相比 C70 1% 钢丝端钩型钢纤维混凝土,其弹性能量指数、冲击能量指数和脆性指数分别降低了 50.0%、50.0% 和 40.9%,动态破坏时间提升了 373%,相关性能亦有数倍的增加。HSTCC 是一种冲击倾向性极低的无冲击倾向性混凝土。

表 7-12　HSTCC 的力学性能与冲击倾向性

抗压强度/MPa	劈裂抗拉强度/MPa	脆性指数	弹性能量指数	冲击能量指数	动态破坏时间/ms
85.8	8.9	9.7	0.7	1.0	3500

7.6 小　结

本章从岩石的冲击倾向性角度切入,研究不同强度等级、钢纤维掺量和种类对混凝土冲击倾向性的影响,得出如下结论:

(1)混凝土与岩石一样,具有积蓄变形能并产生冲击破坏的性质称为混凝土的冲击倾向性,岩石的冲击倾向性指标均能够用于评价混凝土。对于常用普通素混凝土,混凝土强度越高,冲击倾向性越强。当混凝土强度等级超过 C50 时,其具有一定的冲击倾向性特征,需要采取必要的手段确保其安全服役。

(2)钢纤维的掺入虽然对混凝土的抗压强度影响不大,但可以明显改善混凝土的冲击倾向性,而钢纤维种类对混凝土冲击倾向性的影响并不明显。

(3)设计的 HSTCC 的弹性能量指数、冲击能量指数和脆性指数等均最低,且动态破坏时间是相同等级普通混凝土的数十倍,其冲击倾向性参数均为最为优异。

(4)弹性能量指数、冲击能量指数、动态破坏时间和脆性指数等指标均可以用于评价混凝土的冲击倾向性,但是其临界范围与岩石存在一定的差异性。

参 考 文 献

[1] 中国能源中长期发展战略研究项目组. 中国能源中长期(2030、2050)发展战略研究[M]. 北京:科学出版社,2011:228-256.

[2] 宋录生,赵善坤,刘军,等. "顶板-煤层"结构体冲击倾向性演化规律及力学特性试验研究[J]. 煤炭学报,2014,39(S1):23-30.

[3] 程桦,蔡海兵,荣传新,等. 深立井连接硐室群围岩稳定性分析及支护对策[J]. 煤炭学报,2011,36(2):261-266.

[4] 姜耀东,潘一山,姜福兴,等. 我国煤炭开采中的冲击地压机理和防治[J]. 煤炭学报,2014,39(2):205-213.

[5] 朱春华,夏永学,冯美华. 深部高应力冲击危险性厚煤层冲击地压防治技术[J]. 煤矿开采,2014,19(2):104-107,12.

[6] 姜福兴,魏全德,姚顺利,等. 冲击地压防治关键理论与技术分析[J]. 煤炭科学技术,2013,41(6):6-9.

[7] 吕进国,姜耀东,赵毅鑫,等. 冲击地压层次化监测及其预警方法的研究与应用[J]. 煤炭学报,2013,38(7):1161-1167.

[8] 赵善坤,李宏艳,刘军,等. 深部冲击危险矿井多参量预测预报及解危技术研究[J]. 煤炭学报,2011,36(S2):339-345.

[9] Kidybiński A. Bursting liability indices of coal[J]. International Journal of Rock Mechanics and Mining Sciences & Geomechanics Abstracts,1981,18(4):295-304.

[10] Singh S P. Burst energy release index[J]. Rock Mechanics and Rock Engineering,1988,

21(2)：149-155.

[11] Singh S P. Classification of mine workings according to their rockburst proneness[J]. Mining Science and Technology，1989，8(3)：253-262.

[12] 国家煤炭工业局. 煤层冲击倾向性分类及指数的测定方法(MT /T 174—2000)[S]. 北京：中国煤炭工业出版社，2001.

[13] Zhang J X，Ma Y W，Zheng J Z，et al. Chloride diffusion in alkali- activated fly ash/slag concretes：Role of slag content，water/binder ratio，alkali content and sand- aggregate ratio[J]. Construction and Building Materials，2020，261：119940.

[14] Han X，Feng J J，Shao Y X，et al. Influence of a steel slag powder- ground fly ash composite supplementary cementitious material on the chloride and sulphate resistance of mass concrete[J]. Powder Technology，2020，370：176-183.

[15] 中华人民共和国国家质量监督检验检疫总局，中国国家标准化管理委员会. 通用硅酸盐水泥(GB 175—2007)[S]. 北京：中国标准出版社，2008.

[16] 中华人民共和国住房和城乡建设部. 混凝土强度检验评定标准(GB /T 50107—2010)[S]. 北京：中国建筑工业出版社，2010.

[17] 中华人民共和国国家质量监督检验检疫总局，中国国家标准化管理委员会. 煤和岩石物理力学性质测定方法 第 7 部分：单轴抗压强度测定及软化系数计算方法(GB/T 23561. 7—2009)[S]. 北京：中国标准出版社，2009.

[18] Noorsuhada M N. An overview on fatigue damage assessment of reinforced concrete structures with the aid of acoustic emission technique[J]. Construction and Building Materials，2016，112：424-439.

[19] Behnia A，Chai H K，Shiotani T. Advanced structural health monitoring of concrete structures with the aid of acoustic emission[J]. Construction and Building Materials，2014，65：282-302.

[20] Evans M J，Webster J R，Cawley P. Design of a self- calibrating simulated acoustic emission source[J]. Ultrasonics，2000，37(8)：589-594.

[21] Ohtsu M. Prospective applications of AE measurements to infra- dock of concrete structures[J]. Construction and Building Materials，2018，158：1134-1142.

[22] Wang J Y，Guo J Y. Damage investigation of ultra high performance concrete under direct tensile test using acoustic emission techniques[J]. Cement and Concrete Composites，2018，88：17-28.

[23] Charron J P，Desmettre C，Androuët C. Flexural and shear behaviors of steel and synthetic fiber reinforced concretes under quasi- static and pseudo- dynamic loadings[J]. Construction and Building Materials，2020，238：117659.

[24] Yuan S J，Hao H，Zong Z H，et al. A study of RC bridge columns under contact explosion[J]. International Journal of Impact Engineering，2017，109：378-390.

[25] Padgett J，DesRoches R，Nielson B，et al. Bridge damage and repair costs from Hurricane Katrina[J]. Journal of Bridge Engineering，2008，13(1)：6-14.

[26] El-Tawil S, Severino E, Fonseca P. Vehicle collision with bridge piers[J]. Journal of Bridge Engineering, 2005, 10(3): 345-353.

[27] Yoo D Y, Banthia N. Mechanical and structural behaviors of ultra-high-performance fiber-reinforced concrete subjected to impact and blast[J]. Construction and Building Materials, 2017, 149: 416-431.

[28] Ranade R, Li V C, Heard W F, et al. Impact resistance of high strength-high ductility concrete[J]. Cement and Concrete Research, 2017, 98: 24-35.

[29] Jin Z Q, Sun W, Zhang Y S, et al. Interaction between sulfate and chloride solution attack of concretes with and without fly ash[J]. Cement and Concrete Research, 2007, 37(8): 1223-1232.

[30] Uthaman S, Vishwakarma V, George R P, et al. Enhancement of strength and durability of fly ash concrete in seawater environments: Synergistic effect of nanoparticles[J]. Construction and Building Materials, 2018, 187: 448-459.

[31] Chen L J, Zhang X X, Liu G M. Analysis of dynamic mechanical properties of sprayed fiber-reinforced concrete based on the energy conversion principle[J]. Construction and Building Materials, 2020, 254: 119167.

[32] Xue W P, Yao Z S, Jing W, et al. Experimental study on permeability evolution during deformation and failure of shaft lining concrete[J]. Construction and Building Materials, 2019, 195: 564-573.

[33] 刘娟红, 宋少民. 活性粉末混凝土——配制、性能与微结构[M]. 北京:化学工业出版社, 2013.

[34] 刘娟红, 宋少民. 绿色高性能混凝土技术与工程应用[M]. 北京:中国电力出版社, 2011.

[35] 刘娟红, 宋少民. 颗粒分布对活性粉末混凝土性能及微观结构影响[J]. 武汉理工大学学报, 2007, 29(1): 26-29.

[36] 李康, 刘娟红, 卞立波. 复合胶凝材料井壁高强混凝土的性能与水化机理[J]. 煤炭学报, 2015, 40(S2): 353-358.

[37] de Matos P R, Junckes R, Graeff E, et al. Effectiveness of fly ash in reducing the hydration heat release of mass concrete[J]. Journal of Building Engineering, 2020, 28: 101063.

[38] Harilal M, Anandkumar B, Lahiri B B, et al. Enhanced biodeterioration and biofouling resistance of nanoparticles and inhibitor admixed fly ash based concrete in marine environments[J]. International Biodeterioration & Biodegradation, 2020, 155: 105088.

[39] Moffatt E G, Thomas M D A. Performance of 25-year-old silica fume and fly ash lightweight concrete blocks in a harsh marine environment[J]. Cement and Concrete Research, 2018, 113: 65-73.

[40] Mostofinejad D, Nikoo M R, Hosseini S A. Determination of optimized mix design and curing conditions of reactive powder concrete (RPC)[J]. Construction and Building Materials, 2016, 123: 754-767.

第 8 章 静动荷载作用下高韧性井壁混凝土破坏特征及能量演化机制

8.1 概　述

随着超深井建设深度的不断增加,"三高一腐蚀"等极端环境涌现。为设计满足深地属性的混凝土材料,第 7 章提出了与岩石一致的混凝土冲击倾向性概念。采用低冲击倾向混凝土是阻止采场岩爆发生的内在因素,但是是否可以真正而有效地避免深部地层或关键结构部位混凝土的剥落、岩爆和崩解等破坏现象,需要进一步探究发生岩爆的外部因素即不同程度应力扰动和动力荷载对混凝土的影响机制,以确保矿井的安全正常服役。

在深部高应力区域服役的高强度等级混凝土,会受到静力扰动或冲击破坏等不同形式的力学因素影响[1],如在矿山开采过程中,会造成较强的应力集中及应力转移,在应力重分布的过程中,支护混凝土将受到一定程度循环变化荷载的作用。除此之外,矿井在施工过程中,下层岩石爆破,上层井壁混凝土养护,早期的支护混凝土会受到炸药爆破动力荷载的影响,后期亦可能受到相邻矿井爆破的轻微动力荷载或岩石冲击破坏等因素的干扰。外部输入能量驱动着材料的变形与破坏[2],影响结构的安全。

对于深部岩石(如煤岩、花岗岩等)在静力或动力荷载作用下的力学行为与性能特征已展开一定的研究工作,为深部开采工作提供了保证。本章以满足深地应力条件的 C70 等级的各种类混凝土(普通高强高性能混凝土 NHSC 和 1‰钢丝端钩型钢纤维混凝土 SFRC)为例展开研究,并对比设计的新型高强度、高韧性水泥基复合材料(HSTCC)的深地属性。通过单轴循环加卸载、声发射、75mm SHPB 和超声检测等试验,研究不同加载条件下混凝土的能量演化、损伤和破坏机理。在这些标准条件下得到的相关力学参数在一定程度上代表不同种类混凝土在深部地下环境中的性能,可以为深地混凝土材料的甄选提供依据。

8.2 井壁混凝土在静力荷载作用下的破坏模式和能量特征

本章设计的 C70 等级的三种混凝土的配合比和 28d 抗压强度如表 8-1 所示,

对这三种混凝土进行静、动力荷载试验,以明确相应的宏细观变化过程。

表 8-1　C70 等级典型种类混凝土配合比和 28d 抗压强度

种类	配合比/(kg/m³)									28d 抗压强度 /MPa
	水	水泥	粉煤灰	矿粉	硅灰	石英砂	河砂	石子	纤维	
NHSC	145	350	100	60(S95)	50	—	650	1070	—	80.4
SFRC	145	350	100	60(S95)	50	—	650	1070	78	78.7
HSTCC	165	240	200	350(S105)	80	1250	—	—	75	85.8

8.2.1　单轴加卸载对混凝土性能影响的试验方法

在地下工程领域经常会遇到材料遭受循环加卸载作用,如矿井的开采易造成某些部位材料的应力集中及应力转移等。为更好地明确循环荷载作用下材料的强度与变形特征,有必要对深部工程材料在单轴加卸载作用下的特征行为进行深入分析。

徐速超等[3]采用 MTS 系统结合声发射对矽卡岩进行循环加卸载试验(先加载至峰值强度的 50% 后卸载至 5%,后每次增加 10% 荷载进行加卸载,直至试件破坏),对比单轴压缩试验(直接加载至试件破坏)和单次加卸载试验(先加载至峰值强度的 80% 后卸载至 5%,再次加载至试件破坏),随着循环次数的增加,试件弹性模量和强度略有提高;若前期加载过程中已经形成宏观裂纹,则循环加载会促使裂纹层间滑移,加速试样的破坏。夏冬等[4]设计 10kN/min 的加载速率,首先对饱和水岩石加载至 20% 的峰值强度后卸载至 5%,每次以 10kN 的增量荷载再次加载并卸载直至试件破坏,明确了岩石能量耗散值与循环次数呈线性相关,后一循环的能耗并不等于前几次循环的能耗之和。苏晓波等[5]为研究含黏结面花岗岩在单轴压缩作用下的能量演化特征,在伺服刚性压力试验机上以 0.01mm/min 加载速率和 0.02mm/min 卸载速率对试件进行 8 次循环加卸载试验并附加声发射采集信号,当荷载水平达到一定程度,即花岗岩积聚的弹性能超过黏结面破坏的表面能时,花岗岩在卸载时发生短促而强烈的破坏行为。

在外部荷载作用下改变混凝土内部结构的过程中,能量从一种形式转化为另一种形式,并产生熵[6,7]。输入的能量一部分转化为可以释放的弹性能,另一部分通过损伤或塑性变形耗散,符合能量守恒定律。如图 8-1 所示,弹性能和耗散能分别用 DEF 和 ODE 表示,根据热力学第二定律,耗散能是不可逆的,是单向的,而储存的弹性能是可逆的,是双向的。因此,本试验中的耗散能是当前周期和前一周期的所有耗散能之和,输入能量是当前周期的输入能量和前一周期的所有耗散能之和。

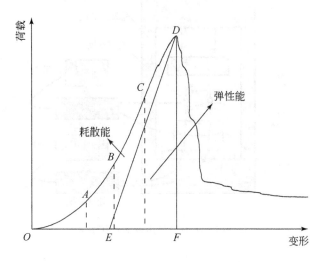

图 8-1　单轴加卸载作用下混凝土的能量计算

将经标准养护（20℃±1℃,95％RH）28d 后的三种圆柱形试件（NHSC、SFRC 和 HSTCC）取出,用 1000 目的砂纸进行打磨,保证试件表面平整。采用单轴液压伺服试验机、引伸计和声发射探测仪进行单轴循环加载试验（图 8-2 和图 8-3）。每个循环的峰值荷载增加约 10kN,循环加卸载方式如图 8-4 所示。混凝土的荷载和变形关系可以由连接到引伸计的处理系统记录。混凝土试件中产生的微裂缝及其他不可逆变化引起的音频信号由连接到声发射的传感器监测[8,9]。

图 8-2　TAW-2000 型微机控制高低温岩石三轴试验机

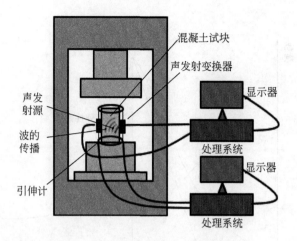

图 8-3　压力机与声发射连接方式

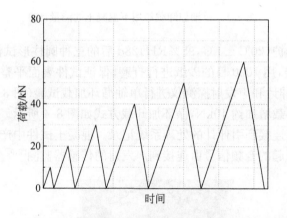

图 8-4　循环加卸载方式

8.2.2　混凝土在静力荷载作用下的破坏模式和能量演化

NHSC、SFRC 和 HSTCC 三种混凝土的荷载-变形曲线和能量演化特征如图 8-5 所示。对混凝土测定普通抗压强度，一般强度大于等于 60MPa 时，试验加载速率取 0.8~1.0MPa/s[10]，而在用单轴伺服试验机完成试验时，加卸载速率远远小于标准。测定混凝土强度的标准试件为 150mm×150mm×150mm 的立方体，而本次试验的圆柱试件较小，由于其不均匀性引起的尺寸效应，几种混凝土的应力峰值均低于其标准抗压强度。

在每次循环曲线中都会出现一个滞回环，并且随着循环次数的增加，滞回环面积逐渐增大,显然,耗散能随荷载的上升而增加。NHSC 的滞回曲线尖锐且不饱满,说明其延性较差,耗能能力弱。SFRC 和 HSTCC 的滞回曲线呈梭形,代表两者具有较强的塑性变形和耗能能力。

由图 8-5(b)可知,NHSC 的耗散能比例为 40%～50%,且随着荷载的增加不断降低。图 8-5(a)曲线中,前期循环加卸载变形很大,在弹性阶段输入的总能量除转化为弹性势能外,大部分被塑性变形消耗。图 8-6 中声发射的前四次振铃和能量计数主要集中在 250s、750s、1400s、2300s 附近,但它们均不明显,混凝土几乎没有发生大损伤,耗散能主要以塑性变形为主。中期循环加卸载,滞回环底部尖端不断向原点偏移,荷载越大,偏移越大,与前一滞回环的尖端更接近,说明塑性变形减小,越接近峰值强度,应变硬化越明显,因此耗散能比例出现略微降低的现象。NHSC 的耗能方式取决于早期基体的塑性流动和后期基体的开裂。由于应变硬化机制的影响,NHSC 积累了大量的弹性能,这些弹性能不容易被塑性变形耗散。当某一位置的弹性能超过单位表面能时,沿荷载方向出现裂纹。弹性能量将聚集在裂缝的尖端[11],从而导致裂缝迅速发展。最终,约 3500s 处多条裂纹的汇合形成贯穿截面(图 8-9(a))。在这样缓慢的加载过程中,能量释放现象并不明显。

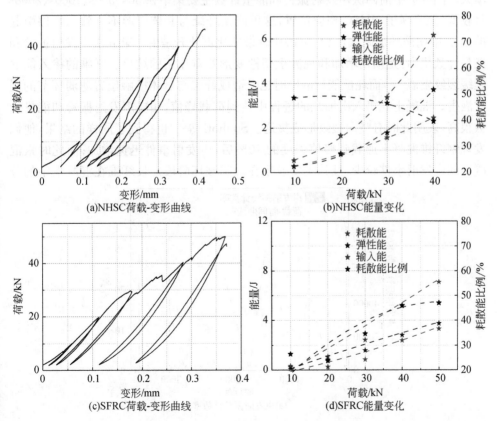

(a)NHSC荷载-变形曲线

(b)NHSC能量变化

(c)SFRC荷载-变形曲线

(d)SFRC能量变化

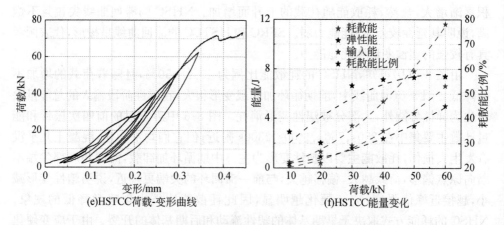

(e)HSTCC荷载-变形曲线　　　　　　　　(f)HSTCC能量变化

图 8-5　三种混凝土的荷载-变形曲线和能量演化特征

图 8-5(d)中，随着荷载的增加，SFRC 耗散能比例为 30%～50%，跨度较大。由图 8-5(c)可见，SFRC 前期循环加卸载变形小，随着荷载的增加，混凝土的变形增大。图 8-7 中前四次声发射振铃和能量计数主要集中在 50s、500s、1000s、2000s 且较低，但要高于 NHSC 相应位置，这可能是纤维与基体变形不一致而摩擦引起的[12]。中期循环加卸载，图 8-5(d)中耗散能比例陡升是由于第五次声发射振铃和能量计数很高，是损伤增加和混凝土塑性变形双重作用的结果。纤维的掺入能够延缓裂纹发展[13]，而耗散能量的同时也会造成纤维与基体接触位置薄弱环节的裂纹滋生。混凝土在第六次加载的过程中达到荷载峰值，相应声发射振铃和能量计数很高，表明此时有竖向裂纹形成贯通。Soulioti 等[14]也得到了同样的结果，他们发现钢纤维混凝土加载到峰值强度的 70% 后，声发射事件迅速增加；而此时素混凝土的声发射事件较少，且其主要发生在濒临破坏阶段。长纤维在混凝土中的分

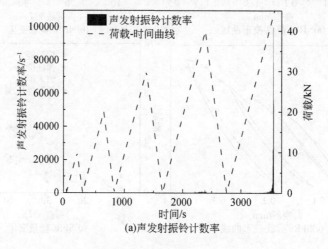

(a)声发射振铃计数率

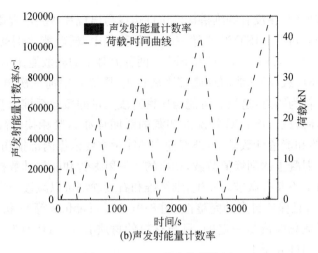

(b)声发射能量计数率

图 8-6　NHSC 的声发射特征

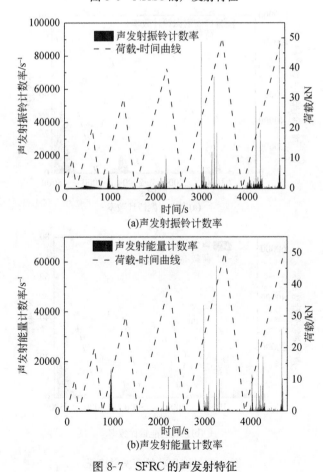

(a)声发射振铃计数率

(b)声发射能量计数率

图 8-7　SFRC 的声发射特征

布若无法足够均匀,在没有纤维搭接的试件边缘易出现片状剥落现象(图 8-9(b))。

由图 8-5(f)可得,HSTCC 在第三个循环荷载中,耗散能比例就超过了 50%,且逐渐稳定至 58%,高于 NHSC 和 SFRC 两种混凝土的耗散能比例。图 8-5(e)曲线中,前期循环荷载,相邻滞回环底部距离很近,图 8-8 中前三次声发射振铃和能量计数就已经较为明显,这极有可能与压密阶段大量的微丝纤维与基体摩擦有关。第 4~6 次循环荷载,HSTCC 每次加卸载的滞回环亦紧紧相挨,混凝土的变形很小,声发射振铃和能量计数较多,外部输入的能量主要依靠内部损伤进行消耗。在第 7 次加载中混凝土达到峰值荷载,相应的声发射振铃和能量计数持续时间较长,说明混凝土内部不断有微破裂发生,细纤维和石英砂都可以减缓裂纹的发展,并储存许多损伤[15],且保持自身的完整性(图 8-9(c))。Tepfers 等[16]和 Lei 等[17]发现材料的累计耗散总能量是一定的,只与材料的材质有关。HSTCC 相应的耗能能力略高于其他两种混凝土。

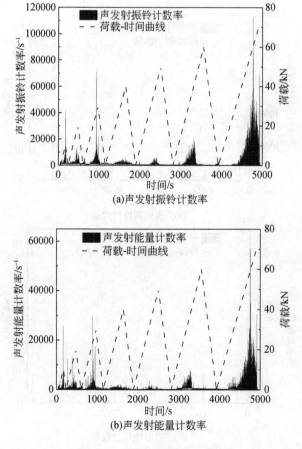

(a)声发射振铃计数率

(b)声发射能量计数率

图 8-8　HSTCC 的声发射特征

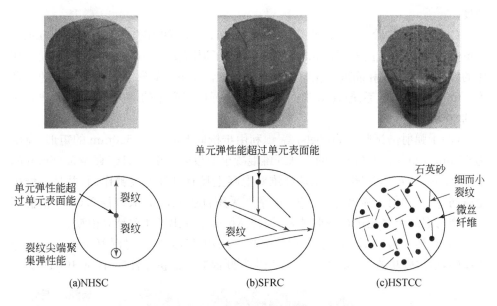

图 8-9　单轴循环加卸载测试的混凝土破坏模式

目前,许多采矿工程都在盲目提高混凝土标号,以防止混凝土破坏现象。这种做法可能会降低混凝土破坏发生的频率,但地下应力分布变幻莫测,一旦混凝土发生崩塌,其破坏能力远远大于低强度混凝土,从而提升了混凝土破坏的威力。这有必要通过能量的自我耗散来削弱混凝土的破坏危险,HSTCC 极强的耗散能力会一定程度上保证矿井内部安全。

8.3　井壁混凝土在动力荷载作用下的破坏模式和能量特征

8.3.1　动力荷载对混凝土性能影响的试验方法

为表征混凝土受动力荷载作用后的性能特征,一般采用具有冲击力的弹体对材料进行撞击,通过一系列完整的设备对需要的参数进行测定和分析。

混凝土动力荷载试验方法大致可以分为四类:

(1)重锤下落试验。Vivas 等[18]设计了一颗重 5kg、长 150mm 的半圆截面线型重锤,将它从 4m 的高度通过钢线的牵引落下,撞击底部的混凝土试件,并通过配套的系统采集数据(图 8-10(a)),得到了不同纤维种类和掺量混凝土的抗冲击能力及裂纹扩展规律。Zhou 等[19] 和 Hussain 等[20]也设计相似的重锤试验,其试验装置相较于前者偏简易,通过弹体的自由落体运动,以下落高度控制冲击试件的速度。

(2)SHPB 试验。Yang 等[21]采用直径为 74mm 的 SHPB 系统对 $\phi70\text{mm}\times$ 35mm 的橡胶混凝土进行循环冲击试验,明确了混凝土受飞机、车辆撞击等动力作用的裂纹发育路径和能量演化特征。Li 等[22]和 Wang 等[23]同样采用类似的直径为 75mm 的 SHPB 系统(图 8-10(b)),研究高强度混凝土的动力学性能,并建立对应的本构模型。

(3)子弹射击试验。Trabelsi 等[24]利用步枪向 500mm×500mm 的矩形(厚度为 50mm、100mm、150mm)仙人球纤维混凝土薄板射击重 3.61g、直径 5.56mm 的子弹(图 8-10(c)),证明了纤维球纤维对混凝土具有良好的改善作用,并且纤维用量越高,抗子弹射击能力越强。Feng 等[25]采用直径 12.7mm、口径 3.0mm 的椭圆形子弹对混凝土厚靶进行侵彻试验,综合模拟结果提出了相关计算模型。

(4)炸药试验。Ichino 等[26]和 Yu 等[27]均用 TNT 炸药对混凝土平板进行冲击试验,通过弹坑直径和剥落基体体积来判断混凝土的抗爆性能(图 8-10(d))。

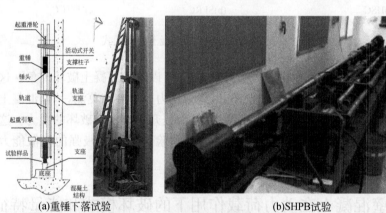

(a)重锤下落试验　　　　　　　　　(b)SHPB试验

(c)子弹射击试验　　　　　　　　(d)炸药试验

图 8-10　动力学试验方法[9,15,16,19]

本节根据四种动力学试验的特性,同时参考深地围岩受冲击荷载影响的试验方法(李晓锋等[28]采用直径 50mm 的 SHPB 装置对灰岩、白云岩和砂岩进行动态冲击,得到了岩石耗散能密度、破碎尺寸与应变率关系等关键信息。Ai 等[29]同样通过直径 50mm 的 SHPB 装置探讨岩石的裂纹扩展规律),采用 SHPB 系统对混凝土试件进行动力学研究。

因为混凝土是由砂、石与胶凝材料形成的复合材料,其离散性偏大,所以选择直径 75mm 的 SHPB 装置进行试验。从 SHPB 试验中试件应力均匀化角度,设计混凝土长径比为 0.8[30,31]。混凝土的动力学试验采用标准养护 28d 后的 100mm×100mm×100mm 立方体试件进行加工打磨,形成 ϕ75mm×60mm 的混凝土圆柱体试件(图 8-11)。

图 8-11　SHPB 试验试件

SHPB 最早起源于 Hopkinson[32]设计的铁线应力波试验,后被研制为 SHPB 装置来确定爆炸所产生的压力[33]。之后的几十年里,SHPB 不断完善和发展[34,35],最终成为如今所用的 SHPB 系统,SHPB 已经成为测定材料动力学特征的标准方法。

经典的 SHPB 装置是由子弹、输入杆、输出杆、吸收杆和底部阻尼器等多个部件组成的。通过气压可以控制子弹射出的大致速度范围,通过子弹与入射杆间的测速仪可确定子弹打出的确切速度。在输入杆和输出杆中安装了应变装置,通过连接的超动态应变采集仪可以捕获应变信息,并反馈至处理系统,具体装置示意图如图 8-12 所示。

试件两端都涂上润滑剂,以保持足够的表面光滑度,将试件放置于输入杆与输出杆之间(图 8-13)。由于气体压力无法精确控制撞击速度,每组测试至少重复三次以上。

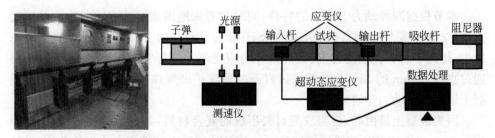

图 8-12　SHPB 装置示意图

图 8-13　试件的放置

SHPB 最大的特点是巧妙地避免了在高应变率加载下直接测量物体应力-应变的困难,如图 8-12 所示,当子弹从腔体击中入射杆时,会产生压缩应力波并向混凝土试块传播。由于入射杆的阻抗大于试件的应力波阻抗,入射杆的接触面会产生反射波,透射杆也会产生透射波[29]。

根据一维应力波理论,输入杆和输出杆上的力可以分别通过式(8-1)和式(8-2)来表示[36]:

$$P_1 = AE(\varepsilon_i + \varepsilon_r) \tag{8-1}$$

$$P_2 = AE\varepsilon_t \tag{8-2}$$

式中,A 为输入杆和输出杆的横截面面积,取值为 44.16cm^2;ε_i 为入射波的应变;ε_r 为反射波的应变;ε_t 为透射波的应变。

输入杆和输出杆末端的速度 v_1 和 v_2 可分别通过式(8-3)和式(8-4)来表示:

$$v_1 = c(\varepsilon_i - \varepsilon_r) \tag{8-3}$$

$$v_2 = c\varepsilon_t \tag{8-4}$$

式中,c 为杆的一维纵向应力波速度,取值为 5190m/s。

输入杆端和输出杆端的位移可分别根据式(8-5)和式(8-6)得到。

$$u_1 = c \int_0^{t_0} (\varepsilon_i - \varepsilon_r) \mathrm{d}t \tag{8-5}$$

$$u_2 = \int_0^{t_0} \varepsilon_t \mathrm{d}t \tag{8-6}$$

混凝土试件的应力 $\delta(t)$、应变 $\varepsilon(t)$ 和应变率 $\dot{\varepsilon}(t)$ 可分别由式(8-7)、式(8-8)和式(8-9)(三波式方法)计算:

$$\delta(t) = \frac{AE}{2A_0} [\varepsilon_i(t) + \varepsilon_r(t) + \varepsilon_t(t)] \tag{8-7}$$

$$\varepsilon(t) = \frac{c}{l} \int_0^t [\varepsilon_i(t) - \varepsilon_r(t) - \varepsilon_t(t)] \mathrm{d}t \tag{8-8}$$

$$\dot{\varepsilon}(t) = \frac{c}{l} (\varepsilon_i - \varepsilon_r - \varepsilon_t) \tag{8-9}$$

式中, A_0 和 l 分别为试件的横截面面积和长度, A_0 取值为 $44.16\mathrm{cm}^2$, l 取值为 $60\mathrm{cm}$, t 为冲击过程的持续时间。

SHPB 应力波的能量由式(8-10)[34,37]计算,耗散能 W_d 可用式(8-11)表示。

$$W = \frac{A}{\rho c} \int_0^t \delta^2(t) \mathrm{d}t \tag{8-10}$$

$$W_d = W_i - (W_r + W_t) \tag{8-11}$$

式中, W_i 为入射能量; W_r 为反射能量; W_t 为透射能量。

采用耗散能比 w 表征混凝土试件的耗能能力,计算公式为

$$w = \frac{W_d}{W_i} \tag{8-12}$$

图 8-14 给出了实测电压-时间曲线。

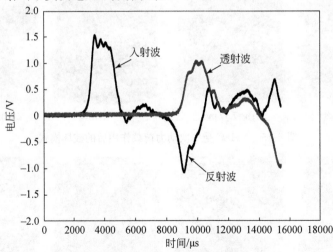

图 8-14　实测电压-时间曲线

8.3.2 混凝土在动力荷载作用下的破坏模式

1. 单次动力荷载作用下混凝土的破坏模式

图 8-15～图 8-17 为三种典型混凝土受单次动态荷载作用后的破坏模式。当冲击速度为 5.14～6.90m/s 时,NHSC 试件表面无明显裂纹出现(图 8-15(a)～(d))。当冲击速度提高至 7.14m/s 时,NHSC 试件表面从上端至底部出现了一条细小的穿透型裂纹(图 8-15(e))。当冲击速度达到 8.62m/s 时,NHSC 试件破碎成多个块状体(图 8-15(h))。当冲击速度为 4.84～7.95m/s 时,SFRC 试件表面完好无损(图 8-16(a)～(e)),当冲击速度提高至 9.94m/s 时,SFRC 试件表面出现多条竖向细小的搭接裂纹(图 8-16(g)),当冲击速度达到 11.09m/s 时,SFRC 试件表面自上而下显现两条穿透型裂纹(图 8-16(h))。当冲击速度为 4.93～9.16m/s 时,HSTCC 试件均未出现明显裂纹或破坏现象(图 8-17(a)～(f)),当冲击速度达 11.54m/s 时,HSTCC 试件表面才出现细小的非贯穿型竖向裂纹(图 8-17(h))。

(a)v=5.14 m/s   (b)v=6.45 m/s   (c)v=6.67 m/s   (d)v=6.90 m/s

(e)v=7.14 m/s   (f)v=7.37 m/s   (g)v=7.47m/s   (h)v=8.62 m/s

图 8-15　NHSC 受单次动力荷载作用后的破坏模式

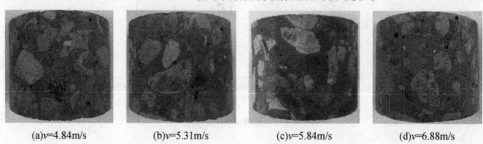

(a)v=4.84m/s   (b)v=5.31m/s   (c)v=5.84m/s   (d)v=6.88m/s

(e)v=7.95m/s　　(f)v=8.46m/s　　(g)v=9.94m/s　　(h)v=11.09m/s

图 8-16　SFRC 受单次动力荷载作用后的破坏模式

(a)v=4.93m/s　　(b)v=6.23m/s　　(c)v=6.74m/s　　(d)v=7.20m/s

(e)v=8.96m/s　　(f)v=9.16m/s　　(g)v=10.30m/s　　(h)v=11.54m/s

图 8-17　HSTCC 受单次动力荷载作用后的破坏模式

2. 三次动力荷载作用下混凝土的破坏模式

图 8-18～图 8-20 为三种典型混凝土受连续三次动力荷载作用后的破坏模式。NHSC 试件在约 5.5m/s 的连续三次动态冲击下,外观没有明显变化(图 8-18(a)),当冲击速度达到约 6.5m/s 时,出现穿透的细小裂纹(图 8-18(b))。当三次冲击速度达约 7.5m/s 时,NHSC 试件比受单次 8.62m/s 的冲击后碎裂更加严重,试件呈数个小块并伴随出现了许多粉末状颗粒(图 8-18(c))。SFRC 试件在低速度的三次冲击下,表观变化不明显(图 8-19(a)～(c)),但当连续冲击速度达到9.5m/s 左右后,试件出现了大量宏观竖向裂纹以及边缘基体剥落现象(图 8-19(d))。而 HSTCC 试件在连续冲击速度达到约 10.5m/s 的情况下,表面仍只出现了两条细小的竖向穿透型裂纹(图 8-20(d))。

(a)v_1=6.05m/s, v_2=5.49m/s,　　(b)v_1=6.90m/s, v_2=6.46m/s,　　(c)v_1=7.34m/s, v_2=7.16m/s,
　　v_3=5.35m/s　　　　　　　　　　v_3=6.16m/s　　　　　　　　　　v_3=7.74m/s

图 8-18　NHSC 受三次连续动力荷载作用后的破坏模式

  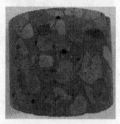 

(a)v_1=4.80m/s, v_2=5.02m/s,　(b)v_1=6.88m/s, v_2=6.25m/s,　(c)v_1=7.37m/s, v_2=6.62m/s,　(d)v_1=9.94m/s, v_2=8.27m/s,
　　v_3=4.50m/s　　　　　　　　v_3=6.52m/s　　　　　　　　v_3=7.84m/s　　　　　　　　v_3=10.54m/s

图 8-19　SFRC 受三次连续动力荷载作用后的破坏模式

(a)v_1=4.93m/s, v_2=5.32m/s,　(b)v_1=7.20m/s, v_2=6.02m/s,　(c)v_1=7.91m/s, v_2=7.87m/s,　(d)v_1=10.30m/s, v_2=10.19m/s,
　　v_3=4.46m/s　　　　　　　　v_3=5.88m/s　　　　　　　　v_3=6.62m/s　　　　　　　　v_3=10.51m/s

图 8-20　HSTCC 受三次连续动力荷载作用后的破坏模式

　　在动态冲击试验中,由于纤维的搭接,所有 SFRC 和 HSTCC 试件都保持一定的完好程度,但 NHSC 试件极易发生完全破碎现象。混凝土试件若出现相似情况的破坏程度,三次连续冲击所需的速度略低于单次冲击。

8.3.3　典型种类混凝土受动力荷载作用的应力和应变特征

图 8-21(a)~(c)为单次冲击下混凝土的应力-应变曲线,表 8-2 为相应的峰值应力和总应变。混凝土的峰值应力随冲击速度的提升而增加,这种现象是由混凝土中的自由水和裂缝扩展引起的。在高冲击速度下,混凝土微孔中自由水的黏性效应可以提高其黏结强度[38],同时改变了裂纹路径,缩短了裂纹长度,抗压强度提高[39]。纤维对混凝土动态强度的正面影响很大,而当素混凝土出现穿透型裂缝时,其动态强度可能会略低于静态强度,文献[40]中也出现了类似的结果。

混凝土的耗能方式主要是塑性变形和损伤,直到试块完整性改变,混凝土的应变保持在一定范围内,峰后曲线才表现出由于碎裂和颗粒流动的应变软化行为[40]。总体而言,混凝土的应变大小与冲击速度呈正相关,NHSC 试件在 7.47m/s 的冲击速度之后出现完整性破坏的状况,因此应变出现超过 0.05 的情况,除此之外均在 0.05 以内。

图 8-21(d)为三次极限冲击下混凝土的应力-应变曲线,表 8-3 为相应的峰值应力和总应变。混凝土受第一次冲击的应力-应变行为与单次冲击无差异性,但在第二次和第三次相近速度的冲击下,混凝土出现了总应变增加的现象,原因可能是首次冲击荷载弱化了混凝土的承载能力。SFRC 和 HSTCC 的应变均可以达到 0.08 左右而保持自身完整性,其中 SFRC 试件受平均 9.58m/s 三次冲击的应变已经高于 HSTCC 试件受平均 10.33m/s 三次冲击的应变。

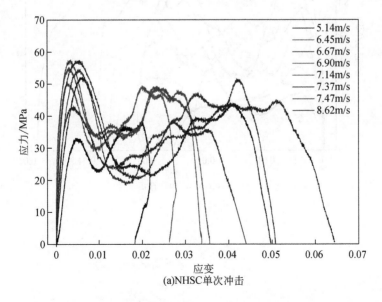

(a)NHSC单次冲击

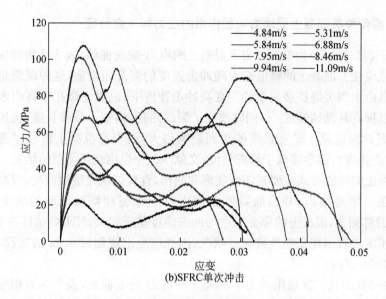

(b)SFRC单次冲击

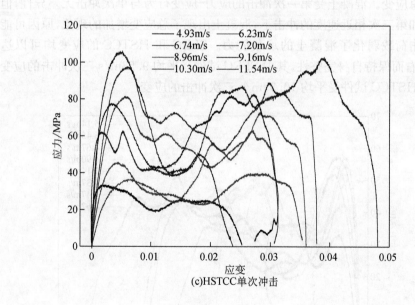

(c)HSTCC单次冲击

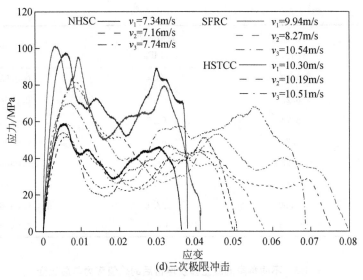

(d)三次极限冲击

图 8-21　不同冲击速度下混凝土的应力-应变曲线

表 8-2　不同种类混凝土单次冲击后的峰值应力与总应变

种类	冲击速度 /(m/s)	峰值应力 /MPa	总应变
NHSC	5.14	32.8	0.0183
	6.45	49.3	0.0263
	6.67	43.1	0.0440
	6.90	55.1	0.0338
	7.14	57.6	0.0356
	7.37	52.1	0.0497
	7.47	54.4	0.0508
	8.62	57.4	0.0644
SFRC	4.84	23.0	0.0310
	5.31	40.7	0.0271
	5.84	43.1	0.0323
	6.88	47.7	0.0487
	7.95	68.7	0.0377
	8.46	81.7	0.0303
	9.94	101.3	0.0411
	11.09	107.5	0.0469

续表

种类	冲击速度 /(m/s)	峰值应力 /MPa	总应变
HSTCC	4.93	33.4	0.0253
	6.23	45.4	0.0354
	6.74	61.9	0.0238
	7.20	63.1	0.0306
	8.96	81.3	0.0360
	9.16	81.8	0.0274
	10.30	97.7	0.0378
	11.54	106.2	0.0480

表 8-3　不同种类混凝土多次冲击后的峰值应力与总应变

冲击次数	NHSC			SFRC			HSTCC		
	1	2	3	1	2	3	1	2	3
冲击速度/(m/s)	7.34	7.16	7.74	9.94	8.27	10.54	10.30	10.19	10.51
峰值应力/MPa	58.8	52.1	54.7	97.7	81.5	70.4	101.4	59.1	79.3
总应变	0.0362	0.0496	0.0507	0.0378	0.0754	0.0686	0.0411	0.0579	0.0797

8.3.4　典型种类混凝土受动力荷载作用的能量与损伤特征

1. 单次动力荷载作用下混凝土的能量与损伤

三类混凝土受单次冲击的入射能、反射能、透射能、耗散能和损伤值如表 8-4 所示。

表 8-4　单次冲击下混凝土的能量和损伤值

种类	冲击速度 /(m/s)	入射能/J	反射能/J	透射能/J	耗散能/J	损伤值
NHSC-1	5.14	120.87	31.85	64.63	24.39	0.030
NHSC-2	6.45	189.20	62.69	92.30	33.94	0.061
NHSC-3	6.67	216.70	100.87	61.70	54.13	0.071

续表

种类	冲击速度/(m/s)	入射能/J	反射能/J	透射能/J	耗散能/J	损伤值
NHSC-4	6.90	240.06	71.79	90.87	77.40	0.088
NHSC-5	7.14	245.12	71.58	90.27	83.27	0.101
NHSC-6	7.37	270.55	118.91	64.15	87.49	0.128
NHSC-7	7.47	283.60	99.70	65.30	118.60	0.146
NHSC-8	8.62	388.97	179.65	67.45	141.87	1.000
SFRC-1	4.84	102.96	33.26	36.38	33.32	0
SFRC-2	5.31	128.90	49.56	45.74	33.60	0.020
SFRC-3	5.84	154.55	78.23	42.20	34.12	0.040
SFRC-4	6.88	227.65	122.12	53.81	51.72	0.088
SFRC-5	7.95	316.32	101.00	128.72	86.60	0.128
SFRC-6	8.46	367.56	79.12	183.97	104.47	0.161
SFRC-7	9.94	555.55	135.72	245.85	173.98	0.241
SFRC-8	11.09	649.72	133.94	264.74	251.04	0.313
HSTCC-1	4.93	105.46	43.27	40.96	20.86	0
HSTCC-2	6.23	188.81	75.66	66.22	46.93	0
HSTCC-3	6.74	224.28	56.08	119.63	48.57	0
HSTCC-4	7.20	254.50	68.58	110.58	75.34	0
HSTCC-5	8.96	404.62	99.50	183.28	121.84	0.014
HSTCC-6	9.16	437.55	86.40	227.12	124.03	0.040
HSTCC-7	10.30	551.57	123.37	267.20	161.00	0.059
HSTCC-8	11.54	708.21	151.71	351.41	205.09	0.096

根据动能定律 $E_k = 1/2mv^2$（E_k 为子弹动能，m 为子弹质量，v 为子弹的冲击速度），动能与冲击速度存在明显的二次方关系。子弹撞击入射杆的动能一定比例（洪亮[41]的 SHPB 试验中的转化比例为 95% 左右）地转化为进入试块的能量，即子弹的冲击速度与入射能也存在二次方关系，如图 8-22 所示。在冲击速度增加的过程中，混凝土试块的入射能相应地大幅度提升。

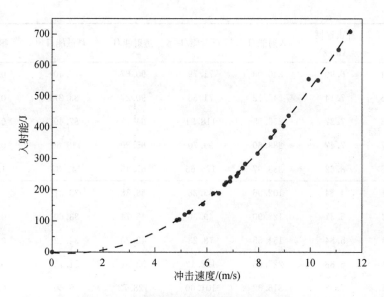

图 8-22　子弹的冲击速度与入射能的关系

　　单次冲击作用下 NHSC 中各能量比例如图 8-23 所示,随着入射能的增加,透射能比例从起初的 50% 以上逐步降低至 10%～20%,这源于混凝土试件受到的损伤逐渐加剧(混凝土初始损伤为 0,随着入射能提升至 283.60J 时损伤值达到 0.146,最终在入射能达到 388.97J 时完全破碎),材料性能发生明显变化,导致其

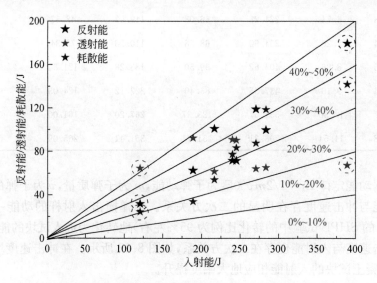

图 8-23　不同入射能量条件下 NHSC 中各能量比例

阻抗与杆系严重不匹配,应力脉冲无法或仅少量可通过试件透射到透射杆上,大部分只能反射回入射杆,形成反射波的第二峰(图 8-24),导致透射能下降而反射能剧增。若冲击能足够大,第二峰的峰高能够超过第一峰[42]。混凝土受动力作用产生的塑性变形和损伤均会造成能量的耗散,冲击能量越高,能量耗散比例从 10%～20%区域上升至 40%～50%区域。

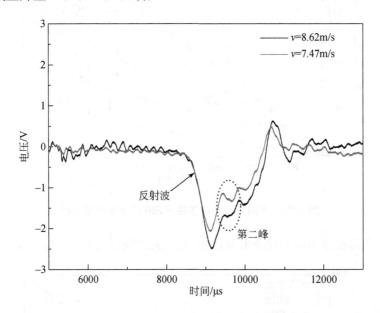

图 8-24　NHSC 反射波的第二峰

单次冲击作用下 SFRC 中各能量比例如图 8-25 所示。当入射能在 400J(与 NHSC 一致的入射能范围)以内时,反射能和透射能比例均一直保持在 30%～50%区域内,而耗散能处于 20%～30%的较低区间。当入射能达到 400～800J 时,对透射能的比例无明显影响(保持在 40%～50%区域内),而反射能比例出现从 40%～50%下降至 20%～30%的现象,耗散能比例由 20%～30%上升至 40%边缘,这是因为近 800J 的入射能已经逼近 SFRC 的破坏界限,其间内混凝土进入塑性变形阶段,通过自身弹性反射的能量减少,依靠塑性变形和内部损伤(入射能为 649.72J 时损伤值达 0.313)耗散的能量大幅增加。

单次冲击作用下 HSTCC 中各能量比例如图 8-26 所示。当入射能在 400J 以内时,反射能、透射能和耗散能比例均保持在一定区域内(分别为 30%～50%、40%～50%和 20%～30%)。当入射能达到 400～800J 时,透射能比例一直保持不变(40%～50%),反射能比例出现略微下降(从 30%～40%降低至 20%～30%),耗散能比例有在 20%～30%区域内部上升的现象(上升量较少)。说明 HSTCC 开

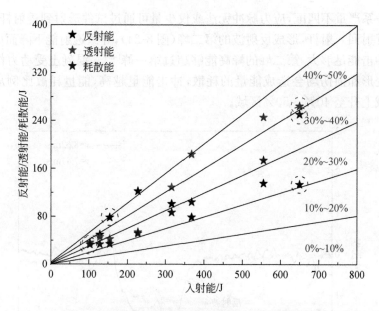

图 8-25　不同入射能量条件下 SFRC 中各能量比例

始出现一定程度微小的塑性变形和损伤,但还未达到使其破坏的冲击能量界限。

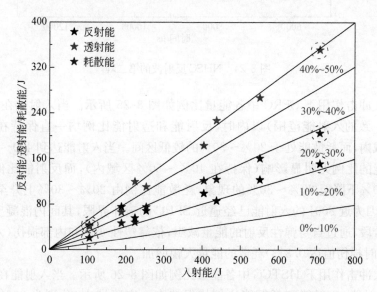

图 8-26　不同入射能量条件下 HSTCC 中各能量比例

图 8-27 为混凝土受单次冲击的入射能与损伤的关系。250J 内的入射能对 NHSC 和 SFRC 两种混凝土造成的损伤均处于相近的状态。而当入射能介于 250～300J 时,这种状态被逐渐打破,NHSC 的损伤与入射能比例急速上升,微裂纹以最快的速度形成宏观断裂面而造成试块完整性的破坏。由于 SFRC 中钢纤维可以起到约束基体、阻滞裂纹发展的作用,保证试块不被完全破坏,但是随着冲击能量的提升,损伤的上升趋势也陡然增加。对于 HSTCC,400J 以内的入射能基本不会对其造成可测得的损伤,并且 400～800J 范围内的入射能对试块造成的损伤极小,并且上升趋势较缓。

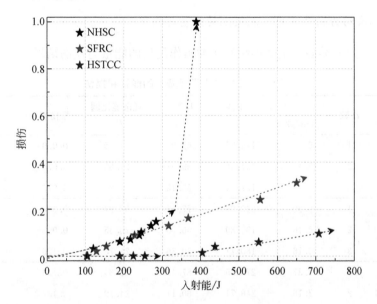

图 8-27　混凝土受单次冲击的入射能与损伤的关系

采用冲击能量密度为深部地下工程的安全提出指导与防护措施,冲击能量密度由式(8-13)计算:

$$e_i = \frac{W_i}{95\% \times V} \tag{8-13}$$

式中,e_i 为冲击能量密度;W_i 为入射能;V 为试块体积。

当冲击能量密度达到 $9.93 \times 10^5 J/m^3$ 时,NHSC 和 SFRC 表面已有细微裂纹出现,需要对其进行防控和预警;而对 HSTCC 没有任何影响。当冲击能量密度为 $1.59 \times 10^6 J/m^3$ 时,NHSC 已经碎裂成块,并且对矿井内部造成冲击破坏;SFRC 表面不同位置出现多条裂纹但未形成贯穿;对 HSTCC 仍未造成影响。当冲击能量密度达到 $3.19 \times 10^6 J/m^3$ 时,SFRC 已经形成贯穿裂纹,并且出现部分细小块体剥落的现象,此时应当采取必要的防控措施;HSTCC 开始出现个别极细微裂纹,但对其整体影响不大。

深部花岗岩在动力荷载作用下，当冲击能量密度为 $9\times10^5\sim10\times10^5\,\mathrm{J/m^3}$ 时，出现贯穿性大裂纹；当冲击能量密度为 $1.9\times10^6\sim2.0\times10^6\,\mathrm{J/m^3}$ 时，出现大面积碎裂，大块和小块共存；当冲击能量密度为 $2.9\times10^6\sim3.0\times10^6\,\mathrm{J/m^3}$ 时，破坏以均匀碎裂小块体为主[41]，整体的冲击能量密度均小于 HSTCC 产生实质性破坏的临界值。因此，考虑到能量传递过程耗散的因素，深地合理范围内的爆破荷载几乎不会对 HSTCC 产生影响，同时服役期间造成深部岩石岩爆的冲击能量亦能被 HSTCC 所阻隔，但同等条件下 NHSC 和 SFRC 均会出现不同程度的破坏现象。

2. 三次动力荷载作用下混凝土的能量与损伤

表 8-5 为三类混凝土受连续三次冲击作用后的能量与损伤结果。

表 8-5　三次冲击下混凝土的能量和损伤

种类	次数	冲击速度/(m/s)	入射能/J	耗散能/J	耗散能比例/%	损伤值	累计损伤值
NHSC-9	1	6.05	174.85	66.01	37.75	0.059	0.059
	2	5.47	137.48	29.97	21.80	0.076	0.135
	3	5.35	127.74	27.15	21.25	0.073	0.208
NHSC-10	1	6.90	240.06	77.40	32.24	0.088	0.088
	2	6.46	197.89	56.70	28.65	0.098	0.186
	3	6.16	180.71	39.36	21.78	0.126	0.312
NHSC-11	1	7.37	270.55	87.49	32.34	0.128	0.128
	2	7.16	248.71	60.17	24.19	0.137	0.265
	3	7.74	309.06	126.01	40.77	1.000	1.000
SFRC-9	1	4.80	100.99	15.85	15.69	0.020	0.020
	2	5.02	111.27	21.68	19.48	0.067	0.087
	3	4.50	78.62	14.97	19.04	0.075	0.162
SFRC-10	1	6.88	227.65	51.72	22.72	0.088	0.088
	2	6.25	184.70	44.82	24.27	0.098	0.186
	3	6.52	188.05	37.47	19.93	0.105	0.291
SFRC-11	1	7.37	265.43	73.22	27.59	0.098	0.098
	2	6.62	211.03	47.09	22.31	0.109	0.207
	3	7.84	305.04	69.53	22.79	0.116	0.323

续表

种类	次数	冲击速度/(m/s)	入射能/J	耗散能/J	耗散能比例/%	损伤值	累计损伤值
SFRC-12	1	9.94	555.55	173.98	31.32	0.241	0.241
	2	8.27	340.42	108.67	31.92	0.247	0.488
	3	10.54	575.63	191.76	33.31	0.324	0.812
HSTCC-9	1	4.93	105.46	20.86	19.78	0	0
	2	5.32	125.46	21.41	17.07	0	0
	3	4.46	81.31	7.01	8.62	0	0
HSTCC-10	1	7.20	254.50	75.34	29.60	0	0
	2	6.02	168.95	40.18	23.78	0	0
	3	5.88	153.61	38.12	24.82	0	0
HSTCC-11	1	7.91	301.15	58.73	19.50	0	0
	2	7.87	303.91	69.14	22.75	0.010	0.010
	3	6.62	200.83	32.14	16.00	0.020	0.030
HSTCC-12	1	10.30	551.57	161.00	29.19	0.059	0.059
	2	10.19	541.14	85.43	15.79	0.078	0.137
	3	10.51	571.71	196.23	34.32	0.126	0.263

图 8-28 为三次冲击对混凝土耗散能比例的影响。在较低的平均入射能范围内,耗散能比例随着冲击次数的增加而降低,这可能是由于早期的冲击荷载已经造成混凝土孔隙压密而形成塑性变形,后期冲击的能量耗散以损伤为主,几乎无法通过塑性变形进行能量耗散。在试块所能承受的较高平均入射能情况下,耗散能比例随冲击次数的增加而上升。试块在受到首次冲击而造成较大裂纹后,裂纹尖端易积聚能量以促进裂纹继续扩展成大裂纹,并且由损伤发生的塑性变形同时耗散能量,造成耗散能比例增加。

图 8-29 为三次冲击对混凝土损伤程度的影响。第三次冲击损伤值>第二次冲击损伤值>第一次冲击损伤值,首次冲击荷载对混凝土造成的损伤会劣化其承载能力,后期冲击荷载对混凝土造成更大的破坏。三次连续冲击荷载对 HSTCC造成的损伤仍远低于对 NHSC 和 SFRC 造成的损伤,并且较低的入射能几乎不能弱化 HSTCC 的承载能力。但是,三种混凝土的耗散能比例处于同一水平,说明HSTCC 单位损伤的耗能值极高,其能量耗散能力非常优异。Bindiganavile 等[43]的重锤下落试验表明,超高强纤维水泥复合材料的能量吸收和耗散能力大大优于普通纤维混凝土。虽然不同试验中混凝土配合比和养护方式等有自身的独特性,

但是这与本章结论仍具有一定程度的相关性。

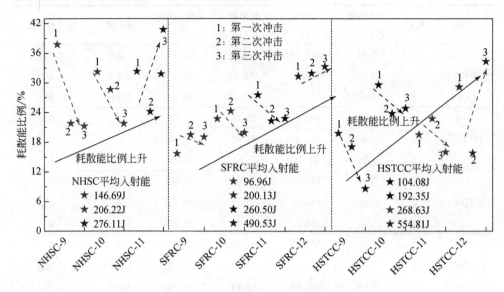

图 8-28　三次冲击对混凝土耗散能比例的影响

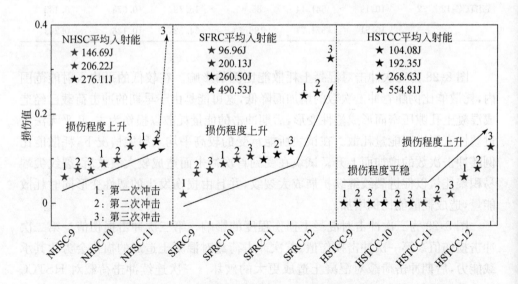

图 8-29　三次冲击对混凝土损伤程度的影响

　　达到相同破坏程度,三次冲击荷载所需要的平均入射能低于单次冲击。当三次平均冲击能量密度均达到 $7.94 \times 10^5 \mathrm{J/m^3}$ 时,混凝土表面出现大量裂纹(总损伤值达 0.312),即破碎的征兆,需要做好对 NHSC 的防控措施。当三次平均冲击能

量密度均达到 $1.07 \times 10^6 \text{J/m}^3$ 时,NHSC 已经碎裂成块。当三次平均冲击能量密度均达到 $1.95 \times 10^6 \text{J/m}^3$ 时,SFRC 已经出现大面积破裂剥落(总损伤值达 0.812),仍能对矿井起到一定的保护作用,但已无法再次承受冲击荷载。当三次平均冲击能量密度均达到 $2.20 \times 10^6 \text{J/m}^3$ 时,对 HSTCC 造成的损伤仍较小,仅出现细微裂纹,仍具有服役能力。

8.4　小　　结

本章研究 NHSC、SFRC 与设计的 HSTCC 在静、动荷载作用下的破坏模式、能量特征和损伤程度,以此提出适于深部地层应力条件的混凝土种类。具体结论如下:

(1)对于 NHSC,在准静力荷载作用下,当入射能达到某一薄弱面的表面能时,细小破裂出现,沿着破裂的一端裂纹不断发展,最终汇合形成贯穿大裂纹,最终混凝土失效。而在动力荷载作用下,能量瞬时涌入,混凝土大部分位置的能量均瞬间达到破坏的表面能,造成混凝土碎裂成多个小块,当单次冲击能量密度达到 $9.93 \times 10^5 \text{J/m}^3$、三次平均冲击能量密度达 $7.94 \times 10^5 \text{J/m}^3$ 时,需要对矿井内部安全提出预警。

(2)对于 SFRC,在准静力荷载作用下,纤维的掺入可以将单个裂纹分裂成多个扩展方向,延缓裂纹的发展,微裂纹较难发展成宏观贯穿裂纹,这个过程耗散了更多的能量。在动力荷载作用下,纤维对混凝土起到一定的锚固连接作用,混凝土会出现无纤维搭接区域的剥落,但很难出现整体碎裂。当单次冲击能量密度达到 $1.59 \times 10^6 \text{J/m}^3$、三次平均冲击能量密度达 $1.95 \times 10^5 \text{J/m}^3$ 时,混凝土开始出现大量裂纹,矿井内部存在安全隐患。

(3)HSTCC 整体性较强,薄弱环节极少,无论是静力荷载还是动力荷载作用,对其的破坏和损伤均较小。HSTCC 可以通过自身的结构特征储存裂纹,耗散能量,并保证其完整性。当三次平均冲击能量密度均达到 $2.20 \times 10^6 \text{J/m}^3$ 时,混凝土仍具有一定的服役能力。

(4)持续的静力荷载或动力荷载均会削弱混凝土的承载力,对使用年限较长的矿井危害较大。多次连续的静力荷载和动力荷载对 HSTCC 的体积变形、承载能力等特征的影响均较小。

参 考 文 献

[1] Li X B, Gong F Q, Tao M, et al. Failure mechanism and coupled static-dynamic loading theory in deep hard rock mining: A review[J]. Journal of Rock Mechanics and Geotechnical Engineering, 2017, 9(4): 767-782.

[2] 顾金才，范俊奇，孔福利，等. 抛掷型岩爆机制与模拟试验技术[J]. 岩石力学与工程学报，2014，33(6)：1081-1089.

[3] 徐速超，冯夏庭，陈炳瑞. 矽卡岩单轴循环加卸载试验及声发射特性研究[J]. 岩土力学，2009，30(10)：2929-2934.

[4] 夏冬，杨天鸿，王培涛，等. 循环加卸载下饱和岩石变形破坏的损伤与能量分析[J]. 东北大学学报(自然科学版)，2014，35(6)：867-870.

[5] 苏晓波，纪洪广，裴峰，等. 单轴压缩荷载下含黏结面花岗岩能量演化研究[J]. 哈尔滨工业大学学报，2018，50(8)：161-167.

[6] Xie H P, Li L Y, Peng R D, et al. Energy analysis and criteria for structural failure of rocks[J]. Journal of Rock Mechanics and Geotechnical Engineering, 2009, 1(1)：11-20.

[7] Yang H, Sinha S K, Feng Y, et al. Energy dissipation analysis of elastic-plastic materials[J]. Computer Methods in Applied Mechanics and Engineering, 2018, 331：309-326.

[8] Wang Y, Chen S, Ge L, et al. Analysis of dynamic tensile process of fiber reinforced concrete by acoustic emission technique[J]. Journal of Wuhan University of Technology-Mater. Sci. Ed. , 2018, 33(5)：1129-1139.

[9] Kravchuk R, Landis E N. Acoustic emission- based classification of energy dissipation mechanisms during fracture of fiber- reinforced ultra- high- performance concrete [J]. Construction and Building Materials, 2018, 176：531-538.

[10] 中华人民共和国住房和城乡建设部. 混凝土强度检验评定标准(GB /T 50107—2010)[S]. 北京：中国建筑工业出版社，2010.

[11] Wu Z M, Shi C J, He W, et al. Static and dynamic compressive properties of ultra- high performance concrete (UHPC) with hybrid steel fiber reinforcements[J]. Cement and Concrete Composites, 2017, 79：148-157.

[12] Wang J Y, Guo J Y. Damage investigation of ultra high performance concrete under direct tensile test using acoustic emission techniques[J]. Cement and Concrete Composites, 2018, 88：17-28.

[13] Romualdi J P, Mandel J A. Tensile strength of concrete affected by uniformly distributed and closely spaced short lengths of wire reinforcement[J]. Journal Proceedings, 1964, 61(6)：657-672.

[14] Soulioti D, Barkoula N M, Paipetis A, et al. Acoustic emission behavior of steel fibre reinforced concrete under bending[J]. Construction and Building Materials, 2009, 23(12)：3532-3536.

[15] Xu Z, Hao H, Li H N. Mesoscale modelling of dynamic tensile behaviour of fibre reinforced concrete with spiral fibres[J]. Cement and Concrete Research, 2012, 42(11)：1475-1493.

[16] Tepfers R, Hedberg B, Szczekocki G. Absorption of energy in fatigue loading of plain concrete[J]. Matériaux et Construction, 1984, 17(1)：59-64.

[17] Lei D, Zhang P, He J T, et al. Fatigue life prediction method of concrete based on energy

dissipation[J]. Construction and Building Materials, 2017, 145: 419-425.

[18] Vivas J C, Zerbino R, Torrijos M C, et al. Effect of the fibre type on concrete impact resistance[J]. Construction and Building Materials, 2020, 264: 120200.

[19] Zhou C J, Lan G S, Cao P, et al. Impact of freeze-thaw environment on concrete materials in two-lift concrete pavement[J]. Construction and Building Materials, 2020, 262: 120070.

[20] Hussain T, Ali M. Improving the impact resistance and dynamic properties of jute fiber reinforced concrete for rebars design by considering tension zone of FRC[J]. Construction and Building Materials, 2019, 213: 592-607.

[21] Yang R Z, Xu Y, Chen P Y, et al. Experimental study on dynamic mechanics and energy evolution of rubber concrete under cyclic impact loading and dynamic splitting tension[J]. Construction and Building Materials, 2020, 262: 120071.

[22] Li N, Long G, Li W, et al. Designing high impact-resistance self-compacting concrete by addition of asphalt-coated coarse aggregate[J]. Construction and Building Materials, 2020, 253: 118758.

[23] Wang M, Xie Y J, Long G C, et al. The impact mechanical characteristics of steam-cured concrete under different curing temperature conditions[J]. Construction and Building Materials, 2020, 241: 118042.

[24] Trabelsi A, Kammoun Z. Mechanical properties and impact resistance of a high-strength lightweight concrete incorporating prickly pear fibres[J]. Construction and Building Materials, 2020, 262: 119972.

[25] Feng J, Sun W W, Wang L, et al. Terminal ballistic and static impactive loading on thick concrete target[J]. Construction and Building Materials, 2020, 251: 118899.

[26] Ichino H, Beppu M, Williamson E B. Blast-resistant performance of a two-stage concrete plate subjected to contact explosions[J]. Construction and Building Materials, 2020, 259: 119766.

[27] Yu X, Zhou B K, Hu F, et al. Experimental investigation of basalt fiber-reinforced polymer (BFRP) bar reinforced concrete slabs under contact explosions[J]. International Journal of Impact Engineering, 2020, 144: 103632.

[28] 李晓锋, 李海波, 刘凯, 等. 冲击荷载作用下岩石动态力学特性及破裂特征研究[J]. 岩石力学与工程学报, 2017, 36(10): 2393-2405.

[29] Ai D H, Zhao Y C, Wang Q F, et al. Experimental and numerical investigation of crack propagation and dynamic properties of rock in SHPB indirect tension test[J]. International Journal of Impact Engineering, 2019, 126: 135-146.

[30] 李胜林, 刘殿书, 李祥龙, 等. Φ75mm 分离式霍普金森压杆试件长度效应的试验研究[J]. 中国矿业大学学报, 2010, 39(1): 93-97.

[31] 梁书锋, 吴帅峰, 李胜林, 等. 岩石材料 SHPB 实验试件尺寸确定的研究[J]. 工程爆破, 2015, 21(5): 1-5.

[32] Hopkinson J. On the rupture of iron wire by a blow//Hopkinosn B. Original Papers-By

The Late John Hopkinson[M]. Cambridge：Cambridge University Press，1901.

[33] Hopkinson B. X. A method of measuring the pressure produced in the detonation of high，explosives or by the impact of bullets[J]. Philosophical Transactions of the Royal Society of London. Series A，Containing Papers of a Mathematical or Physical Character，1914，213(497-508)：437-456.

[34] Kolsky H. An investigation of the mechanical properties of materials at very high rates of loading[J]. Proceedings of the Physical Society Section B，1949，62(11)：676-700.

[35] Lindholm U S. Some experiments with the split Hopkinson pressure bar[J]. Journal of the Mechanics and Physics of Solids，1964，12(5)：317-335.

[36] 梁书锋. 恒应变率冲击作用下花岗岩的损伤演化与本构模型研究[J]. 北京：中国矿业大学（北京），2016.

[37] Lundberg B. A split Hopkinson bar study of energy absorption in dynamic rock fragmentation[J]. International Journal of Rock Mechanics and Mining Sciences & Geomechanics Abstracts，1976，13(6)：187-197.

[38] Ma L J，Li Z，Liu J G，et al. Mechanical properties of coral concrete subjected to uniaxial dynamic compression[J]. Construction and Building Materials，2019，199：244-255.

[39] Tai Y S，El-Tawil S，Chung T H. Performance of deformed steel fibers embedded in ultra-high performance concrete subjected to various pullout rates[J]. Cement and Concrete Research，2016，89：1-13.

[40] Blais P Y，Couture M. Precast，prestressed pedestrian bridge—World's first reactive powder concrete structure[J]. PCI Journal，1999，44(5)：60-71.

[41] 洪亮. 冲击荷载下岩石强度及破碎能耗特征的尺寸效应研究[D]. 长沙：中南大学，2008.

[42] 吕太洪. 基于 SHPB 的混凝土及钢筋混凝土冲击压缩力学行为研究[D]. 安微：中国科学技术大学，2018.

[43] Bindiganavile V，Banthia N，Aarup B. Impact response of an ultra-high strength cement composite[J]. Materials Journal，2002，99(6)：543-548.

第 9 章　温度与复合盐耦合作用下混凝土性能演变及机理

9.1　概　　述

前几章主要研究了地下矿山井壁混凝土受到硫酸盐腐蚀的影响,然而沿海超深井环境中服役混凝土会受到深部地层高地温、高浓度复合腐蚀离子的影响从而性能发生改变,这种特殊环境耦合作用对井壁混凝土宏细观性能的演化规律及机理仍不明确。化学离子在混凝土的微孔中传输,与基体材料发生化学反应,生成新型产物从而引起基体的膨胀开裂、胶结能力丧失等,最终导致混凝土结构的性能退化,削减其服役寿命。高地温能够加速化学离子的入侵速度,同时也可以加快混凝土中活性颗粒的反应,提升混凝土结构强度,保证建筑工程的稳定性。

现代土木工程对混凝土性能和寿命要求更高,所处环境更严酷,保证混凝土材料在服役期间的安全、可靠是现代工程技术需要攻克的重大课题。因此,研究沿海超深井井壁混凝土受环境因素影响后的宏观破坏行为和微观结构特征对超深井工程的建设具有重要的理论意义和实际应用价值。

对普通混凝土来说,外部氯离子进入水泥基材料的过程主要以扩散的形式进行,当氯离子侵蚀发生时,其与水化产物发生化学反应,形成弗里德尔盐(Friedel 盐,$3CaO \cdot Al_2O_3 \cdot CaCl_2 \cdot 10H_2O$),此外,氯离子还可以与水泥石中 C_3A(铝酸三钙)或 AFm(单硫型水化硫铝酸钙)反应生成 Friedel 盐;SO_4^{2-} 侵蚀引起的水泥基材料破坏过程是复杂的物理化学变化结果,本质上是外界 SO_4^{2-} 扩散到微结构内部与水化产物发生化学反应,生成膨胀性的难溶盐,产生膨胀应力,导致结构开裂[1],SO_4^{2-} 侵蚀作用主要分为化学侵蚀和物理侵蚀,化学侵蚀主要是 SO_4^{2-} 与水泥水化产物发生化学反应,$Ca(OH)_2$ 和 AFm 相被消耗,生成侵蚀产物,主要有石膏、钙矾石(AFt,三硫型水化硫铝酸钙)和碳硫硅钙石等,SO_4^{2-} 进入水泥基材料,首先生成石膏,而后石膏与水化铝酸钙反应生成 AFt。当 SO_4^{2-} 浓度较低时,只有 AFt 生成;而当 SO_4^{2-} 浓度升高后,产物以石膏为主。硫酸盐侵蚀过程细分为 4 个阶段:$Ca(OH)_2$ 溶蚀,AFt 形成,石膏形成,最后 C-S-H 凝胶脱钙并且浆体因 AFt 的膨胀压力产生开裂[2]。

本章针对第 8 章得出的具有较优异力学性能的两种混凝土(SFRC 和 HSTCC)

进行研究,通过自由水和结合水含量、XRD、TG、SEM-EDS 和 MIP（mercury intrusion porosimetry）等试验,揭示 SFRC 和 HSTCC 在高地温与腐蚀环境中的力学性能变化规律和劣化机理,为超深井建设提供一定的理论和技术依据。

9.2　温度与复合盐耦合作用下混凝土宏观性能演变规律

9.2.1　混凝土复合盐耦合环境及配合比设计

为了更好地模拟现场地下腐蚀环境,采集纱岭金矿（1500m 级深井,图 9-1 为地理位置）主井、进风井、回风井和副井千米位置地下水进行化学离子检测,主要离子浓度如表 9-1 所示。

图 9-1　纱岭金矿地理位置

表 9-1　矿井地下水主要离子浓度　　　　　　　　（单位:mg/L）

种类	K^+	Na^+	Ca^{2+}	Mg^{2+}	Cl^-	SO_4^{2-}	HCO_3^-
主井	418	1829	334	123	3769	352	31
进风井	81	372	188	41	2813	141	446
回风井	134	893	237	145	3377	379	351
副井	64	235	140	93	2989	286	393

根据地下水现实情况,并参考混凝土腐蚀研究中所用的腐蚀溶液浓度,配制 10%NaCl+5%Na_2SO_4 的复合盐溶液。鉴于井下 1000m 温度在 40℃以上,井下 1500m 温度达近 55℃,设计两种模拟腐蚀环境（SE1 和 SE2）。改装混凝土水养护箱,形成可以控制箱体内温度和保证水流循环的加速腐蚀试验装置,如图 9-2 所示。所有试件都在标准条件（standard conditions,SC）下养护 28d（表 9-2）,之后将两种混凝土及其分别对应的普通高性能硬化净浆（HPHP）和高强度、高韧性硬化

净浆(HSTHP)试块浸没于设计环境中,配合比如表 9-3 所示。

(a)试验机　　　　　　　　　　(b)内部水循环系统

图 9-2　加速腐蚀试验装置

表 9-2　试件的养护和腐蚀条件

种类	温度/℃	溶液	时间/d
标准养护(SC)	20±1	95％湿度	28
模拟环境1(SE1)	40	10％NaCl＋5％Na$_2$SO$_4$	420
模拟环境2(SE2)	60	10％NaCl＋5％Na$_2$SO$_4$	420

表 9-3　混凝土和硬化净浆配合比　　　　　　（单位：kg/m³）

种类	水	水泥	粉煤灰	矿粉	硅灰	石英砂	河砂	石子	纤维
SFRC	145	350	100	60(S95)	50	—	650	1070	78
HSTCC	165	240	200	350(S105)	80	1250	—	—	75
HPHP	145	350	100	60(S95)	50	—	—	—	—
HSTHP	165	240	200	350(S105)	80	—	—	—	—

9.2.2　混凝土抗压强度及相对动弹性模量变化

1. 混凝土抗压强度及相对动弹性模量的试验方法

混凝土受腐蚀因素的影响,内部物相、结构发生改变,将直接影响试件的表观形态、承载能力等,通常以抗压强度、抗折强度和超声波传播时间等来表征混凝土的性能变化。

其中,采用相对动弹性模量表征混凝土长期性能退化过程的研究也已经较为广泛。Jin 等[3]采用相对动弹性模量比较粉煤灰混凝土受 5％Na$_2$SO$_4$溶液与 NaCl

＋Na_2SO_4的复合溶液两种环境影响下的性能退化机制,初步明确了两种离子的腐蚀行为存在相互抑制的现象。陈燕娟[4]协同质量与相对动弹性模量表征了C50混凝土受干湿循环与复合盐耦合共同作用后的性能演化进程,明确了干燥时段越长,对混凝土造成的损伤越大。蒋敏强等[5]通过动弹性模量表征不同水灰比的水泥砂浆受硫酸盐侵蚀后内部微结构特征,证明了动弹性模量比回弹法测定的抗压强度能更好地反映水泥砂浆的整体变化过程。Jalal 等[6]通过相对动弹性模量明确了橡胶的掺入致使混凝土强度劣化的特征。Wang 等[7]和 Gao 等[8]均从相对动弹性模量角度明确了混凝土受冻融循环作用后的性能损失行为。

混凝土试件的抗压强度根据《混凝土强度检验评定标准》(GB/T 50107—2010)[9]测定,每组数据均取三个样本的平均值。相对动弹性模量是通过 NM-4A 非金属超声分析仪测得的超声波在试件内部传播的时间根据式(9-1)计算得到:

$$E_{rd} = \frac{t_0^2}{t_n^2} \tag{9-1}$$

式中,E_{rd}为试件的相对动弹性模量;t_0为混凝土试件腐蚀前的超声波传播时间;t_n为混凝土试件腐蚀 n 天后的超声波传播时间。

2. 混凝土抗压强度及相对动弹性模量的变化规律

图 9-3 为 SE1 和 SE2 环境中 SFRC 和 HSTCC 的抗压强度变化。养护 28d后,SFRC 和 HSTCC 的初始抗压强度相近,但随着时间的推移,抗压强度变化很大。在温度与腐蚀环境中初期,HSTCC-SE1 和 HSTCC-SE2 的抗压强度增加速率远高于 SFRC-SE1 和 SFRC-SE2。在温度与腐蚀环境中后期,SFRC-SE1 和SFRC-SE2 的抗压强度均在 360d 附近开始出现不同程度的下降现象,而 HSTCC-SE1 的抗压强度趋于稳定,HSTCC-SE2的抗压强度仍有上升的趋势,且在 420d 时已达 130MPa,接近高温高压条件下养护 2～3d 的 UHPC 抗压强度[10,11]。

相对动弹性模量也可以对混凝土长期性能的变化起到一定的表征作用。根据声波在固体和空气中传播速度的差异(固体中的传播速度大于空气中),可以判断混凝土内部的密实情况。图 9-4 为 SE1 和 SE2 环境中 SFRC 和 HSTCC 的相对动弹性模量变化。HSTCC-SE1 和 HSTCC-SE2的相对动弹性模量一直处于上升状态,说明其内部的孔隙逐渐被固体(可能是凝胶相,也可能是腐蚀产物)所填补,混凝土进一步密实。SFRC-SE1 和 SFRC-SE2 的相对动弹性模量在 360d 附近发生了突降,这意味着早期混凝土逐渐密实,而在某一临界点出现了大量的裂纹,造成平均声速不断降低。

除抗压强度、相对动弹性模量外,还有文献通过质量变化等表征混凝土受环境影响的整个宏观变化过程[12],它们之间均存在很强的联系,因此可以进行选择性监测。同时,针对不同种类混凝土存在不一致的性能变化趋势的内在机理,需要进

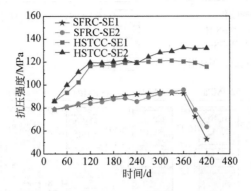

图 9-3　SE1 和 SE2 环境中 SFRC 和 HSTCC 的抗压强度变化

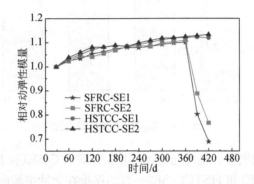

图 9-4　SE1 和 SE2 环境中 SFRC 和 HSTCC 的相对动弹性模量变化

一步的微观试验予以分析。混凝土各物相含量的分析有利于对井壁混凝土稳定性的判断,相应的结果如图 9-5 所示。其中,由于测定的是硬化净浆的孔径分布,图中没有将骨料中的孔隙以及浆体与骨料之间的界面孔隙等考虑在内。由于 HSTCC 所采用的胶凝材料含量较高,养护 28d 时 HSTHP-SC 中 C-(A)-S-H 凝胶相的含量较低,但是 HSTCC-SC 中 C-(A)-S-H 凝胶相的含量反而高于 SFRC-SC。同时,HSTCC 以石英砂为细集料,减少了石子孔隙及石子与浆体界面过渡区等薄弱环节,最终导致养护 28d 时 HSTCC-SC 的抗压强度略高于 SFRC-SC。

9.2.3　混凝土冲击倾向性的演变规律

如图 9-6 所示,SFRC-SE1、HSTCC-SE1 和 SFRC-SE2、HSTCC-SE2 每隔 150d 进行一次冲击倾向性测定,发现弹性能量指数、冲击能量指数和脆性指数出现明显上升而动态破坏时间下降的现象,甚至 SFRC-SE1 和 SFRC-SE2 的部分指标已经达到弱冲击倾向性范围。温度对冲击倾向性的变化趋势也存在一定的影响,即温

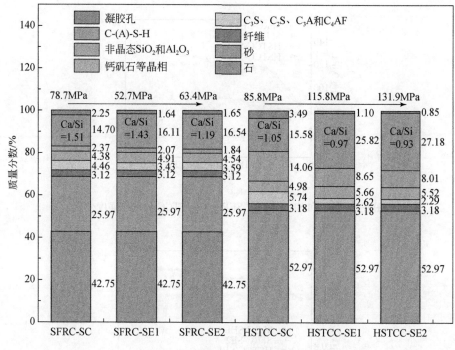

图 9-5　混凝土中各组分占比

度越高,这种变化越明显。温度与腐蚀环境对 HSTCC-SE1 和 HSTCC-SE2的影响较小,且 HSTCC-SE1 和 HSTCC-SE2一直均保持在无冲击倾向性指标范围内。当温度与腐蚀时间达到 420d 时,SFRC-SE1和 SFRC-SE2已经发生破坏,此时再测定其冲击倾向性不再具有意义。

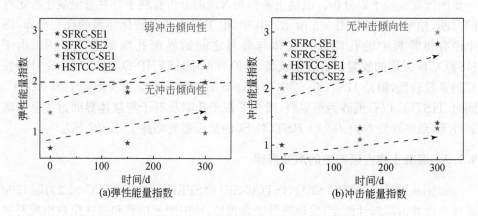

(a)弹性能量指数　　　　　　(b)冲击能量指数

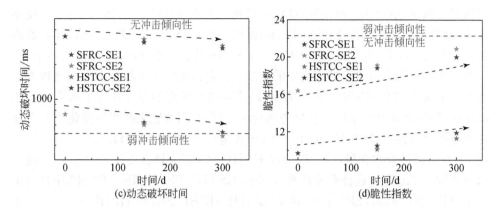

图 9-6　混凝土受温度与腐蚀 300d 内的冲击倾向性变化

冲击倾向性的变化与混凝土抗压强度的持续上升有直接联系,同种类混凝土强度越高,冲击倾向性越强,温度与腐蚀环境促使混凝土强度上升的同时也造成其冲击倾向性有一定幅度的增加。

9.3　硬化净浆中主要物相含量演变规律

混凝土内含有大量砂、石等不参与反应的材料,取样时存在一定的随机性,因此采用相同配合比的硬化净浆进行内部组分的定量试验,以保障结果的准确性。

9.3.1　硬化净浆中自由水和结合水含量

1. 硬化净浆中自由水和结合水含量的试验方法

将质量为 m_1 的硬化净浆小块置于酒精溶液中 2d 后取出,在自然环境中晾干 4h,称得其质量为 m_2,计算得出硬化净浆的自由水含量为 m_1-m_2。

根据硬化净浆 TG 分析的结果,得到室温下硬化净浆样品的质量 m_3 和其温度达 900℃时的质量 m_4,计算硬化净浆结合水的含量为 m_3-m_4[13]。

2. 硬化净浆中自由水和结合水含量的变化规律

硬化净浆中自由水和结合水的含量分别表示在搅拌过程中加入以及腐蚀环境中渗入的总水量中未参与和参与反应的部分,能够一定程度上揭示水泥等水化反应协同腐蚀进程。

HPHP 和 HSTHP 中自由水和结合水含量如图 9-7 所示。受温度与腐蚀环境影响 420d 后,HPHP-SE1、HSTHP-SE1、HPHP-SE2 和 HSTHP-SE2 中的自由水含量明显减少,结合水含量增加,这说明硬化净浆中的熟料等在 28d 时的反应还不完全,硬化净浆孔隙内留存了大量的自由水。然而,在温度与腐蚀环境期间,游离水逐渐与硬化净浆中熟料反应生成 C-(A)-S-H 的层间水,或者其与腐蚀离子、C_3A 等反应形成钙矾石等腐蚀产物中的结晶水。自由水减少而结合水增加这种现象在 SE2 环境的硬化净浆中表现更为明显,这可能是较高的温度加速了水泥等物相的反应速率,促使自由水迅速转化为结合水。同时,两种硬化净浆的变化程度也存在明显的差异性。HSTHP-SC 的自由水含量(2.31%)比 HPHP-SC(2.14%)高出 7.94%,而结合水含量(11.27%)比 HPHP-SC(17.61%)要低 36%。在温度与腐蚀环境中 420d 后,这种差异性明显缩小,HSTHP-SE1 和 HSTHP-SE2 中自由水含量(SE1 中 0.49%,SE2 中 0.34%)反而比 HPHP-SE1 和 HPHP-SE2(SE1 中 0.56%,SE2 中 0.48%)低 12.50%～29.17%,结合水含量(SE1 中 16.33%,SE2 中 17.12%)仍比 HPHP-SE1 和 HPHP-SE2(SE1 中 20.30%,SE2 中 20.36%)低 15.91%～19.56%,差距明显缩小。产生这种差异性的因素有很多:①两种硬化净浆的胶凝材料比例不同,纳米硅灰的反应活性明显高于粉煤灰和矿粉,熟料的水化时期早于矿物掺合料,这造成了纳米硅灰、矿粉等较多的 HSTHP 在养护的 28d 的过程中反应较为缓慢,且少数自由水参与反应,而后期反应程度大幅提升;②HSTHP 的水胶比比 HPHP 低,而水灰比比 HPHP 高,这种不同导致 HSTHP 前期反应速率较缓,而后期反应速率较快。

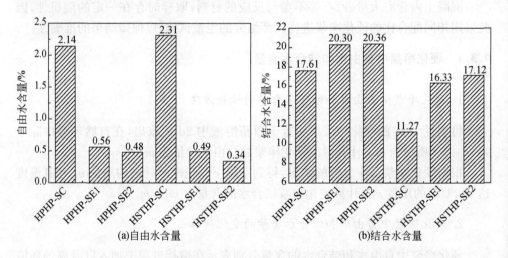

(a)自由水含量　　　　　　　　(b)结合水含量

图 9-7　HPHP 和 HSTHP 中自由水和结合水含量

　　自由水和结合水含量只能一定程度上反映硬化净浆内部的变化进程,而针对净浆内部物相成分的确定及其演化过程,需要进一步的微观定量手段进行分析。

9.3.2　结合 XRD-Rietveld 分析硬化净浆中的主要晶体物相

1. XRD-Rietveld 的硬化净浆中晶体物相含量测定方法

XRD 是目前最基本、最重要的晶体结构测试手段,在金属、水泥等材料中应用极为广泛。晶体材料中的原子是按照周期性排列的,当一束单色 X 射线射入晶体时,根据晶胞的原子组成与结构不同,可以产生不同形式的衍射花样,最终形成一张在各衍射角具有不同峰值强度的 XRD 图谱。根据布拉格定律,有

$$2d\sin\theta = n\lambda \tag{9-2}$$

式中,d 为平行原子平面的间距;λ 为入射波波长;θ 为入射波与晶面的夹角。

衍射角或衍射峰与晶胞的对称性和尺寸相关,峰的强度由晶胞内原子的组成和性质决定。根据图谱中衍射峰的位置可以判别混合物中的晶体种类和原子结构,峰的强度亦与物相的质量分数相关,可以据此进行定量计算[14]。

传统的 XRD 定量物相分析是由物相的单峰或综合峰高与内标峰进行比较决定的[15],但是主要物相的衍射峰之间经常存在明显的重叠现象,这对计算结果造成了重大偏差。Rietveld 法通过输入晶体结构数据库的晶胞参数,以及对晶胞参数增加约束,以达到精细化的程度,可实现对全粉末谱线的拟合,避免了重叠峰等问题的出现[16],因此 XRD-Rietveld 法在近些年不停被改进,并迅速发展[17,18]。

通过不同晶面衍射峰的位置($2\theta_k$)、积分强度(I_k)以及强度分布(下标 k 表示晶面指数 hkl 的缩写,代表一个衍射),理论计算衍射强度 y_i(calc)。晶体衍射峰的位置和积分强度可以由晶格中原子的种类及位置(由结构因子表示)计算出来,结构因子的计算公式为[18]

$$F(\text{hkl}) = \sum_{n=1}^{N} f_n \exp 2\pi i (hx_n + ky_n + lz_n) \tag{9-3}$$

式中,hkl 为反射晶面指数;x_n、y_n 和 z_n 为含有 N 个原子的晶胞中第 n 个原子的分数坐标;f_n 为原子散射因子。强度分布与试验条件关系密切,很难使用理论计算,Rietveld 法采用经验上设定的特定峰形函数(G_k)表示。在 $2\theta_i$ 处的衍射强度 y_i(calc)可通过式(9-4)计算[19]:

$$y_i(\text{calc}) = S \sum_{k} L_k |F_k|^2 G_{ki}(2\theta_i - 2\theta_k) P_k A^*(\theta) + y_b \tag{9-4}$$

式中,S 为标度因子或比例因子;L_k 为洛伦兹因子、偏振因子和多重性因子的乘积;P_k 为择优取向函数;$A^*(\theta)$ 为试样吸收系数的倒数;F_k 为晶面衍射的结构因子(包括温度因子在内);y_b 为背底强度,可以通过实测图谱中选择一些点进行线性插值或通过特定背底函数得到,前者适用于衍射峰分离较好的情况,后者适用于背底随着 2θ 改变的情况,一般为低阶多项式,如[20]

$$y_b = \sum_m B_m (2\theta_i)^m \tag{9-5}$$

式中，B_m 为系数，在背底拟合过程中确定；m 为多项式项数。

Rietveld 法采用最小二乘法对衍射图中每个数据点 i 的测定值和计算值进行比较。测定值 $y_i(\text{obs})$ 和计算值 $y_i(\text{calc})$ 的强度之差的平方统计加权之和 S_y 最小化，如[20]

$$S_y = \sum_i w_i [y_i(\text{obs}) - y_i(\text{calc})]^2 \tag{9-6}$$

式中，w_i 为权重因子。

为了判断精修过程中参数调整是否合适，以 χ^2 值来判断。χ^2 值越小，结果越精确。χ^2 值可由式(9-7)计算：

$$\chi^2 = \left(\frac{\{w_i [y_i(\text{obs}) - y_i(\text{calc})]^2 / [w_i y_i (\text{obs})^2]\}^{1/2}}{\{(N-P) / [w_i y_i (\text{obs})^2]\}^{1/2}} \right)^2 \tag{9-7}$$

式中，N 为试验谱数据点数目；P 为修正的参数数目。

一般情况下，当 $1 \leqslant \chi^2 \leqslant 2.25$ 时，认为结构是可靠的；当 $\chi^2 > 2.25$ 时，说明结构模型不良，或是精修收敛在一个伪极小值；当 $\chi^2 < 1$ 时，认为试验测得的衍射数据不够好，也可能是背底太高[20]。

粉末样品的制备对于 XRD 试验结果的精确性具有关键作用，采用尺寸越小的粉末进行试验可以获得更为规则的衍射峰形状，拟合结果趋于准确[21]。首先将六种硬化净浆小块（HPHP-SC、HSTHP-SC、HPHP-SE1、HSTHP-SE1、HPHP-SE2 和 HSTHP-SE2）置于空气中风干约 6h，保证样品表面无水分存在；其次，利用 FM 型净浆制样粉碎机，通过高速振动将样品研磨成粉末，研磨时间保证在 20min 左右；最后，将粉末置于 45μm 的圆孔筛上进行过滤，筛余粉末放入 105℃烘箱中 24h，确保样品中无多余水分，否则会影响试验结果。

XRD 是一款测定晶体物相及结构的设备，对于硬化净浆中含有的 C-(A)-S-H、矿物掺合料中未水化的非晶态 SiO_2、Al_2O_3 等无法进行准确测定，因此需要引入内标法[22]。通过已知内掺晶相的含量及该晶相经 XRD-Rietveld 法所测得质量分数的差异性，换算其他物相的结果。假设混合物为晶相 A 与非晶相 B 以一定比例混合，通过内掺晶相标样 C（C 与 A 不相同），C 与混合物的比例为 $x:y$，XRD-Rietveld 法的结果中晶相 A 与标样 C 的比例为 $m:n$，则非晶相的质量分数 $W_{\text{amorphous}}$ 为

$$W_{\text{amorphous}} = 1 - \frac{x}{x+y} - \frac{x}{x+y} \frac{n}{m} \tag{9-8}$$

对硬化净浆中的各物相进行测定时，通常采用 $\alpha\text{-}Al_2O_3$[14]、ZnO[23] 等与内部成分不同且化学性质稳定的晶体进行标定。本节采用晶体物相 ZnO 进行内标，预

先采用与研磨净浆一致的方法,将 ZnO 研磨至足够细度,并将 ZnO 与净浆粉末以 1∶4 的比例混合,采用小型混料机混合 2h 以上,必须保证混合物达到足够的匀质性。

对 XRD 图谱进行 Rietveld 法计算,所采用的 X 射线扫描方式(步进扫描)与常规定性测试(连续扫描)有所不同,Tam 等[23]对不同养护方式的超高性能混凝土的硬化净浆采用 XRD-Rietveld 法定量表征水化产物,使用 D/max-2500PC X 射线仪器(40kV,100mA)对 $2\theta = 5° \sim 70°$ 进行扫描,步长为 $0.02°(2\theta)$,单步时间为 30s,计算得出单个 XRD 图谱所用时间达 1d,花费时间过长。Bahafid 等[24]在布鲁克 D8 推进衍射仪(35kV,40mA)上设计每步 $0.01°(2\theta)/s$、扫描范围 $3° \sim 80°$ 的参数,测定水泥的主要物相组成和质量分数。Rößler 等[25]采用西门子 D-5000 衍射仪(40kV,40mA)对 $6° \sim 70°$ 范围以每步长 $0.02°(2\theta)$、时间为 5s 的方式测定碱性骨料的物相特征。赵素晶[19]在测定 UHPC 物相组成时应用 D8-Discover X 射线衍射仪(40kV,30mA),扫描步长为 $0.02°(2\theta)$,速度为 $4°/min$,角度为 $5° \sim 70°$。

综合调研文献(表 9-4),发现对于 XRD-Rietveld 的测试方式均相近,本节采用 X 射线衍射仪(日本理学集团公司生产的 D/max-2500/PC X 射线衍射仪,该设备最大功率为 18kW(60kV,300mA),θ、2θ 轴最小步距为 $0.001°$,2θ 角度测量范围为 $0.6° \sim 90°$),扫描范围为 $5° \sim 70°$,扫描速度为 $0.02°(2\theta)/s$,单张图谱的测定时间保证在 1h 左右。

表 9-4 XRD 扫描方式对比

文献	扫描速度	扫描范围
Tam 等[23]	步长为 $0.02°(2\theta)$,单步时间为 30s	$5° \sim 70°$
Bahafid 等[24]	$0.01°(2\theta)/s$	$3° \sim 80°$
Rößler 等[25]	步长为 $0.02°(2\theta)$,单步时间为 5s	$6° \sim 70°$
赵素晶[19]	步长为 $0.02°(2\theta)$,速度为 $4°/min$	$5° \sim 70°$
本节	$0.02°(2\theta)/s$	$5° \sim 70°$

通过 Jade 等软件可以对物相进行定性分析,尽可能找出图谱中包含的所有晶体物相,并采用 GSAS 软件进行 Rietveld 计算(也可采用 X'Pert Highscore Plus[23]和 Topas[19]软件。每个软件均存在自身的特点,X'Pert Highscore Plus 操作较为简单,但所得结果可信度较低。Topas 是 Bruker 公司开发的一款商业软件,使用费用较高。GSAS 软件的局限性在于一次只能拟合 9 个晶相,因此每个样品只能选取最重要的物相)。分析时需要首先导入仪器参数或文件,并且从 Crystallography Open Database(COD)数据库下载通过定性分析所得到的晶相及内标物相的 cif 文件,之后依次对背底参数、晶胞参数、峰形参数(依次为 GW、LY、

GV、LX、GV、trns、S/L 和 H/L,先修正主要物相再修正次要物相)和择优取向等进行精修,直到 χ^2 在 1～2.25 范围内,才能确保拟合结果具有可靠性(图 9-8)。最终导出 9 种物相的比例和内标物实际占比,换算得到内部各晶相及总非晶相的质量分数。

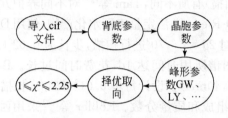

图 9-8　GSAS 拟合过程

2. 硬化净浆所采用的原材料中主要晶体物相分析

为确定硬化净浆中主要物相的质量分数,分析各材料的反应历程,首先必须确定原材料的组成。对水泥、粉煤灰主要进行 XRD-Rietveld 法定量计算,而矿粉、硅灰中 95% 以上均是非晶态 SiO_2、Al_2O_3,因此只做常规 XRD 分析。

图 9-9、图 9-10 分别为水泥、粉煤灰的 XRD 图谱,表 9-5 为水泥和粉煤灰的矿物成分。χ^2 为 1.52(处于 1～2.25 范围内),说明所得的拟合结果较好,与实际图谱极为接近。本节选用的是普通硅酸盐水泥,其最主要成分为单斜体 C_3S、$C_2S\beta$、立方体 C_3A 和 C_4AF,C_3S 和 C_2S 为水泥中最主要的部分,两者含量分别为62.05%、10.78%。含 Al 的部分 C_3A(8.56%)、C_4AF(7.69%)含量均在 10% 以内,两者均易与腐蚀离子发生反应生成膨胀型产物而造成材料强度的退化,这对混凝土的耐久性影响极大。除此以外,还存在一些含量较少的晶相,包括二水石膏(3.80%)、方镁石(1.16%)、氢氧化钙(0.78%)、碳酸钙(4.10%)和硬石膏(1.18%)等。粉煤灰中最主要成分是非晶态 SiO_2、Al_2O_3,占总质量的 60%,其次为莫来石(35.27%)、石英(3.44%)和磁铁矿(1.29%)。赵素晶[19]使用硅酸盐水泥通过 XRD-Rietveld 法计算得出水泥中几种矿物的质量分数为 62.42%(C_3S)、15.18%(C_2S)、4.05%(C_3A)、12.83%(C_4AF)、0.07%(二水石膏)、1.83%(方镁石)、0.72%(氢氧化钙)、4.10%(碳酸钙)、0.86%(硬石膏)、0.42%(石英)和0.27%(单钾芒硝),粉煤灰中非晶相、莫来石、石英、磁铁矿分别占 62.53%、33.94%、3.30% 和 0.24%,本节结果与其相近,说明本节对原材料的定量结果具有一定的可靠性。由于矿粉和硅灰中基本以非晶态物质为主,除此之外,还存在极少数的石英,而石英含量过少,无法准确定量,因此本节将矿粉和硅灰作为 100%

非晶态 SiO_2、Al_2O_3 进行考虑。

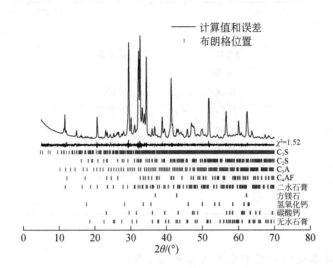

图 9-9　水泥 XRD 图谱

计算值表示根据原始图谱采用 XRD-Rietveld 法计算得到的衍射峰图谱；误差表示计算图谱与原始
图谱之间的差异；布朗格位置代表晶体相衍射峰的位置

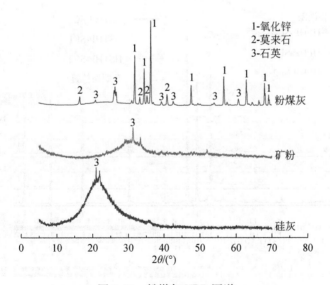

图 9-10　粉煤灰 XRD 图谱

表 9-5　水泥和粉煤灰的矿物成分

水泥		粉煤灰	
物相	含量/%	物相	含量/%
单斜体 C_3S	62.05	莫来石	35.27
$C_2S\beta$	10.78	石英	3.44
立方体 C_3A	8.56	磁铁矿	1.29
C_4AF	7.69	非晶相	60.00
二水石膏	3.80		
方镁石	1.16		
氢氧化钙	0.78		
碳酸钙	4.10		
无水石膏	1.18		

3. 不同种类硬化净浆中主要晶体物相含量

通过 XRD-Rietveld 分析得到了硬化净浆的定量分析结果，χ^2 为 $1.465\sim$ 1.759（在 $1\sim2.25$ 范围内），以保证结果的准确性。硬化净浆的 XRD 图谱如图 9-11

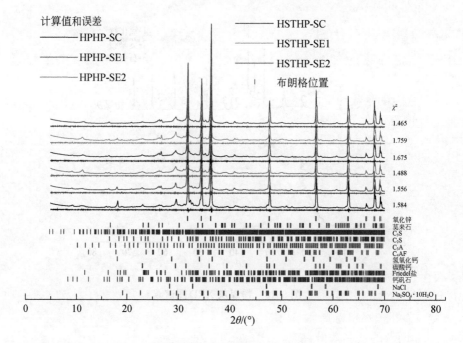

图 9-11　硬化净浆的 XRD 图谱

所示,其物相的质量分数如表 9-6 所示。可以看出,原材料中的主要物相 C_3S、C_2S、C_3A、C_4AF 和莫来石均出现了不同程度的下降,28d 时五种原有物相均高于温度与腐蚀 420d 后,由于 HSTHP 和 HPHP 的配合比存在差异性,难以从物相质量分数直接界定其变化过程。

表 9-6　硬化净浆中主要晶相和非晶相的质量分数　　　　（单位:%）

物相	HPHP			HSTHP		
	SC	SE1	SE2	SC	SE1	SE2
C_3S	10.84	10.80	10.78	9.55	4.83	4.22
C_2S	2.26	2.17	2.11	2.35	0.83	0.76
C_3A	2.10	—	—	1.34	—	—
C_4AF	2.02	0.18	0.90	0.96	0.53	0.40
莫来石	4.62	3.86	3.10	6.88	4.94	4.76
氢氧化钙	2.01	—	—	0.25	—	—
碳酸钙	2.07	—	—	1.16	—	—
Friedel 盐	—	3.88	3.36	—	2.67	2.36
钙矾石	8.21	8.30	8.36	4.05	4.09	4.21
NaCl	—	0.13	0.17	—	0.13	0.18
$Na_2SO_4 \cdot 10H_2O$	—	0.83	0.63	—	0.81	0.60
非晶相	65.87	69.85	70.59	73.46	81.17	82.51

通过熟料的水化程度(degree of hydration,DoH)可以准确表征两种硬化净浆在整个过程的变化,计算公式为

$$(DoH)_t = \left\{ 1 - \frac{[w_{C_3S}(t) + w_{C_2S}(t) + w_{C_3A}(t) + w_{C_4AF}(t)]/[1 - w_{\text{tatal water}}(t)]}{w_{C_3S}(t_0) + w_{C_2S}(t_0) + w_{C_3A}(t_0) + w_{C_4AF}(t_0)} \right\} \times 100\%$$

(9-9)

式中,$w(t_0)$ 表示总无水胶凝材料中物相的质量分数;$w(t)$ 表示在龄期 t 时硬化净浆中物相的质量分数。

式(9-9)与传统计算方式间存在一定的差异(增加 $1/(1 - w_{\text{total water}}(t))$ 的校正系数),其原因是在于式(9-9)分母为拌和之前四种熟料的总和,是基于图 9-12(a) 中深色区域部分的比例,而式(9-9)分子中的部分 $(w_{C_3S}(t) + w_{C_2S}(t) + w_{C_3A}(t) + w_{C_4AF}(t))$ 为四种熟料占整个硬化净浆的比例,是基于图 9-12(c)中干混料与结合水的总体,两者的基底未得到统一。考虑到养护、腐蚀过程中一直有自由水进入净浆内部,而无法确定真正的添加水含量,故添加校正系数,将反应后的熟料统一归

化至总的干料样品[14]，确保水化程度计算的准确性。但是，式(9-9)仍无法考虑到
Cl^-、SO_4^{2-}和CO_2进入净浆内部而造成的总质量增加，这三者对结果的影响极小，
亦可忽略。

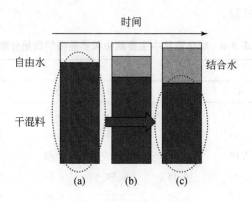

图 9-12　水化程度计算公式的校正

　　图 9-13 为六种硬化净浆的水化程度，HPHP-SC 的水化程度在养护 28d 时已
经较高(61.47%)，在温度与腐蚀环境中上升趋势不再明显(SE1 和 SE2 中分别为
65.40% 和 68.71%)。相比之下，HSTHP-SC 的水化程度在养护 28d 时明显偏低
(32.92%)，但在温度与腐蚀环境中上升迅速(SE1 和 SE2 分别为 69.62% 和
73.39%)，HSTHP-SE1 和 HSTHP-SE2 的水化程度甚至超过了 HPHP-SE1 和
HPHP-SE2。HSTHP 具有较低的水胶比，导致早期反应程度较低，但 HSTHP 的
水灰比高于 HPHP，28d 后 HSTHP-SC 仍保留部分水分，可用于后期的水泥水化，
这一现象也验证了 HSTCC-SE1 和 HSTCC-SE2 的抗压强度在 28～420d 内快速
上升。

　　粉煤灰中的莫来石在 28d 内几乎不发生反应，但在两种环境中莫来石含量均
有轻微的下降现象。赵素晶[19]在研究不同养护方式对 UHPC 中物相组成的影响
时，也发现了莫来石变化不大或出现极小的降低情况，这可能是莫来石在碱性溶液
中出现了小部分的溶解或火山灰反应，但同时也无法排除试验误差的可能，并不能
以此对莫来石的反应情况做出明确判断。

　　HPHP 中水泥含量高且矿物掺合料少，导致火山灰反应量较低，因此 HPHP-
SC 的氢氧化钙含量较高(2.01%，相对 HSTHP-SC 而言)[26]。C_3A 的早期水化速
率极高，因此在水泥中添加少量石膏，促使石膏率先与 C_3A 反应形成钙矾石，钙矾
石会黏附在 C_3A 颗粒表面以防止其过度水化[27]。养护 28d 的硬化净浆中钙矾石
含量均以内部生成型钙矾石为主，并不会对混凝土的强度造成负面影响。其中
HPHP-SC 与 HSTHP-SC 中钙矾石含量存在差异性的原因是水泥含量的不同导

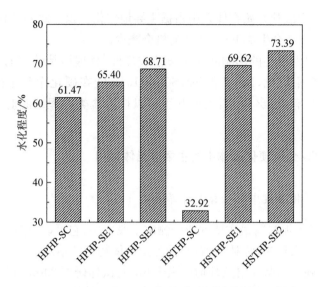

图 9-13 硬化净浆中熟料的水化程度

致石膏量的差异性。在温度与腐蚀溶液中,两种硬化净浆中钙矾石含量变化几乎可以忽略不计。

矿井深部存在高浓度的 Na^+、SO_4^{2-} 和 Cl^- 等,复合盐类对混凝土的腐蚀破坏与单一盐类迥然不同。金祖权等[28]认为 SO_4^{2-} 的扩散速度低于 Cl^-,Cl^- 首先与 C_3A 和 C_4AF 结合生成水化氯铝酸盐(Friedel 盐),而 SO_4^{2-} 较难有机会与 C_3A 和 C_4AF 反应生成钙矾石等。同时氯化物溶液中钙矾石的溶解度约为水中的 3 倍,这也降低了外部硫酸盐侵蚀产物生成的可能。Maes 等[29]为研究海洋环境中高浓度氯盐和硫酸盐对混凝土性能的影响,采用氯离子扩散系数等指标表明了氯盐的存在对硫酸盐的侵蚀有一定的缓解作用。Zhang 等[30]同样也在试验中发现孔溶液中存在氯盐会对硫酸盐的侵蚀存在抑制情况。在本节研究中,氯盐的浓度远高于硫酸盐,这就导致氯盐率先且大量地与 C_3A 结合形成 Friedel 盐并堵塞毛细孔,硫酸盐较难与 C_3A 反应造成外部硫酸盐破坏。此外,Cao 等[31]的研究表明,硫酸盐的存在短时期内加速了氯盐的扩散行为,而从长期效果来看,硫酸盐也能够抑制氯盐的扩散。其实,在两种腐蚀盐类均存在的环境中,混凝土侵蚀是一个竞争吸附反应的关系。在本节设计的高浓度氯盐和低浓度硫酸盐环境中,以 Cl^- 大量结合 C_3A 而硫酸盐极少量结合 C_3A 为主,最终 HPHP-SE1 和 HPHP-SE2 中 Friedel 盐的含量(SE1 中含量 3.88%,SE2 中含量 3.36%)明显要高于 HSTHP-SE1 和 HSTHP-SE2(SE1 中含量 2.67%,SE2 中含量 2.36%),且 Friedel 盐的含量与温度存在负相关关系。这与 Balonis[32]认为的在 55℃ 以上,Friedel 盐失去了在体系中的主导地位,随后单硫铝酸盐开始在体系中占据主导地位相一致。此外,温度促进了 C_3A 的水化,其与 Cl^- 结合生成 Friedel 盐的机会减少。

　　两种盐类对混凝土的影响除化学腐蚀破坏外,物理结晶破坏的实例也屡见不鲜[33],从表 9-6 中可见,NaCl 和 $Na_2SO_4 \cdot 10H_2O$ 在硬化净浆中的含量均低于 1%,甚至部分只有 0.1% 左右,因此几乎可以排除盐类物理结晶对混凝土造成破坏的可能性。

9.3.3　结合 TG 分析硬化晶体中的主要非晶体物相

1. TG 的硬化净浆中物相含量计算方法

　　TG 分析是水泥材料最主要的成分测定手段之一,它可以测定 C-(A)-S-H 等非晶体物相的失水行为,弥补 XRD 只能测定晶体物相的不足。

　　取出六种硬化净浆在自然环境中风干 6h,对试样研磨 20min 以上,取 45μm 圆形筛筛余粉末。采用分析天平称取每种硬化净浆样品粉末 20～30mg 放入热重分析仪(图 9-14,沃特斯公司生产的 Discovery 热重分析仪,仪器的温度范围为常温至 900℃,保护气选用氮气,样品盘为铂),在氮气保护下,将粉末以 10℃/min 的恒定速度从室温加热至 900℃,得到温度-微分热重(DTG)、温度-样品质量分数两种曲线。

　　水泥材料在持续升温过程中,常温至 600℃ 阶段以脱水为主,高于 600℃ 转为脱 CO_2 为主,另有部分脱羟基等。可以通过物相蒸发失去水或 CO_2 的质量,反推物相在原硬化净浆样品中的质量分数。如 $Ca(OH)_2$ ($m_{Ca(OH)_2} = 74g/mol$) 在 400～500℃ 内脱水($m_{H_2O} = 18g/mol$)(式(9-10))引起质量分数的损失($WL_{Ca(OH)_2}$),同时由于 TG 试验考虑了自由水的含量,为保证其结果与 XRD 结果一致,将整个结果统一归化为无自由水的硬化净浆,因此附加修正系数($1/(1-W_{freewater})$,自由水含量通过前期试验得到),$Ca(OH)_2$ 质量分数($W_{Ca(OH)_2}$)的计算公式如(9-11)所示。

$$Ca(OH)_2 \longrightarrow CaO + H_2O \tag{9-10}$$

$$W_{Ca(OH)_2} = WL_{Ca(OH)_2} \times \frac{m_{Ca(OH)_2}}{m_{H_2O}} \times \frac{1}{1-W_{freewater}} = WL_{Ca(OH)_2} \times \frac{74}{18} \times \frac{1}{1-W_{freewater}} \tag{9-11}$$

　　上述公式是基于失水、失碳物相单峰计算的,但是在实际曲线中存在部分重叠峰,其中影响最大的是 C-(A)-S-H 宽峰。C-(A)-S-H 在 50～600℃ 持续失重,需采取切线法[14]来计算这一区间各物相的质量分数。如图 9-15 所示,在 DTG 曲线中选取 $Ca(OH)_2$ 的失重温度区间,在温度-样品质量分数曲线中选取温度区间两端点做切线,两切线中间点的差值为真正的 $Ca(OH)_2$ 质量分数损失。这种方法避免了 400～500℃重复考虑 C-(A)-S-H 的部分失重的可能。

图 9-14　热重分析仪

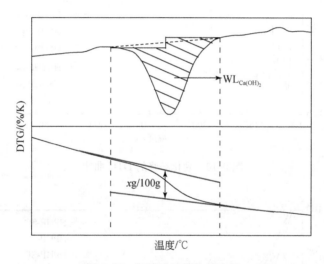

图 9-15　切线法计算物相含量

2. 不同种类硬化净浆中主要非晶体物相含量

图 9-16 为两种硬化净浆的 DTG 曲线。C-(A)-S-H 因层间水移动和脱羟作用而在较大的温度范围内(50～600℃)存在失水行为,钙矾石、Friedel 盐和氢氧化钙的脱水温度分别约为 100℃、270℃和 460℃。此外,碳酸钙在 650℃附近会脱去二氧化碳。在 810℃的小峰表示低 Ca/Si 的 C-(A)-S-H 或托贝莫来石脱羟基形成硅灰石晶体[34]。结合 DTG 曲线和硬化净浆的失重曲线(图 9-17),用切线法计算各物相含量(表 9-7,氢氧化钙的失水量为 24.3%,碳酸钙的失碳量为 44.0%,Friedel 盐的失水量为 32.1%)。C-(A)-S-H 的失水量可根据 50～600℃的总失水

量去除 Friedel 盐、氢氧化钙和钙矾石的总失水量得到,考虑到低 Ca/Si 的 C-S-H (CSH$_{1.5}$)的失水量为 19.3%,高 Ca/Si 的 C-S-H(C$_{1.5}$SH$_2$)的失水量为 20.0%,两者失水量极为相近,综合取加权平均值 19.7% 的失水量进行考虑并由式(9-11)计算 Ca(OH)$_2$ 质量分数(由于 C-A-S-H 在 810℃ 附近的定量脱羟行为未有明确的探究,不考虑此部分 C-(A)-S-H 含量)。

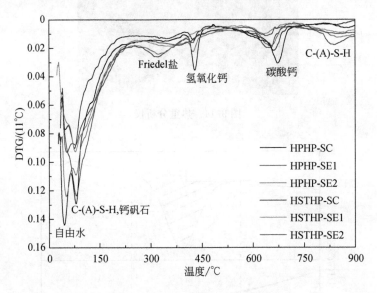

图 9-16　硬化净浆的 DTG 曲线

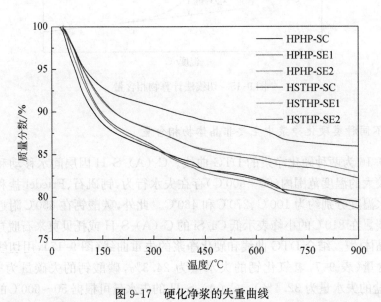

图 9-17　硬化净浆的失重曲线

表 9-7　硬化净浆中主要物相的质量分数　　　　　　　（单位：%）

硬化净浆种类	HPHP			HSTHP		
	SC	SE1	SE2	SC	SE1	SE2
氢氧化钙	2.28	0.63	0.61	0.41	0	0
碳酸钙	1.89	1.19	1.18	1.15	0.69	0.82
Friedel 盐	0.00	4.09	3.81	0.00	2.33	2.08
C-(A)-S-H	56.74	略＞60.77	略＞62.41	38.61	略＞60.38	略＞63.20
非晶态 SiO_2 和 Al_2O_3	9.13	略＜7.81	略＜6.92	34.85	略＜20.23	略＜18.63

　　非晶态 SiO_2、Al_2O_3 含量可由 XRD 中整体非晶物相与式(9-12)所得 C-(A)-S-H 含量的差值计算，如式(9-13)所示。由于 GSAS 软件只能精修 9 个物相，通过 TG 分析得到的氢氧化钙和碳酸钙的含量可以对 XRD 结果进行修正。联合 XRD 和 TG 的结果，得出精确的碳酸钙和氢氧化钙的含量。矿物掺合料的火山灰反应程度(DoPR)可由式(9-14)计算，增加修正系数$(1/(1-w_{total\ water\ (t)}))$，将反应后的矿物掺合料统一归化至总的干料。

$$w_{C-(A)-S-H}(t)=$$
$$\frac{w_{weight\ at\ 600℃}(t)-w_{bound\ water(Portlandite)}(t)-w_{bound\ water(Friedel's\ salt)}(t)-w_{bound\ water(Ettringite)}(t)}{MW_{water\ loss\ of\ C-(A)-S-H}/MW_{C-(A)-S-H}}$$

$$(9-12)$$

$$w_{amorphous\ SiO_2\ and\ Al_2O_3}(t)=w_{amorphous\ phases}(t)-w_{C-(A)-S-H}(t) \tag{9-13}$$

$$(DoPR)_t=\frac{w_{amorphous\ SiO_2\ and\ Al_2O_3}(t)/(1-w_{total\ water}(t))}{w_{amorphous\ SiO_2\ and\ Al_2O_3}(t_0)} \tag{9-14}$$

式中，MW 为各物相的分子量。

　　两种硬化净浆在温度和腐蚀环境中 28d 的氢氧化钙含量与 XRD 的结果相近，在温度和腐蚀环境中 420d 后，HPHP-SE1 和 HPHP-SE2 中仍有较低含量的氢氧化钙，而 HSTHP-SE1 和 HSTHP-SE2 中的氢氧化钙几乎已经消耗殆尽。这主要是因为 HSTHP 的水胶比远低于 HPHP，HSTHP 水化生成的氢氧化钙均被矿物掺合料消耗生成 C-(A)-S-H，并且还存在一定的氢氧化钙含量不够的现象。

　　矿物掺合料的火山灰反应程度如图 9-18 所示。在 28d 时 HPHP-SC 的 DoPR 远高于 HSTHP-SC，试块中有大量的 C-(A)-S-H 为 HPHP-SC 提供强度，而 HSTHP-SC 中是大量非晶态 SiO_2 和 Al_2O_3 与 C-(A)-S-H 共存的现象。在温度与腐蚀溶液中 420d 后，HSTHP-SE1 和 HSTHP-SE2 的水化程度、火山灰反应程度和 C-(A)-S-H 含量均已超过 HPHP-SE1 和 HPHP-SE2，这导致 HSTCC-SE2 在后期强度迅速上升至约 130MPa。此外，仍有部分非晶态 SiO_2 和 Al_2O_3 颗粒填充于

HSTHP-SE1和 HSTHP-SE2中,这也可能对 HSTCC-SE1和 HSTCC-SE2的强度有帮助作用。TG 试验中得到的 Friedel 盐含量及其在各硬化净浆中的差异性与XRD结果一致,因此 Friedel 盐极有可能是导致 SFRC 和 HSTCC 两种混凝土强度变化的根本原因。

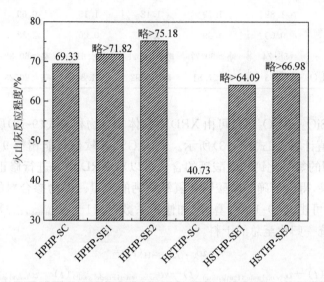

图 9-18　矿物掺合料的火山灰反应程度

对于 Friedel 盐的结晶压力和 HSTCC 中的大量未水化颗粒的力学效应等需要进一步试验验证。HSTCC-SE1和 HSTCC-SE2在温度和腐蚀环境中不断水化和火山灰反应中,氢氧化钙早已消耗殆尽,这影响到 HSTCC-SE1和 HSTCC-SE2的持续二次水化和力学性能的增益效果。因此,HSTCC 的配合比还有优化空间,如何把握水化和火山灰反应的临界点是保证其性能处于优异的关键,但该临界点与温度等环境因素均有关。

9.4　硬化净浆微观形貌及孔结构特征

9.4.1　结合 SEM-EDS 分析硬化净浆表面微观形貌

1. SEM 协同 BSE 的硬化净浆微观形貌测定方法

将样品切成小块,表面用 100～2000 目砂纸打磨后依次用 9μm、3μm、1μm 和 0.5μm 的金刚石悬浮液进行抛光,将抛光后的样品放入无水乙醇中进行超声波清洗。采用 FEI Quanta 250 环境扫描电镜采集背散射电子(back scattered electron,BSE)和二次电子(secondary electron,SE)图像。试验前,在样品表面进行喷金,以防止充电效应的影响。

2. 不同种类硬化净浆的微观形貌特征

图 9-19 为不同种类硬化净浆的 BSE 图像。图中,水泥、粉煤灰、矿粉和硅灰可以根据其不同的灰度值来进行区分。HPHP-SC 表面已经较为致密,主要由 C-(A)-S-H 和少量未水化水泥和矿物掺合料组成(图 9-19(a));而 HPHP-SE1 和 HPHP-SE2 表面除水泥和矿物掺合料颗粒外,还出现大量细小裂纹(图 9-19(b)和(c))。HSTHP-SC 表面较为密实且仍有大量未水化的水泥和矿物掺合料颗粒(图 9-19(d)),同时 HSTHP-SE1 表面也出现了一些细小的裂纹(图 9-19(e)),而 HSTHP-SE2 表面几乎很难发现明显的裂隙(图 9-19(f))。两种硬化净浆在温度和腐蚀环境中 420d 后,表面的水泥和矿物颗粒均有一定程度的减少,这与 XRD 和 TG 的试验结果中水化程度和火山灰反应程度的上升情况一致。

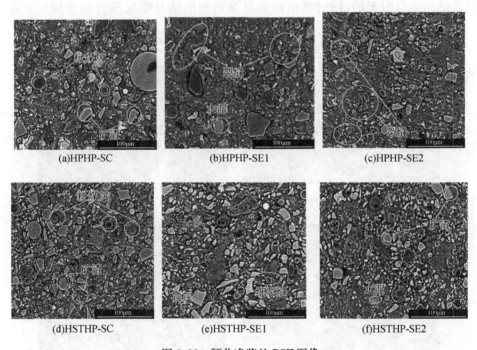

图 9-19 硬化净浆的 BSE 图像

硬化净浆表面大量裂纹出现是导致 SFRC-SE1 和 SFRC-SE2 抗压强度大幅下降的主要原因,主要差异在于 Friedel 盐的含量。净浆表面裂纹的数量与 Friedel

盐的质量分数呈正相关。

硬化净浆中部分产物及微观形貌如图 9-20 所示。Talero[35]在对 Friedel 盐的性能特征介绍时表示,Friedel 盐在电镜中存在两种样貌,一种为如图 9-20(a)所示的完整的多边形状晶体,此种 Friedel 盐是由 C_3A 与氯盐在长期反应过程中慢速形成的;另一种是快速形成的不规则片状晶体,其颗粒体积较小,存在诸多缺陷。Friedel 盐易在水泥基材料的孔洞内形成,从而解决了孔洞力学性能负影响的问题,但是过多的 Friedel 盐也会引起混凝土出现裂缝,导致其性能退化[36]。Qiao等[37]探究水泥基材料在 NaCl 溶液中破坏行为的过程中,通过试样尺寸变化、TG等手段,并排除其他干扰因素,确定了材料性能的退化与 Friedel 盐的质量分数有关,水泥基材料在 NaCl 环境中的裂缝极有可能是由 Friedel 盐的结晶压力造成的。硬化净浆孔洞中也存在一些钙矾石(图 9-20(b)),其可能主要是在净浆早期水化阶段形成的内部生成型钙矾石。在温度与腐蚀 420d 内,试样内部的钙矾石含量变化极小,这并不能排除外部硫酸盐侵蚀形成钙矾石膨胀对混凝土破坏的可能性,但这种行为极微弱。因此,HPHP-SE1 和 HPHP-SE2 的损伤很可能主要是由 Friedel盐的结晶压力引起的,同时其他种类腐蚀物相的结晶膨胀压力也有极小贡献。

(a)HPHP-SE1中Friedel盐

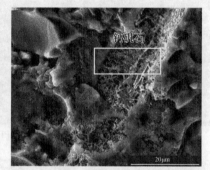

(b)HPHP-SE1中钙矾石

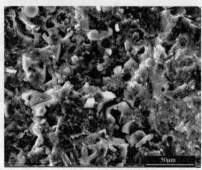

(c)HSTHP-SE1微观形貌

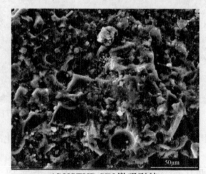

(d)HSTHP-SE2微观形貌

图 9-20　硬化净浆中部分产物及微观形貌

HSTHP-SE1和HSTHP-SE2受两种温度与复合盐环境影响420d后,其表面已经非常致密,没有发现明显的腐蚀产物迹象(图9-20(c)和(d))。

因此,在温度和腐蚀环境中,SFRC-SE1和SFRC-SE2的抗压强度略微增加,主要因素是Friedel盐填补孔隙,次要因素是一定的水化和火山灰反应。Friedel盐(可能伴随着极少部分的钙矾石)的生长过程会对基体产生结晶压力,并最终导致裂纹的出现和发展,给化学离子提供了继续侵入的通道,并腐蚀内部钢纤维,促使混凝土强度急速下降。HSTCC-SE1和HSTCC-SE2在温度和腐蚀环境中抗压强度大幅度提高的主要原因是水泥的水化和矿物掺合料的火山灰反应,次要原因是Friedel盐等产物的填充孔隙,但是HSTCC-SE1和HSTCC-SE2中Friedel盐较少,其结晶压力不足以对黏结力较强的HSTHP-SE1和HSTHP-SE2造成破坏。

9.4.2 结合MIP分析硬化净浆的孔结构特征

1. MIP的硬化净浆孔结构测定方法

硬化净浆是一种多孔材料,其内部孔的大小和数量直接决定了混凝土的力学性能。测定硬化净浆中的孔结构特征以MIP法[24,38]为主(部分文献应用[1]H核磁共振法[39])。

从酒精中取出终止水化的硬化净浆试块,截取表面约1cm³的立方体样品三块(图9-21),在自然条件下风干6h使酒精完全挥发,将样品置于105℃烘箱中24h,以确保在测试之前毛孔中没有水分(样品的干燥程度直接影响测试时设备抽真空所需要的时间)。采用压汞仪对硬化净浆孔结构进行测定(图9-22,Auto Proe 9520型压汞仪,该设备最大压力6万磅(414MPa),孔径测量范围为3nm~1000μm)。

压汞测试从0.21psia(1psia=6.8948kPa)的压力开始进汞,MIP法是基于汞的非浸润性,通过外部压力可以将汞压入净浆样品内部的孔中,通过Washburn公式计算孔隙直径和压力的关系,即

$$P = -\frac{4\gamma\cos\theta}{D} \tag{9-15}$$

式中,P为外部压力;D为孔隙直径;γ为汞的表面张力;θ为汞与硬化浆体的接触角。

由式(9-15)可知,压力越小,所能压入的汞的孔隙直径越大,对应852.16μm孔隙的进汞量被记录,而小孔均未被压入汞。连续76次逐级增加至最大压力29996.77psia,对应0.00603μm最小孔隙的进汞量被记录,通过不同压力对应的不同直径孔隙的进汞量(V),并联立式(9-15),则常用孔径分布方式(体积孔径对数分布函数$D_v(\lg D)$)可表示为

图 9-21　MIP 试块大小

图 9-22　Auto Proe 9520 型压汞仪

$$D_v(\lg D) = -\frac{dV}{d\lg D} \tag{9-16}$$

退汞时,从 29996.77psia 开始连续 27 次逐级降低压力至 16.35psia,共得到 103 次数据,绘制成孔隙直径-微分孔体积、孔隙直径-累计孔体积曲线。

2. 不同种类硬化净浆的孔结构特征

图 9-23 为六种硬化净浆的微分孔体积和累计孔体积。温度与腐蚀 420d 后净浆样品在 6nm～0.1μm 的微分孔体积明显小于养护 28d 后的样品。在两种温度与腐蚀环境中,水化和火山灰反应不断生成 C-(A)-S-H 凝胶,以及受氯盐影响产生的 Friedel 盐等不断填充于样品的微孔中,致使微孔的体积明显下降,材料的密实程度大幅提升[40]。孔直径的主要峰值由汞进入样品的压力决定,数百微米处出现的相关峰值很可能是由样品表面的裂缝引起的。同时,微米级孔的分布明显与

Friedel 盐的含量有关。

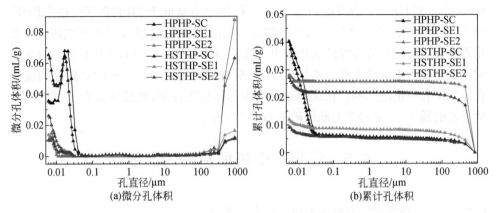

图 9-23　硬化净浆的孔结构

依据不同的孔径范围可以对水泥基材料中的微孔性能进行划分，＞100nm 是大毛细孔，50～100nm 是中毛细孔，4.5～50nm 是小毛细孔，＜4.5nm 是微孔，超过 100nm 的孔被定义为有害孔[41]。不同孔直径范围的孔体积如图 9-24 所示。可

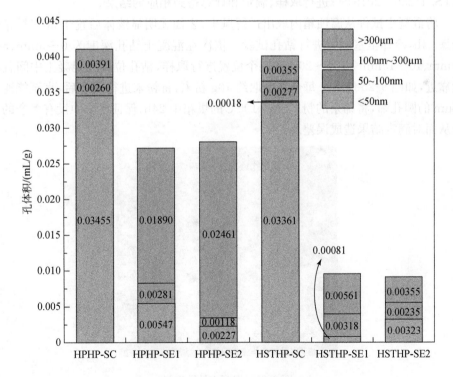

图 9-24　不同孔直径范围的孔体积

见养护 28d,HSTHP-SC 在 6～100nm 的孔体积与 HPHP-SC 相近,而温度与腐蚀
420d 后 HSTHP-SE1 和 HSTHP-SE2 的孔体积明显低于 HPHP-SE1 和 HPHP-
SE2。同时,同种硬化净浆在 SE2 中的峰面积低于 SE1 中,这个现象再次印证了水
化程度和火山灰反应程度的变化结果。显然,HSTHP 比 HPHP 具有更好的孔结
构特征。在不考虑微米孔径的情况下,胶凝材料的配比和环境温度对样品的凝胶
孔体积都有一定的影响。在深部地层高渗透压的条件下,致密的混凝土可以阻滞
地下水的涌入,一定程度上确保矿井内部的安全。

9.5　混凝土中氯离子渗入含量

9.5.1　化学滴定测定混凝土中氯离子含量方法

根据前面对净浆物相变化特征以及腐蚀机理的探讨,推测可能是溶液中最主
要离子氯离子的影响机制,本节采用混凝土中氯离子含量来判断净浆试验的可靠
性。混凝土中氯离子含量测试方法依照《水运工程混凝土试验检测技术规范》
(JTS/T 236—2019)[42]进行取样、滴定和计算得到相应的结果。

将混凝土试件从腐蚀箱内取出进行风干,表面无明显液体后置于 50℃烘箱中
干燥 24h,冷却至室温后进行钻孔试验。依次在混凝土钻孔深度为 0～5mm、5～
10mm、10～15mm 和 15～20mm 四个位置进行取样,钻孔位置在混凝土中间且尽
量靠近,如图 9-25 所示。每个深度取约 10g 粉末,将粉末进行研磨后,直至能通过
45μm 的圆孔筛,将筛余的粉末置于 105℃的烘箱中 24h,保证粉末中没有多余的水
分从而对滴定结果造成误差。

图 9-25　混凝土钻孔取样

用精度为 0.001g 的分析天平量取 2g 左右的粉末,记录下其对应质量为 m_1 并置于三角瓶中,加入 100mL(V_1)蒸馏水,塞进瓶塞剧烈振荡 1～2min 后静置 24h,用滤纸对液体进行过滤后储存于玻璃瓶中。

试验时,分别从玻璃瓶中取 10mL(V_2)滤液置于两个三角瓶中,并各滴加 2 滴酚酞,使滤液显微红色,再用稀硫酸中和至无色。分别加入 5 滴 5% 的铬酸钾溶液,随即用 1% 的硝酸银溶液滴定至砖红色,所消耗的硝酸银溶液的体积为 V_3,混凝土中水溶性氯离子含量的计算方法为[4]

$$P_1 = \frac{C_{\mathrm{AgNO_3}} \times V_3 \times 0.03545}{m_1 \times \dfrac{V_2}{V_1}} \times 100\% \tag{9-17}$$

式中,P_1 为混凝土中水溶性氯离子含量(%);$C_{\mathrm{AgNO_3}}$ 为硝酸银标准溶液浓度(mol/L);m_1 为称取的混凝土粉末质量(g);V_1 为浸入粉末的水的体积(mL);V_2 为从玻璃瓶中取出的滤液的体积(mL);V_3 为滴定时消耗硝酸银溶液的体积(mL),取两次计算值的平均值作为试验结果。

同样,用精度为 0.001g 的分析天平称取 2g 左右粉末,记录下对应质量 m_2,并置于三角瓶中,加入 100mL(V_4)的稀硝酸(15% 浓度),塞进瓶塞剧烈振荡 1～2min 后静置 24h,用滤纸对液体进行过滤后储存于玻璃瓶中。

试验时,分别从玻璃瓶中取 10mL(V_5)滤液置于两个三角瓶中,并各加入 10mL(V_6)10% 的硝酸银溶液,再用硫氰酸钾溶液滴定,同时晃动三角瓶,当滴定至红色且维持 5～10s 不褪色时,所消耗的硫氰酸钾体积为 V_7,混凝土中总氯离子含量的计算方法为

$$P_2 = \frac{(C_{\mathrm{AgNO_3}} \times V_6 - C_{\mathrm{KSCN}} \times V_7) \times 0.03545}{m_2 \times \dfrac{V_5}{V_4}} \times 100\% \tag{9-18}$$

式中,P_2 为混凝土中总氯离子含量(%);$C_{\mathrm{AgNO_3}}$ 为硝酸银标准溶液浓度(mol/L);m_2 为称取的混凝土粉末质量(g);V_4 为浸入粉末的稀硝酸的体积(mL);V_5 为从玻璃瓶中取出的滤液的体积(mL);V_6 为滴加的硝酸银溶液的体积(mL);V_7 为消耗的硫氰酸钾的体积(mL),取两次计算值的平均值作为试验结果。

混凝土中固化氯离子含量的计算方法为

$$P_3 = P_2 - P_1 \tag{9-19}$$

式中,P_1 为混凝土中水溶性氯离子含量(%);P_2 为混凝土中总氯离子含量(%);P_3 为混凝土中固化氯离子含量(%)。

9.5.2　不同种类混凝土中氯离子渗入含量

两种混凝土(SFRC 和 HSTCC)在温度与腐蚀环境中 420d 后内部氯离子含量

随深度的变化如图 9-26 所示。从图中可以看出，自由氯离子和结合氯离子的含量均随着两种混凝土深度的增加而下降，说明氯离子的腐蚀行为主要发生在混凝土表面，渗入内部（5～20mm）的氯离子含量远低于表层（<5mm）。两种混凝土中自由氯离子与结合氯离子的含量结果与 XRD-Rietveld 分析结果一致，混凝土中发生化学反应生成 Friedel 盐的含量远高于在孔隙中游离的离子，说明未水化的熟料中 C_3A 和 C_4AF 与氯离子有较好的结合能力，从而生成新物相。并且在 40℃ 腐蚀溶液中混凝土各深度的氯离子含量普遍高于 60℃，这可以协助判断微观试验的准确性。

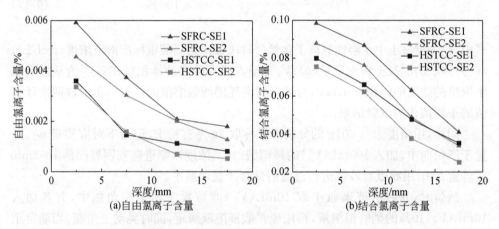

图 9-26　氯离子含量随混凝土深度的变化

　　对比两种混凝土，不管是自由氯离子含量还是结合氯离子含量，SFRC-SE1 和 SFRC-SE2 在任意深度均略高于 HSTCC-SE1 和 HSTCC-SE2，说明 HSTCC 的抗氯离子渗透能力要高于 SFRC，结合 MIP 试验结果可知，HSTCC-SE1 和 HSTCC-SE2 后期大幅度水化和二次水化作用导致孔结构进一步密实，离子通过连通孔进入混凝土内部更为困难。因此，在滨海深部地层中，HSTCC 相较于 SFRC 具有更为优异的抵抗地下腐蚀性离子的能力。

　　经过 420d 的温度和腐蚀，水泥中的 C_3A 和 C_4AF 已经几乎被耗尽，并且后期服役过程中混凝土中还存在较弱的水化和火山灰反应，HSTHP-SE1 和 HSTHP-SE2 中腐蚀产物的结晶压力已经几乎无法超越基体的黏结力造成破坏，HSTCC 可以达到极长的服役期限。Pyo 等[43]一系列试验表明，UHPC 能有效地防止纤维被氯离子侵蚀，而腐蚀引起的微裂纹几乎可以忽略不计。经历数百天温度和离子腐蚀后的 HSTCC-SE1 和 HSTCC-SE2 性能几乎已经可以达到 UHPC 的标准。

9.6　小　　结

　　在类似深部工程的环境中,温度和腐蚀离子共存局面对混凝土的影响趋于复杂化,试验所得的混凝土腐蚀破坏龄期和真实环境存在较大的差异:①试块的大小对腐蚀程度有较大影响,工程井壁材料与地下水接触的面积远小于试验试块,因此工程中离子的侵入时间更慢;②地下水中的化学离子浓度远低于腐蚀溶液,且井壁材料也并非一直浸泡在腐蚀溶液中,即现实环境湿度远小于试验环境,因此两种混凝土在实际环境中的服役年限要远远高于试验中的破坏时间。

　　本章通过滨海超深井井下环境,对两种力学性能优良的混凝土——SFRC 和 HSTCC 的耐久性进行了研究。在试验设计的环境中,SFRC 的抗压强度出现了下降的现象,而 HSTCC 的抗压强度一直平稳发展。温度和腐蚀离子共存局面对混凝土的影响趋于复杂化,温度和腐蚀离子一方面促使混凝土内部产生腐蚀产物,导致强度不断退化;另一方面,较高的温度同样能够促进水化程度和火山灰反应程度,使混凝土达到较高的密实度以抵抗腐蚀离子的侵入。通过一些微观测试手段,以探索其内在原因。可以得出以下结论:

　　(1)养护 28d 后 HSTHP-SC 的水化程度和火山灰反应程度均低于 HPHP-SC,其内部物相由 C-(A)-S-H 及非晶态 SiO_2 和 Al_2O_3 组成,但 HSTCC-SC 在养护后 C-(A)-S-H 的含量略高于 SFRC-SC,这造成 HSTCC-SC 养护后的初始抗压强度不亚于 SFRC-SC。

　　(2)在温度与腐蚀期间内,HPHP-SE1 和 HPHP-SE2 的水化程度和火山灰反应程度上升均不明显,并伴随着大量腐蚀产物的形成,导致 SFRC 的抗压强度降低。但 HSTHP-SE1 和 HSTHP-SE2 的水化程度和火山灰反应程度的上升行为显著,腐蚀产物亦较少,最终 HSTCC-SE1 和 HSTCC-SE2 的抗压强度持续大幅上升。

　　(3)较高的环境温度可以提高混凝土的水化程度和火山灰反应程度,降低孔隙率,在高渗透压的环境中尽量避免地下水涌入矿井内部。在混凝土能抵抗腐蚀离子的前提下,滨海超深井环境中的高地温有利于混凝土强度的发展。

　　(4)BSE 图像中的裂纹分布和孔结构曲线中的微米孔均与 Friedel 盐含量相关。滨海超深井中普通纤维混凝土的失效由多种腐蚀因素共同引起,Friedel 盐的结晶压力诱发可能是其最主要的因素,最终由氯离子转为对钢纤维等的腐蚀,其性能迅速退化。HSTCC 相比普通混凝土具有更为优异的抗腐蚀和抗渗性能。

参 考 文 献

[1] 阎培渝,杨文言. 模拟大体积混凝土条件下生成的钙矾石的形态[J]. 建筑材料学报,2001,
　　4(1):39-43.

[2] Irassar E F, Bonavetti V L, González M. Microstructural study of sulfate attack on ordinary and limestone Portland cements at ambient temperature[J]. Cement and Concrete Research, 2003, 33(1): 31-41.

[3] Jin Z Q, Sun W, Zhang Y S, et al. Interaction between sulfate and chloride solution attack of concretes with and without fly ash[J]. Cement and Concrete Research, 2007, 37 (8): 1223-1232.

[4] 陈燕娟. 多因素耦合作用下混凝土微结构演化及氯离子传输模拟[D]. 南京:东南大学,2017.

[5] 蒋敏强,陈建康,杨鼎宜. 硫酸盐侵蚀水泥砂浆动弹性模量的超声检测[J]. 硅酸盐学报, 2005, 33(1): 126-132.

[6] Jalal M, Grasley Z, Nassir N, et al. Strength and dynamic elasticity modulus of rubberized concrete designed with ANFIS modeling and ultrasonic technique[J]. Construction and Building Materials,2020,240: 117920.

[7] Wang B X, Pan J J, Fang R C, et al. Damage model of concrete subjected to coupling chemical attacks and freeze-thaw cycles in saline soil area[J]. Construction and Building Materials, 2020, 242: 118205.

[8] Gao S, Peng Z, Guo L H, et al. Compressive behavior of circular concrete-filled steel tubular columns under freeze-thaw cycles[J]. Journal of Constructional Steel Research, 2020, 166: 105934.

[9] 中华人民共和国住房和城乡建设部. 混凝土强度检验评定标准(GB/T 50107—2010)[S]. 北京:中国建筑工业出版社,2010.

[10] Zhang H R, Ji T, He B J, et al. Performance of ultra-high performance concrete (UHPC) with cement partially replaced by ground granite powder (GGP) under different curing conditions[J]. Construction and Building Materials, 2019, 213: 469-482.

[11] Pishro A A, Xiong F, Yang P, et al. Comprehensive equation of local bond stress between UHPC and reinforcing steel bars[J]. Construction and Building Materials, 2020, 262: 119942.

[12] Bindiganavile V, Banthia N, Aarup B. Impact response of ultra-high-strength fiber-reinforced cement composite[J]. Materials Journal, 2002, 99(6): 543-548.

[13] Peng G F, Niu X J, Shang Y J, et al. Combined curing as a novel approach to improve resistance of ultra-high performance concrete to explosive spalling under high temperature and its mechanical properties[J]. Cement and Concrete Research, 2018, 109: 147-158.

[14] Lothenbach B, Scrivener K, Snellings R. A Practical Guide to Microstructural Analysis of Cementitious Materials[M]. Boca Raton:CRC Press, 2016.

[15] Mehta P K, Struble L J. Quantitative phase analysis of clinker using X-ray diffraction[J]. Cement, Concrete, and Aggregates, 1991, 13(2): 97-102.

[16] Le Saoût G, Kocaba V, Scrivener K. Application of the Rietveld method to the analysis of anhydrous cement[J]. Cement and Concrete Research, 2011, 41(2): 133-148.

[17] Stutzman P, Leigh S, Lane D S, et al. Phase analysis of hydraulic cements by X-ray powder

diffraction：Precision，bias，and qualification[J]. Journal of ASTM International，2007，4(5)：1-11.

[18] León- Reina L，De la Torre A G，Porras- Vázquez J M，et al. Round robin on Rietveld quantitative phase analysis of Portland cements[J]. Journal of Applied Crystallography，2009，42(5)：906-916.

[19] 赵素晶. 超高性能水泥基复合材料的力学性能和微结构研究[D]. 南京：东南大学，2016.

[20] 郑振环，李强. X射线多晶衍射数据 Rietveld 精修及 GSAS 软件入门[M]. 北京：中国建材工业出版社，2016.

[21] Snellings R，Salze A，Scrivener K. Use of X- ray to quantify amorphous supplementary ce- mentitionus materials in anhydrous and hydrated blended cements[J]. Cement and Concrete Research 2014，64：89-98.

[22] Madsen I C，Scarlett N V Y，Kern A. Description and survey of methodologies for the de- termination of amorphous content via X- ray powder diffraction[J]. Zeitschrift für Kristal- lographie，2011，226(12)：944-955.

[23] Tam C M，Tam V W V. Microstructural behaviour of reactive powder concrete under different heating regimes[J]. Magazine of Concrete Research，2012，64(3)：259-267.

[24] Bahafid S，Ghabezloo S，Duc M，et al. Effect of the hydration temperature on the microstructure of Class G cement：C- S- H composition and density [J]. Cement and Concrete Research，2017，95：270-281.

[25] Rößler C，Möser B，Giebson C，et al. Application of electron backscatter diffraction to evaluate the ASR risk of concrete aggregates[J]. Cement and Concrete Research，2017，95：47-55.

[26] Han F H，Song S M，Liu J H，et al. Properties of steam-cured precast concrete containing iron tailing powder[J]. Powder Technology，2019，345：292-299.

[27] Taylor H F W. Cement Chemistry[M]. 2nd ed. London：Thomas Telford，1997.

[28] 金祖权，孙伟，赵铁军，等. 混凝土在硫酸盐-氯盐环境下的损伤失效研究[J]. 东南大学学报(自然科学版)，2006，36(S2)：200-204.

[29] Maes M，De Belie N. Resistance of concrete and mortar against combined attack of chloride and sodium sulphate[J]. Cement and Concrete Composites，2014，53：59-72.

[30] Zhang M H，Chen J K，Lv Y F，et al. Study on the expansion of concrete under attack of sulfate and sulfate-chloride ions[J]. Construction and Building Materials，2013，39：26-32.

[31] Cao Y Z，Guo L P，Chen B. Influence of sulfate on the chloride diffusion mechanism in mortar[J]. Construction and Building Materials，2019，197：398-405.

[32] Balonis M. Thermodynamic modelling of temperature effects on the mineralogy of Portland cement systems containing chloride[J]. Cement and Concrete Research，2019，120：66-76.

[33] Wang Y，An M Z，Yu Z R，et al. Durability of reactive powder concrete under chloride-salt freeze- thaw cycling[J]. Materials and Structures，2016，50(1)：1-9.

[34] Myers R J，L'Hôpital E，Provis J L，et al. Effect of temperature and aluminium on calcium

(alumino) silicate hydrate chemistry under equilibrium conditions[J]. Cement and Concrete Research, 2015, 68: 83-93.

[35] Talero R. Synergic effect of Friedel's salt from pozzolan and from OPC co-precipitating in a chloride solution[J]. Construction and Building Materials, 2012, 33: 164-180.

[36] Scherer G W, Valenza J J. Mechanisms of frost damage[J]. Materials Science of Concrete, 2005, 7: 209-246.

[37] Qiao C Y, Suraneni P, Weiss J. Damage in cement pastes exposed to NaCl solutions[J]. Construction and Building Materials, 2018, 171: 120-127.

[38] Lee N K, Koh K T, Kim M O, et al. Uncovering the role of micro silica in hydration of ultra-high performance concrete (UHPC)[J]. Cement and Concrete Research, 2018, 104: 68-79.

[39] Zhao H T, Wu X A, Huang Y Y, et al. Investigation of moisture transport in cement-based materials using low-field nuclear magnetic resonance imaging[J]. Magazine of Concrete Research, 2021, 73(5): 252-270.

[40] Camacho J B, Abdelkader S M, Pozo E R, et al. The influence of ion chloride on concretes made with sulfate-resistant cements and mineral admixtures[J]. Construction and Building Materials, 2014, 70: 483-493.

[41] Zhang Z Q, Zhang B, Yan P Y. Hydration and microstructures of concrete containing raw or densified silica fume at different curing temperatures[J]. Construction and Building Materials, 2016, 121: 483-490.

[42] 中华人民共和国交通运输部. 水运工程混凝土试验检测技术规范(JTS/T 236—2019)[S]. 北京:人民交通出版社,2019.

[43] Pyo S, Tafesse M, Kim H, et al. Effect of chloride content on mechanical properties of ultra high performance concrete[J]. Cement and Concrete Composites, 2017, 84: 175-187.

第 10 章　温度与复合盐耦合作用下井壁材料 C-(A)-S-H 结构演化及纳米力学性能

10.1　概　　述

在深部服役的混凝土除受到地应力、腐蚀等因素的影响而促使材料性能发生改变外,深部地层高地温的特点同样会诱使混凝土性能产生变化,尤其是 C-(A)-S-H 凝胶。

目前,高掺量矿物掺合料替代水泥已逐步应用在重大工程中,可提高混凝土的抗侵蚀能力,矿物掺合料的掺入降低了水泥浆体在侵蚀作用下钙矾石的生成,从而减少了膨胀开裂破坏。另外,矿物掺合料的加入也改变了胶凝材料的化学组成,导致水化硅酸钙(C-S-H)中的 Al 取代量增加,并因此形成水化铝硅酸钙(C-A-S-H)。C-S-H 凝胶作为混凝土的主要水化相,其组成和微观结构决定了混凝土的力学性能和耐久性,C-S-H 凝胶向 C-A-S-H 凝胶的转化必然会影响混凝土的力学性能和耐久性。因此,研究 C-(A)-S-H 凝胶在侵蚀性离子作用下的组成和微观结构演变规律,从纳米尺度深入理解 C-(A)-S-H 的形成与演变规律,明晰其微纳结构,对深部矿井"三高一腐蚀"环境下矿井高耐久性井壁混凝土的设计具有重要意义。

第 9 章通过 XRD 和 TG 等定量手段计算不同种类硬化净浆中的主要物相,已经得到 C-(A)-S-H 的含量基本均占硬化净浆总物相的 60% 以上。因此,C-(A)-S-H 作为混凝土中最主要的胶结物相,其受滨海超深井环境影响后的性能变化对工程结构的稳定具有至关重要的作用。高温会促使 C-(A)-S-H 向低 Ca/Si 转变,Bahafid 等[1]针对深部地层温度与深度呈正相关的性质,通过微观试验表征了 C-S-H 密度和 Ca/Si 的变化,7℃时分别为 $1.88g/cm^3$ 和 1.93,90℃时分别为 $2.10g/cm^3$ 和 1.71。随着温度的升高,200℃以上环境的混凝土中能够生成托贝莫来石和硬硅钙石等晶体。C-(A)-S-H 结构发生变化进而会影响混凝土的宏观性能,这对明确深部地层服役混凝土的性能和特点具有重要意义。

第 9 章通过对 HPHP 和 HSTHP 两种硬化净浆在温度与复合盐环境中的物相变化研究,可知滨海超深井中所采用的 SFRC 失效主要是由 Friedel 盐的结晶压力引起的,从而诱发最终的破坏,但是 HSTCC 不仅没有发生破坏,而且抗压强度大幅度提高,其中的原因尚未完全揭示。为探究水泥基材料中 C-(A)-S-H 结构及性能变化特征,近些年兴起了对^{29}Si 和^{27}Al 固体 NMR 技术的使用。同时,纳米压痕技术可以准确揭示混凝土纳米级尺度的力学性能,在混凝土特别是 UHPC 的界面过渡区性能的测试尤为广泛。

本章采用与第 9 章一致的两种硬化净浆(HPHP、HSTHP),通过^{29}Si 和^{27}Al 固体 NMR、SEM-EDS 和纳米压痕技术研究两种硬化净浆在温度与复合盐环境中的微观结构转变和纳米尺度力学性能,相关的研究结果可以为超深井工程的建设提供一定的理论依据。

10.2　硬化净浆中 C-(A)-S-H 结构特征

本节采用 HPHP 和 HSTHP 在养护 28d 和受 SE1 和 SE2 两种环境影响 420d 后的硬化净浆(HPHP-SC、HSTHP-SC、HPHP-SE1、HSTHP-SE1、HPHP-SE2和 HSTHP-SE2)进行相应的微细观试验。硬化净浆的配合比(表 10-1)、环境特征及龄期(表 10-2)等参数均与第 9 章一致,相应龄期的样品保存于酒精中。

表 10-1　硬化净浆的配合比　　　　　　　　(单位:kg/m³)

种类	水	水泥	粉煤灰	矿粉	硅灰
HPHP	145	350	100	60(S95)	50
HSTHP	165	240	200	350(S105)	80

表 10-2　硬化净浆的环境特征及龄期

种类	环境	时间/d
SC	20℃±1℃和 95%湿度	28
SE1	40℃和 10%NaCl+5%Na$_2$SO$_4$	420
SE2	60℃和 10%NaCl+5%Na$_2$SO$_4$	420

10.2.1　NMR 测试及分析 C-(A)-S-H 结构方法

由于 XRD 只能确定晶相的结构信息,NMR 作为 XRD 的补充测试手段被广泛应用于非晶相(如 C-(A)-S-H 凝胶和非晶态 SiO$_2$、Al$_2$O$_3$)特性的测定。NMR 分析在近 30 年被广泛应用于水泥基材料的研究中,并用于解释一些重要物相的结构信息。NMR 是根据固有磁矩、外加磁场等探测原子核间的相互作用,在水泥基材料中主要应用的原子核有^{1}H、^{13}C、^{17}O、^{19}F、^{23}Na、^{25}Mg、^{27}Al、^{29}Si、^{31}P、^{33}S、^{35}Cl、^{39}K和^{43}Ca[2]。^{1}H NMR 弛豫时间用于测定水泥基材料中的流动离子和水的动力学特性,予以评价材料中水分迁移和孔隙率[3]。^{13}C 结合[27]Al 和[29]Si NMR 主要用于测定水泥基材料中的碳酸钙结构以反映 C-S-H 和 C-A-S-H 等的碳化过程[4]。^{17}O NMR 可测定水泥基材料中的富氧物相结构,如托贝莫来石和六水硅钙石中的六种氧位置结构[5]。[23]Na、[25]Mg 和[39]K NMR 一般用于测定地质聚合物中主要胶结物相 N-A-S-H、M-A-S-H 和 K-A-S-H 等的结构形式,验证聚合物的宏微观力学性能[6]。综合文献研究方法,本节采用[29]Si 和[27]Al 固体 NMR,重点探讨硬化净浆中 C-(A)-S-H 物相的结构特征。

将样品从酒精中取出,在 105℃的环境中干燥 24h,后研磨成直径小于 45μm 的粉末。NMR 谱由日本电子公司生产的 JNM-ECZ 600R 固体核磁共振波谱仪获得,转子直径为 3.2mm,测试方法为单脉冲,弛豫延迟 5s,转速为 12kHz,单个样品采样时间约 1h,[29]Si 的共振频率为 119MHz,[27]Al 的共振频率为 156MHz。

NMR 谱在诸多位置均出现较宽的特征峰,宽峰的两侧均存在较多的肩峰。为定量计算各位置物相含量,不能单对某一位置的峰进行分析计算。本节通过 Peakfit 软件对 NMR 谱进行去卷积,实现不同峰之间的有效区分,最终获得不同结构形式物相的原子含量比例。

10.2.2　干拌胶凝材料(原材料)中主要物相的结构特征

为明确不同种类硬化净浆在 0~28d 养护、28~420d 温度与腐蚀期间内的 C-(A)-S-H 结构变化特征,首先对干拌胶凝材料进行[29]Si 和[27]Al 固体 NMR 试验,得到的光谱图像如图 10-1 所示,表 10-3 和表 10-4 为所有信号的位置及其原子含量。

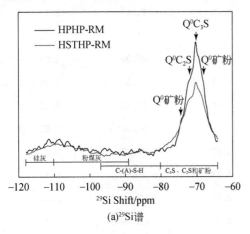

(a)[29]Si 谱

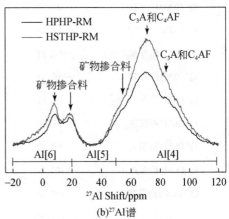

(b)[27]Al 谱

图 10-1　HPHP-RM 和 HSTHP-RM 的[29]Si 与[27]Al 谱

在图 10-1(a)中，HPHP-RM 和 HSTHP-RM(HPHP 和 HSTHP 的干拌胶凝材料，即原材料)的 ^{29}Si 谱较为复杂。在约−70ppm 处的一个尖锐而狭窄的信号与 Q^0C_3S 有关，在约−72.5ppm 处有一个明显的肩峰为 Q^0C_2S。在约−68ppm(Q^0)、−74ppm(Q^0)和−77(Q^1)ppm 处出现的信号与矿渣相关。从−84ppm 到−116ppm 的小峰主要是由粉煤灰、硅灰中的非晶态 SiO_2 引起的(表 10-3)。此外，由于水泥基材料的风化作用，两个谱中均出现极其微弱的亚稳态 C-S-H(分别为 0.60%Si 和 1.89%Si)和 C-A-S-H(0.36%Si 和 0.62%Si)[7,8]。

图 10-1(b)为 HPHP-RM 和 HSTHP-RM 的 ^{27}Al 谱，集中在 69ppm 和 83.5ppm 附近的信号与 C_3A 和 C_4AF 中的四配位铝(Al[4]，即铝氧四面体 Al_T)有关，约 55ppm 处的信号为粉煤灰和矿粉中的六配位铝(Al[6]，即铝氧八面体 Al_O；Al[6]的范围：50~100ppm[9])。根据原料的化学成分比例，推测 8ppm 和 19ppm 附近的两个相对较低的峰可能是矿物掺合料中的 Al[6]。

表 10-3　HPHP-RM 和 HSTHP-RM 中物相的位置及其 Si 含量

材料种类	HPHP-RM		HSTHP-RM	
	位置/ppm	Si 含量/%	位置/ppm	Si 含量/%
Q^0矿粉	−68.27	13.83	−67.63	27.72
Q^0C_3S	−70.25	48.52	−70.11	21.87
Q^0C_2S	−72.61	3.19	−72.49	1.18
Q^0矿粉	−74.36	2.42	−73.91	11.66
Q^1矿粉	−77.70	0.63	−76.42	4.67
Q^1(0Al)C-S-H	−79.87	0.38	−78.85	1.40
Q^2(1Al)C-A-S-H	−81.21	0.36	−81.20	0.62
Q^4(4Al)粉煤灰	−85.21	0.68	−84.99	1.96
Q^2(0Al)C-S-H	−86.03	0.22	−85.53	0.49
Q^4(4Al)莫来石	−88.11	2.44	−88.62	2.02
Q^4(3Al)粉煤灰	−95.00	3.08	−93.06	1.23
Q^4(2Al)粉煤灰	−98.32	3.87	−97.63	0.37
Q^4(1Al)粉煤灰	−101.80	4.33	−103.81	8.37
Q^4(mAl)粉煤灰	−107.90	7.17	−109.31	6.57
硅灰	−111.65	3.30	−112.57	5.26
硅灰	−115.59	5.58	−115.06	4.61

表10-4 HPHP-RM和HSTHP-RM中物相的位置及其Al含量

材料种类		HPHP-RM		HSTHP-RM	
		位置/ppm	Al含量/%	位置/ppm	Al含量/%
Al[6]	矿物掺合料	8.15	18.21	7.37	21.59
	矿物掺合料	19.28	6.05	19.22	4.15
Al[4]	矿物掺合料	52.49	11.33	54.49	15.87
	C₃A 和 C₄AF	68.16	41.17	68.18	33.84
	C₃A 和 C₄AF	82.17	23.24	78.12	24.55

综上所述，HPHP-RM和HSTHP-RM的NMR分析结果与前一章节的化学和矿物成分存在一致性。

10.2.3 不同种类硬化净浆中含Si物相结构特征

图10-2为不同环境下HPHP和HSTHP的六种硬化净浆的^{29}Si谱。受环境影响420d后，HPHP-SE1、HPHP-SE2、HSTHP-SE1和HSTHP-SE2中胶凝材料的相关信号有较大幅度的下降，表明两种硬化净浆均经历了较大程度的化学反应，但仍残留有部分胶凝材料。−79～−100ppm的新信号对应于C-(A)-S-H凝胶。C-(A)-S-H凝胶相具有多种分子结构，由符号Q^n表示，Q代表一个硅原子与四个氧原子连接形成的硅氧四面体，上标n对应于它的连接性，Q^0表示正硅酸阴离子

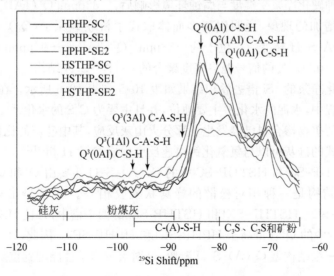

图10-2 硬化净浆的^{29}Si谱

$[SiO_4]^{4-}$，Q^1表示一个多面体与$[SiO_4]^{4-}$的一端连接，Q^2表示两个多面体与$[SiO_4]^{4-}$的两端相连形成一个循环链，Q^3表示三个多面体与$[SiO_4]^{4-}$的位点相连形成三个分支，Q^4表示四个多面体与$[SiO_4]^{4-}$的所有位点相连组成三维交联结构（图10-3）。$Q^4(4Al)$表示四个多面体均为铝氧多面体，$Q^4(3Al)$表示四个四面体中三个为铝氧多面体，一个为硅氧四面体，相应$Q^4(2Al)$、$Q^4(1Al)$、$Q^4(0Al)$以此类推（图10-3）。

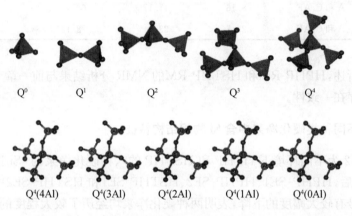

图10-3　Q^n结构[2]

位于约$-79ppm[Q^1(0Al)]$和$-85ppm[Q^2(0Al)]$处的信号对应链状结构C-S-H。两种硬化净浆受温度与腐蚀环境影响后，$-82ppm[Q^2(1Al)]$位置的信号出现了大幅增加的现象，说明铝氧多面体取代了桥联硅原子（Q^2_B），促进了部分C-S-H向C-A-S-H转变[7]。位于约$-88ppm[Q^3(3Al)]$、$-92ppm[Q^3(1Al)]$和$-97ppm[Q^3(0Al)]$处的信号源自高度聚合的C-(A)-S-H结构。

六种硬化净浆的^{29}Si谱去卷积结果如表10-5和表10-6所示。在硬化净浆早期的反应过程中，水泥的水化占主要地位，并且主要为C_3S的水化[10]。28d时两种硬化净浆中的矿物掺合料已经发生了部分火山灰反应，其中硅灰的比例极低，说明纳米颗粒形式的硅灰可以与氢氧化钙快速反应生成C-S-H相[11,12]，具有极高的反应程度。HPHP-SC和HSTHP-SC中的C-(A)-S-H主要由Q^1和Q^2结构组成，它们的微观结构是一种相对松散的蜂窝状凝胶相[13]。Q^3信号出现在HPHP-SE1、HPHP-SE2、HSTHP-SE1和HSTHP-SE2的四个谱中，并且HSTHP-SE1和HSTHP-SE2中的Q^3含量高于HPHP-SE1和HPHP-SE2。因此，HSTHP-SE2中含有最多的三维结构型C-(A)-S-H凝胶，这对宏观力学性能起到重要作用。

表 10-5　HPHP 中物相的位置及其 Si 含量

硬化净浆种类	HPHP-SC		HPHP-SE1		HPHP-SE2	
	位置/ppm	Si 含量/%	位置/ppm	Si 含量/%	位置/ppm	Si 含量/%
Q^0 矿粉	−67.34	7.97	−67.97	6.35	−67.99	6.18
$Q^0 C_3 S$	−70.15	13.55	−70.39	6.36	−70.28	9.94
$Q^0 C_2 S$	−72.59	3.15	−72.76	2.27	−72.22	1.69
Q^0 矿粉	−75.85	3.52	−74.47	1.55	−73.92	2.31
Q^1 矿粉	−78.44	4.00	−77.33	0.57	−75.96	2.98
Q^1(0Al)C-S-H	−78.77	42.88	−78.89	37.85	−79.37	33.40
Q^2(1Al)C-A-S-H	−81.97	7.65	−81.64	15.64	−80.04	20.00
Q^4(4Al)粉煤灰	−83.35	2.03	−83.45	3.92	−83.32	2.84
Q^2(0Al)C-S-H	−84.54	4.99	−84.42	12.22	−83.97	11.02
Q^3(3Al)C-A-S-H	—	—	−86.76	1.51	−88.41	0.20
Q^4(4Al)莫来石	−88.93	0.19	−89.40	2.60	−89.43	0.50
Q^3(1Al)C-A-S-H	—	—	−92.97	0.98	−92.66	1.11
Q^4(3Al)粉煤灰	−94.00	0.94	−94.97	1.28	−95.20	1.23
Q^3(0Al)C-S-H	—	—	−96.34	0.14	−97.89	1.19
Q^4(2Al)粉煤灰	−99.60	1.74	−99.59	3.03	−100.09	0.49
Q^4(1Al)粉煤灰	−104.00	2.49	−103.54	1.18	−103.05	1.95
Q^4(mAl)粉煤灰	−107.95	3.89	−107.60	2.25	−106.83	1.67
硅灰	−112.58	0.76	−110.80	0.14	−110.09	0.34
硅灰	−114.10	0.25	−113.47	0.16	−113.18	0.96

表 10-6　HSTHP 中物相的位置及其 Si 含量

硬化净浆种类	HSTHP-SC		HSTHP-SE1		HSTHP-SE2	
	位置/ppm	Si 含量/%	位置/ppm	Si 含量/%	位置/ppm	Si 含量/%
Q^0 矿粉	−66.06	14.73	−68.47	12.02	−66.76	5.33
$Q^0 C_3 S$	−70.23	14.04	−70.38	11.09	−70.18	7.89
$Q^0 C_2 S$	−72.43	0.43	−72.57	1.06	−71.97	0.70
Q^0 矿粉	−73.99	8.05	−74.02	4.60	−73.63	5.26
Q^1 矿粉	−76.98	2.20	−75.86	2.42	−77.01	1.95
Q^1(0Al)C-S-H	−78.67	18.27	−78.44	18.72	−78.64	17.45
Q^2(1Al)C-A-S-H	−81.40	8.99	−82.25	16.11	−81.27	17.27
Q^4(4Al)粉煤灰	−83.61	1.30	−83.81	1.15	−83.79	1.43
Q^2(0Al)C-S-H	−84.59	8.20	−84.96	10.64	−84.69	12.65

硬化净浆种类	HSTHP-SC		HSTHP-SE1		HSTHP-SE2	
	位置/ppm	Si 含量/%	位置/ppm	Si 含量/%	位置/ppm	Si 含量/%
$Q^3(3Al)$C-A-S-H	—	—	−88.14	3.83	−87.85	8.98
$Q^4(4Al)$莫来石	−90.01	3.09	−90.00	1.18	−89.85	1.12
$Q^3(1Al)$C-A-S-H	—	—	−91.37	0.93	−92.50	3.46
$Q^4(3Al)$粉煤灰	−92.93	0.42	−94.17	4.97	−94.96	0.78
$Q^3(0Al)$C-S-H	—	—	−98.99	2.63	−96.87	2.88
$Q^4(2Al)$粉煤灰	−97.40	4.00	−101.33	0.46	−100.34	3.99
$Q^4(1Al)$粉煤灰	−103.31	3.90	−104.00	2.67	−104.35	3.16
$Q^4(mAl)$粉煤灰	−107.53	6.89	−107.59	3.91	−107.41	1.25
硅灰	−112.11	1.62	−111.49	0.79	−110.50	2.47
硅灰	−116.12	3.87	−113.21	0.82	−114.43	1.98

为准确表征六种硬化净浆中 C-(A)-S-H 结构的差异性,采用式(10-1)计算 C-(A)-S-H 的平均主链长度[14]。

$$C=\frac{2\left[Q^1+Q^2(mAl)+Q^3(mAl)\right]}{Q^1} \tag{10-1}$$

式中,C 为平均主链长度;m 为 Al 的数量。

可以发现,两种硬化净浆中 C-(A)-S-H 的平均主链长度均在 28~420d 的温度和腐蚀环境中出现了大幅增长现象,且这种增长幅度与环境温度呈正相关 (图 10-4)。与 HPHP-SC 相比,HPHP-SE1 和 HPHP-SE2 中 C-(A)-S-H 的平均主链长度分别增加了 39% 和 58%,同样 HSTHP-SE1 和 HSTHP-SE2 中 C-(A)-S-H 的平均主链长度分别增加了 46% 和 85%。HSTHP-SC 中 C-(A)-S-H 相较于 HPHP-SC 具有更高的初始链长,经长时间的温度与腐蚀环境因素影响后,其链长增长幅度也明显高于 HPHP-SC。40℃ 和 60℃ 的持续温度可促进水化和火山灰反应,提升 C-(A)-S-H 的平均主链长度,促使致密微观结构的形成,这也是宏观力学性能增长的原因。同时,较长 C-(A)-S-H 链的形成能够抑制裂纹的出现[15],HSTHP-SE2 中 C-(A)-S-H 的平均主链长度为 7.19,其值接近于 Shen 等[14]在 90℃ 蒸汽养护形成的 UHPC 中 C-(A)-S-H 的平均主链长度,这也是受腐蚀产物影响后 HPHP-SE1 和 HPHP-SE2 表面出现大量裂纹,而 HSTHP-SE1 和 HSTHP-SE2 表面几乎没有裂纹的原因。

在表 10-5 和表 10-6 中,六种硬化净浆中 C-(A)-S-H 的 Al 含量也有明显的差异性,采用占 C-(A)-S-H 凝胶相中 C-A-S-H 的比例予以判断,计算公式为

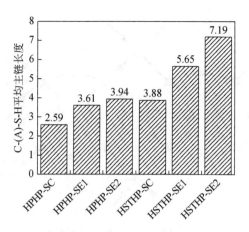

图 10-4　硬化净浆中 C-(A)-S-H 的平均主链长度

$$A = \frac{Q^2(1Al) + Q^3(3Al) + Q^3(1Al)}{Q^1(0Al) + Q^2(0Al) + Q^2(1Al) + Q^3(3Al) + Q^3(1Al) + Q^3(0Al)} \quad (10\text{-}2)$$

式中，A 为 C-(A)-S-H 凝胶相中 C-A-S-H 的比例。

如图 10-5 所示，受环境因素影响 420d 后，两种硬化净浆中 C-A-S-H 的含量均出现了增长的现象。HSTHP-SE1 和 HSTHP-SE2 的 C-(A)-S-H 凝胶相中 C-A-S-H 的比例（39.48% 和 47.39%）明显高于 HPHP-SE1（26.53%）和 HPHP-SE2（32.35%）。在 C-A-S-H 中，更多的 Al 取代了线性硅链中的桥联硅（图 10-6），有利于链间的二维交结，随着 Al/(Al+Si) 在 C-A-S-H 中的增加，硅铝链的聚合度进一步提升[16,9]。因此，C-(A)-S-H 在微结构尺度更加致密，证实了 HSTHP-SE1 和 HSTHP-SE2 具有良好的耐腐蚀性和优异的力学性能。

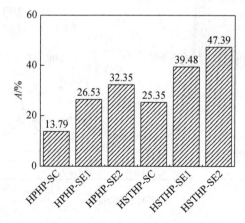

图 10-5　C-A-S-H 在 C-(A)-S-H 凝胶相中的比例

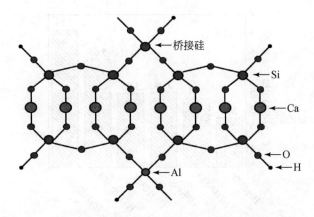

图 10-6　Al 在 C-A-S-H 中替代桥接硅[17]

10.2.4　不同种类硬化净浆中含 Al 物相结构特征

对六种硬化净浆进行[27]Al NMR 测定,得到如图 10-7 所示的光谱,通过去卷积计算各物相的 Al 原子比例,如表 10-7 和表 10-8 所示。位于约 8.5ppm 处的信号对应于单硫酸盐、半碳酸盐和 Friedel 盐等[7]及水化钙黄长石($\delta=8.4$ppm,富铝矿物掺合料协同水泥的水化硅铝酸钙产物[17])的 Al[6]。位于约 14ppm 处的新信号

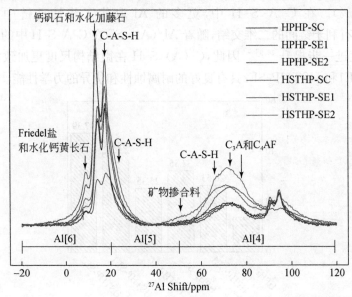

图 10-7　硬化净浆的[27]Al 谱

与钙矾石和水化加藤石($\delta=12.4$ppm[18])中的 Al[6]有关,养护后硬化净浆中钙矾石主要是由于普通硅酸盐水泥中原有的 C_3A 和二水石膏反应生成,而受环境影响后钙矾石含量没有出现明显增加的现象,说明本节中硬化净浆发生钙矾石型膨胀破坏的可能性较小。水化钙黄长石和水化加藤石在水泥基材料体系中属于极少量的部分,通常情况下,其含量要低于 XRD 和 TG 的探测范围[19],所以此处不再对这两种产物进行过多的探讨。

表 10-7　HPHP 中各物相的位置及其 Al 含量

	硬化净浆种类	HPHP-SC		HPHP-SE1		HPHP-SE2	
		位置/ppm	Al 含量/%	位置/ppm	Al 含量/%	位置/ppm	Al 含量/%
Al[6]	Friedel 盐和水化钙黄长石	8.99	5.06	8.86	15.45	8.74	11.39
	钙矾石和水化加藤石	14.20	19.38	13.53	19.34	13.50	19.71
	C-A-S-H	17.64	31.93	17.32	38.86	17.47	42.04
Al[5]	C-A-S-H	21.63	10.33	21.09	8.25	21.47	10.75
Al[4]	矿物掺合料	55.28	3.55	—		—	
	C-A-S-H	64.89	6.93	65.64	5.88	67.25	6.34
	C_3A 和 C_4AF	72.55	12.36	74.10	6.91	73.39	4.95
	C_3A 和 C_4AF	78.62	10.46	77.11	5.31	78.43	4.82

表 10-8　HSTHP 中各物相的位置及其 Al 含量

	硬化净浆种类	HSTHP-SC		HSTHP-SE1		HSTHP-SE2	
		位置/ppm	Al 含量/%	位置/ppm	Al 含量/%	位置/ppm	Al 含量/%
Al[6]	AFm 和水化钙黄长石	9.51	6.11	7.89	3.53	8.48	3.40
	钙矾石和水化加藤石	14.27	8.63	14.08	3.03	13.87	4.51
	C-A-S-H	17.56	31.04	18.34	38.45	17.86	43.46
Al[5]	C-A-S-H	21.89	4.65	25.46	5.58	25.11	5.40
Al[4]	矿物掺合料	56.46	8.19	57.81	2.17	59.67	0.34
	C-A-S-H	64.68	9.28	67.04	15.16	66.22	13.94
	C_3A 和 C_4AF	72.49	18.45	73.71	16.30	70.78	14.85
	C_3A 和 C_4AF	83.57	13.65	80.58	15.78	77.96	14.10

　　两种硬化净浆受温度与腐蚀环境因素影响后,单硫酸盐和半碳酸盐也可以在

氯化物环境中形成离子交换,导致 Friedel 盐的转变[20]。因此,HPHP-SE1 和 HPHP-SE2的 Friedel 盐信号强度整体要高于 HSTHP-SE1 和 HSTHP-SE2,且 SE1 中硬化净浆的相应信号强度要高于 SE2(根据 XRD 结果,HPHP-SE1 和 HPHP-SE2 中 Friedel 盐的质量分数为 3.88% 和 3.36%,而 HSTHP-SE1 和 HSTHP-SE2中 Friedel 盐的质量分数为 2.67% 和 2.36%)。从该角度也可以说明 HSTHP 具有更为优异的抗氯离子渗入和结合能力,同时在较高的温度中效果更为明显。

HPHP-SE1、HPHP-SE2、HSTHP-SE1 和 HSTHP-SE2 在 8ppm、19ppm、54ppm、72ppm 和 79ppm 位置的信号均出现了明显减弱的现象,这显然是原材料中 Al 相均参与了相应的水化和火山灰反应。17.5ppm、21.5ppm 和 66ppm 附近的信号分别对应于水化硅铝酸钙(C-A-S-H)中的 Al[6]、Al[5] 和 Al[4]。Lognot 等[21]和 Faucon 等[22]表示 Al[4]位于 C-A-S-H 中四面体链的配对和桥接点,而 Al[5] 和 Al[6]位于 C-A-S-H 的层间位置。两种硬化净浆受温度和腐蚀环境影响,在 17.5ppm、21.5ppm 和 66ppm 三个位置的信号总强度出现增强现象,说明 28~420d 内反应仍在进行,粉煤灰和矿粉中的 Al 相不断加入反应中形成 C-A-S-H,整体而言,这种现象在 HSTHP-SE1和 HSTHP-SE2中比 HPHP-SE1 和 HPHP-SE2 中明显,在 SE2 中比 SE1 中明显。不同的是,HPHP-SE1 和 HPHP-SE2中 C-A-S-H 的 Al[4]出现了下降,这可能是环境中 Cl^- 或者 SO_4^{2-} 与 C-A-S-H 中的 Al[4]结合生成 Friedel 盐或钙矾石[23],而这种变化在 HSTHP-SE1 和 HSTHP-SE2中不明显甚至几乎不可见。HSTHP-SE1 和 HSTHP-SE2的 C-A-S-H 中 Al 相增加,Al[4] 在 Q^3 位置点穿过层间进行桥接,在 Q^2 位置点为平衡自身电荷与 Al[5]、Al[6]相连形成 Al[4]-O-Al[5,6]-O-Al[4]并穿过层间[24]。因此,C-A-S-H 的聚合度进一步提升,与 ^{29}Si NMR 中 HSTHP-SE1 和 HSTHP-SE2具有相应优异性能的结果一致。

10.3　硬化净浆表面化学元素分布规律

10.3.1　SEM 协同 EDS 的硬化净浆表面化学元素的试验方法

将试样从酒精中取出,截取表面部位后烘干、打磨并抛光。将样品通过导电胶连接到铜板,随后进行喷金处理(图 10-8)。通过 SEM 获得背散射电子照片,借助配套的 EDS 的面扫和点扫方式分别得到样品表面单种类元素的分布和各项元素占比情况。

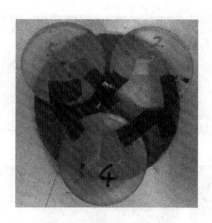

图 10-8　SEM-EDS 试样

10.3.2　不同种类硬化净浆表面单种类化学元素分布特性

图 10-9～图 10-14 给出了六种硬化净浆的单种类化学元素分布情况,其中绿色表示 Si,蓝色表示 Ca,红色表示 Al,紫色表示 Cl,黄色表示 S。从面扫点的数量可以看出硬化净浆表面最主要的三种元素为 Si、Ca 和 Al,而 Cl 和 S 较少。

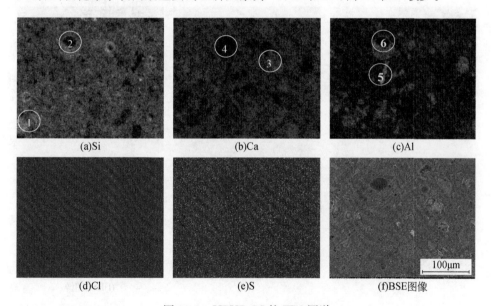

图 10-9　HPHP-SC 的 EDS 图谱

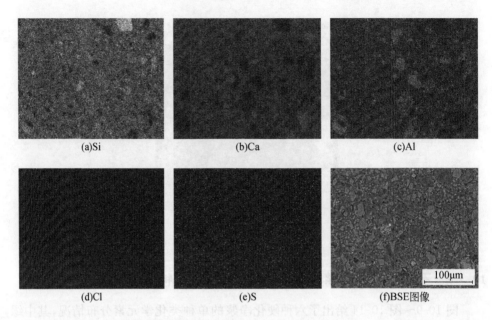

图 10-10　HSTHP-SC 的 EDS 图谱

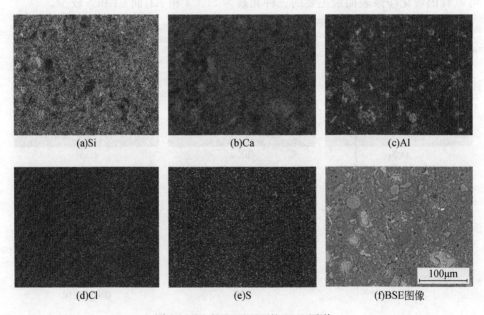

图 10-11　HPHP-SE1的 EDS 图谱

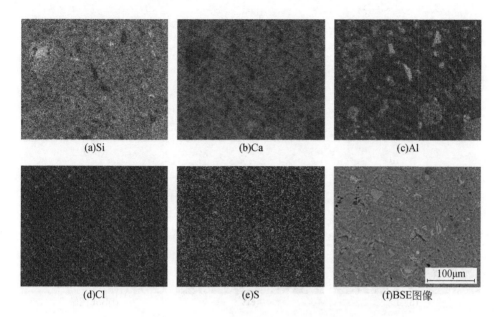

图 10-12　HPHP-SE2 的 EDS 图谱

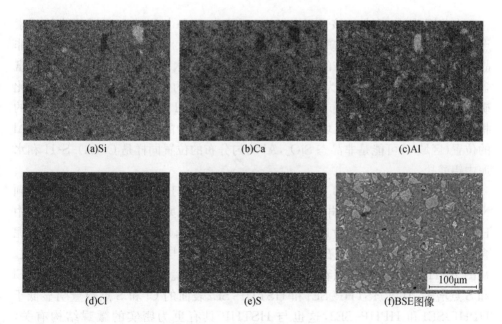

图 10-13　HSTHP-SE1 的 EDS 图谱

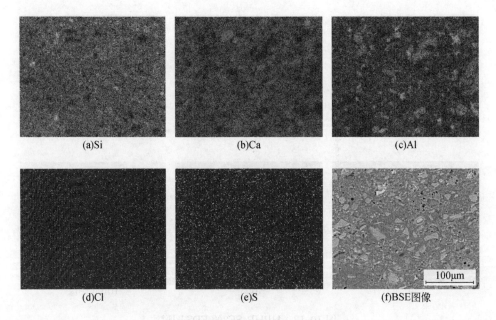

(a)Si   (b)Ca   (c)Al

(d)Cl   (e)S   (f)BSE图像

图 10-14　HSTHP-SE2的 EDS 图谱

有些区域(如区域 1)该元素点极多,而部分区域(如区域 2)几乎没有该元素点。富含 Si 的位置可能是矿物掺合料中的非晶态 SiO_2,缺失 Si 的位置可能是非晶态 Al_2O_3,而 Si 均匀分布的位置以 C-(A)-S-H 和水泥中硅酸盐为主。同理,富含 Ca 的位置(区域 3)主要为四大熟料物相,缺失 Ca 的位置(区域 4)归因于未水化矿物掺合料,而 Ca 均匀分布的位置也是以 C-(A)-S-H 为主。Al 与 Si 存在一定的相反性,富含 Al 的位置(区域 5)可能是矿物掺合料中的非晶态 Al_2O_3,而缺失 Al 的位置(区域 6)可能是非晶态 SiO_2,Al 均匀分布的位置同样是 C-(A)-S-H 和水泥中铝酸盐。

从图 10-9 和图 10-10 可以看出,HPHP-SC 和 HSTHP-SC 由于还未受到 NaCl 和 Na_2SO_4 溶液的影响,表面的 Cl 和 S 点数量比另外四种硬化净浆少。其中 HSTHP-SC 表面的 S 点数量要明显少于 HPHP-SC,HSTHP-SC 的配比中水泥含量较少,所以生成的钙矾石含量低于 HPHP-SC,这与 10.2 节的定量结果一致。从图 10-11～图 10-14 可以看出,受温度与复合盐环境影响后硬化净浆表面的 Cl 和 S 点增多,但是 HSTHP-SE1 和 HSTHP-SE2 表面的 Cl 和 S 点数量明显低于 HPHP-SE1 和 HPHP-SE2,这也与 HSTHP 具有更为密实的微观结构有关,HSTHP 抵抗化学离子入侵的能力要高于 HPHP。

10.3.3　不同种类硬化净浆表面复合化学图像

为了在单种类化学元素图像的基础上进一步明确硬化净浆表面的物相,将同一张 BSE 照片的三幅元素图谱(绿色的 Si、蓝色的 Ca 和红色的 Al)选出,通过将三幅图谱导入 Image J 软件[25],利用"合并通道"功能将三个灰度图像合并为一个 RGB 图像[26]。三种颜色以不同比例进行复合,便可以形成一种新的颜色,以此可以通过颜色区分水化和未水化产物,以及元素的变化特征。

六种硬化净浆的复合化学图像如图 10-15 所示,结果可根据物相的化学特征进行分类[27]。C_3A 和 C_4AF 呈紫红色,而 C_3S 和 C_2S 呈深蓝色。随着 Si/Al 的降低,矿物掺合料可分为绿色、黄色和红色。这一现象与 ^{29}Si 谱中粉煤灰的 Q^4(4Al)、Q^4(3Al)、Q^4(2Al)、Q^4(1Al) 和 Q^4(mAl) 结构相对应。HPHP-SC 表面存在较多深蓝色区域的熟料,而 HSTHP-SC 主要由纯绿色、黄色和红色的矿物组成。氢氧化钙和碳酸钙颗粒具有相似的蓝色,但它们的含量较低,难以在合成图像上被准确区分。矿物掺合料边缘的含铝水合物相呈粉红色,为正在转化的 C-A-S-H。较大的亮青色区域与 C-S-H 相有关,HSTHP-SE2中青色区域的浅红色点数量增多,表示其内部 C-A-S-H 相增加,验证了 NMR 结果中较多 C-A-S-H 的出现。

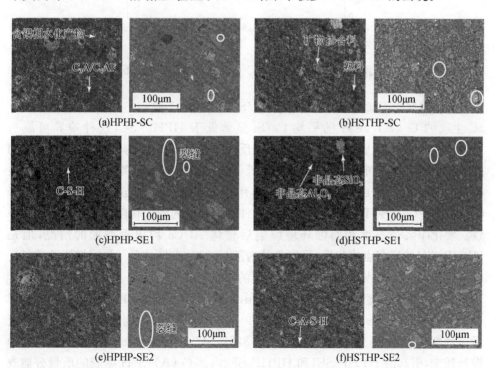

图 10-15　硬化净浆的复合化学图像

10.3.4　不同种类硬化净浆中 C-(A)-S-H 凝胶的 Ca/Si 变化特征

通过 EDS 分析六种硬化净浆表面 C-(A)-S-H 的二维散点图(图 10-16),散点的平均值由式(10-3)和式(10-4)计算。

$$Si/Ca_{C-A-S-H} = \frac{A_{Si}(p)}{A_{Ca}(p)} \tag{10-3}$$

$$Al/Si_{C-A-S-H} = \frac{A_{Al}(p)}{A_{Si}(p)} \tag{10-4}$$

式中,$A(p)$ 表示硬化净浆中 p 位置元素的原子比例。

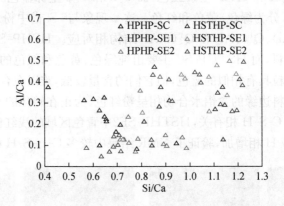

图 10-16　硬化净浆中 C-(A)-S-H 的二维散点图

硬化净浆中 C-(A)-S-H 的平均 Ca/Si 如图 10-17 所示。可以看出,HSTHP-SC 生成的 C-(A)-S-H 的平均 Ca/Si 显著低于 HPHP-SC,这种差异可能与 HSTHP-SC 中大量矿物掺合料的火山灰反应有关。受环境因素影响后,C-(A)-S-H 的平均 Ca/Si 有不同程度的下降,且降低幅度与温度呈正相关。Liu 等[28]发现大矿物掺合料 RPC 生成的 C-(A)-S-H 具有极低的 Ca/Si,呈"云状",致密性高。低 Ca/Si 的 C-(A)-S-H 的形成与混凝土试件力学性能的增加和良好的耐腐蚀性相一致。硬化净浆受温度和腐蚀环境影响后整体 Al/Ca 均出现增加的情况,但是 HPHP-SE1 的诸多点位相反,可能是其内部 C-(A)-S-H 中的 Al[4] 与盐类重新反应生成腐蚀产物所致,对应于 ^{27}Al NMR 的结果。

在设计的两种温度腐蚀环境中 420d,HPHP-SE1 和 HPHP-SE2 的水化程度(SE1 中提升 3.93%,达到 65.40%,SE2 中提升 7.24%,达到 69.71%)和火山灰反应程度(SE1 中提升 2.47%,达到 71.82%,SE2 中提升 5.85%,达到 75.18%)提升较少,引起的 HPHP-SE1 和 HPHP-SE2 内部 C-(A)-S-H 凝胶的质量分数改变并不明显(SE1 中提升 4.03%,达到 60.77%,SE2 中提升 5.67%,达到

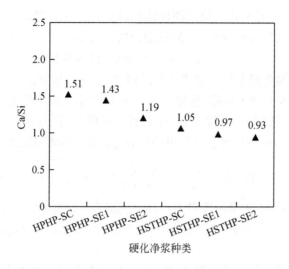

图 10-17 硬化净浆中 C-(A)-S-H 的平均 Ca/Si

62.41%)。相反的是,HSTHP- SE1 和 HSTHP- SE2 的水化程度(SE1 中提升 36.70%,达到 69.62%,SE2 中提升 40.47%,达到 73.39%)和火山灰反应程度 (SE1 中提升 23.36%,达到 64.09%,SE2 中提升 26.25%,达到 66.98%)增长迅猛并且部分已超过 HPHP-SE1 和 HPHP-SE2。HSTHP-SE1 和 HSTHP-SE2 内部生成的 C-(A)-S-H 凝胶相(SE1 中提升 21.77%,达到 60.38%,SE2 中提升 24.59%,达到 63.20%)亦超过了 HPHP-SE1 和 HPHP-SE2。同时,相比较养护 28d 后的硬化净浆,受温度与腐蚀环境影响后 HSTHP- SE1 和 HSTHP- SE2 中 C-(A)-S-H 凝胶的 Ca/Si(0.97 和 0.93)、平均主链长度(5.65 和 7.19)、平均弹性模量(31.86GPa 和 32.90GPa)和 C-A-S-H 占总凝胶比例(39.48%和 47.39%)经历了一次大幅的提升,其相关性能更为优异。

10.4 硬化净浆在纳米尺度下的力学性能

10.4.1 硬化净浆中主要物相纳米尺度力学性能的试验方法

纳米压痕技术是在纳米尺度上对混凝土局部区域进行力学性能测定,如荷载-位移曲线、弹性模量、硬度等。由于尺度极其细微,需保证材料表面处于完全光滑的状态。为保证所测结果的可靠性,需对样品进行一定的处理。

取出六种硬化净浆试块,将其在常温下风干 24h,放入 105℃的烘箱 24h,蒸发出硬化净浆内部多余的水分,截取表面 1m³ 左右的立方体试样。将小立方体样品以两个一组,外表面朝下装入胶质圆柱体模具中并附上标签,并倒入以 3:1 混合的环氧树脂与固化剂,静置约 24h 至树脂形成晶片形状后从模具中取出。晶圆底面依次用 100 目、500 目、1000 目、1500 目、2000 目的砂纸、帆布、丝绸以及 0.5μm 金刚石悬浮液在抛光机上进行抛光,抛光过程中不断给接触面加水,每项抛光时间至少 10min。完成上述工序后,将样品放入超声波清洗器中用酒精清洗 30min。

为了确定处理完毕的样品的有效性,采用原子力显微镜(atomic force microscope,AFM)对抛光表面进行粗糙度测定。用均方根表示粗糙度,即

$$RMS = \sqrt{\frac{1}{n \times m} \sum_{i=1}^{n} \sum_{j=1}^{m} (h_{ij} - h_{mean})^2} \qquad (10\text{-}5)$$

式中,n、m 表示 AFM 图像的像素大小;h_{ij} 为高度读数像素(i,j);h_{mean} 为图像中所有高度读数的平均值,通过计算保证任一 40μm×40μm 区域的粗糙度在 100nm 左右。

将准备好的样品放入带有钻石 Berkovich 压头的纳米压痕仪中(图 10-18,由 Keysight technologie 公司生产的 G200 纳米压痕仪,仪器的荷载控制分为高、中、低三个模块,最大荷载分别为 30mN(DCM 模块)、500mN(标准模块)和 10N(HLD 模块),最小接触力为 1μN,最大压入深度为 2μm),设计 6×6 的压痕点阵,打点顺序如图 10-19 所示。为确保压痕点测试结果之间不会出现互相干扰的现象,点与点之间保持 20μm 的距离。采用 1mN/s 的加载和卸载速率,并在加载至 10mN 时稳定 10s(图 10-20),得到的样品的荷载-深度曲线如图 10-21 所示,弹性模量由式 (10-6)计算[29]:

$$E = \frac{1 - \nu^2}{\dfrac{2\beta}{S}\sqrt{\dfrac{A}{\pi}} - \dfrac{1 - \upsilon_i^2}{E_i}} \qquad (10\text{-}6)$$

式中,E 表示弹性模量;ν 表示硬化浆体的泊松比;S 和 A 分别表示接触刚度和面积;β 为修正因子;υ_i 和 E_i 表示压头的参数。

图 10-18　纳米压痕仪中试样的放置

图 10-19　压痕点示意图

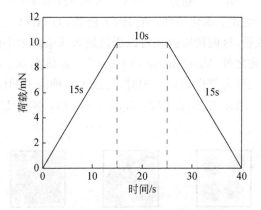

图 10-20　对样品进行压痕的时间与荷载关系

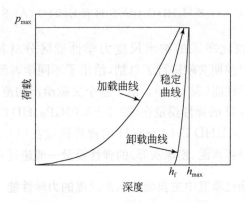

图 10-21　样品的荷载-深度曲线

由于对样品36个点位进行荷载-深度测定时具有一定的随机性,所测各点的结果包含了C-(A)-S-H凝胶与未水化水泥、粉煤灰、矿粉等不同种类物相,通过测点弹性模量与深度的差异性,可进行有效的筛选、判别。

10.4.2　硬化净浆中主要物相纳米尺度力学性能的分析方法

纳米压痕技术因其能精确表征胶凝材料中各物相的微观性能而引起广泛的关注[30],大多数研究都是基于纳米技术对C-(A)-S-H的力学性能、特定的腐蚀相、集料与浆体之间的界面过渡区进行定量分析[31-33]。

对于一个水泥基材料的硬化净浆,内部存在未水化水泥、矿物掺合料(粉煤灰、矿粉等)、凝胶和孔洞等多种类物相,它们的存在对硬化净浆的整体强度起到了亦正亦负的作用。当达到纳米尺度时,C-(A)-S-H因具有不同的形态、填充模式和力学特征[34],被众多学者[35,36]划分为LD C-(A)-S-H和HD C-(A)-S-H。LD C-(A)-S-H通常主要生成于水化前期,结构偏于松散,而HD C-(A)-S-H生成于水化后期,结构更为致密,这两种凝胶相可以通过纳米压痕技术中的弹性模量和硬度进行测定区分。除此之外,Vandamme和Ulm[37,38]在研究0.15～0.40水灰比、热养对水泥浆体纳米尺度力学性能的影响时,发现了一种高于HD C-(A)-S-H的C-(A)-S-H凝胶相(纳米填充密度达0.83±0.01),称为UHD C-(A)-S-H(图10-22)。

(a)LD C-(A)-S-H　　(b)HD C-(A)-S-H　　(c)UHD C-(A)-S-H

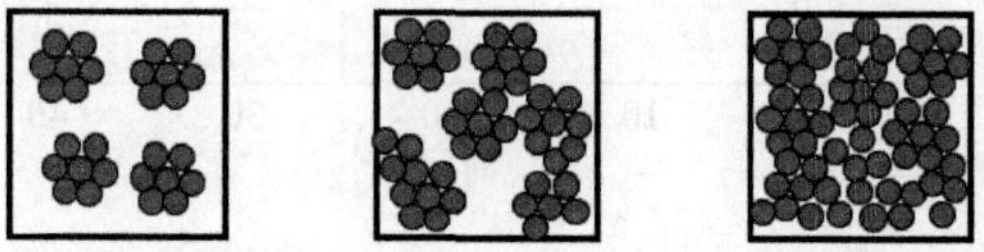

图10-22　LD C-(A)-S-H、HD C-(A)-S-H和UHD C-(A)-S-H的填充模式

为通过水泥基硬化净浆的纳米尺度力学性能区分材料的物相特征,Zhao等[39]、Sorelli等[40]对前期文献进行了总结,给出了不同学者测定的水泥基材料中各物相纳米尺度力学性能(表10-9)。由于各个文献给出的范围存在略微的差异,本节以LD C-(A)-S-H的弹性模量在(22.5±5.0)GPa、HD C-(A)-S-H的弹性模量在(30.4±2.9)GPa、UHD C-(A)-S-H的弹性模量在(40.9±7.7)GPa[17]为限定范围,未水化原材料(水泥、粉煤灰等)的弹性模量一般超过C-(A)-S-H[41,42]。

10.4.3　不同种类硬化净浆中主要物相纳米尺度的力学性能

在试验中,极少数的压痕点处于微小孔洞、粉煤灰空心微珠的位置而导致荷载-深度曲线中荷载较低,因此从总体数据中剔除这类数据点进行计算,确保结果的有效性。

表 10-9　水泥基材料中各物相纳米尺度的力学性能[39,40]

物相	弹性模量 /GPa	压痕硬度 /GPa	物相	弹性模量 /GPa	压痕硬度 /GPa
LD C-(A)-S-H	18.2±4.2	0.45±0.14	UHD-C-(A)-S-H	41.45±1.75	1.43±0.29
	19.1±5.0	0.93±0.11		39.1−46.1±9.0	1.15−1.71±0.48
	19.7±2.5	0.66±0.29		48.0±3.3	—
	21.7±2.2	0.55±0.03	粉煤灰	79.2±14.3	—
	22.9±0.8	0.93±0.11		120.4±20.7	—
	23.4±3.4	0.73±0.15	水泥	122.2±7.9	6.67±1.23
HD C-(A)-S-H	29.1±4.0	0.83±0.18		125−145±25	8.0−10.8±1.0
	29.4±2.4	1.36±0.35		126.3±20.16	8.94±1.65
	31.2±2.5	1.22±0.07		130.0±20.0	8.00±1.00
	31.4±2.1	1.27±0.18		135.0±7.0	8.70±0.50
	32.2±3.0	1.29±0.11		141.1±34.8	9.12±0.90
	34.2±5.0	1.36±0.35	氢氧化钙	39.7±4.5	1.65±0.17
	—	—		38.0±5.0	

　　根据水泥基材料中不同物相纳米尺度的力学性能存在差异性,图 10-23 给出了主要物相的荷载-深度曲线,未水化的水泥、粉煤灰和三种密度(LD、HD 和 UHD)的 C-(A)-S-H 凝胶均可以通过纳米压痕进行测定。未水化胶凝材料的最大压痕深度普遍在 100~300nm,而水化产物的最大压痕深度集中于 300~1000nm,说明在同等荷载作用下,水化产物的压痕深度远远高于未水化凝胶材料,

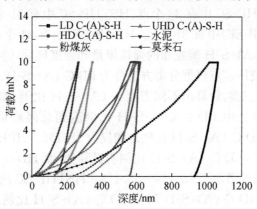

图 10-23　不同物相的荷载-深度曲线

相应地,未水化物相的弹性模量整体高于水化产物。相同的荷载作用于材料表面,未水化颗粒的弹性变形较大,以内部储存可释放的弹性势能为主;而 C-(A)-S-H 的塑性变形极大(其中 LD C-(A)-S-H 占总变形的 90% 以上),输入的能量通过自身塑性变形耗散为主。

本次对六种硬化净浆的纳米压痕试验,只有 1 个点为无效数据点,除去该无效点后,将其余压痕点的弹性模量和硬度以横纵坐标的形式绘制于图 10-24 中,可见大部分的散点均分布在弹性模量 50GPa、硬度 2GPa 以内的区域,说明大部分压痕点均处于 C-(A)-S-H 的位置,未水化原材料较少,这也符合水化程度和火山灰反应程度较高,C-(A)-S-H 凝胶相较多的结果。由于对每个硬化净浆试块的打点只有 36 个,考虑到离散性大的问题,无法从定量的角度计算不同种类未水化胶凝颗粒的含量,本节只对打点所测得的 C-(A)-S-H 凝胶物相进行纳米尺度力学性能分析。

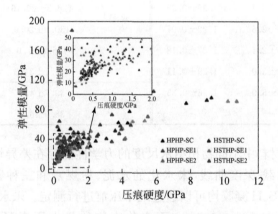

图 10-24　压痕点的弹性模量和压痕硬度

经过筛选,HPHP-SC 中有 33 个点、HSTHP-SC 中有 31 个点、HPHP-SE1 中有 32 个点、HSTHP-SE1 中有 31 个点、HPHP-SE2 中有 31 个点,HSTHP-SE2 中有 30 个点符合 C-(A)-S-H 凝胶相的弹性模量和硬度区间,将每种硬化净浆的所有 C-(A)-S-H 凝胶压痕点根据分类方法分为 LD C-(A)-S-H、HD C-(A)-S-H 和 UHD C-(A)-S-H 三类,计算出不同密度 C-(A)-S-H 比例,如图 10-25 所示。养护 28d 后,HPHP-SC 中 LD C-(A)-S-H 比例达到总凝胶量的 81.8%,而 HD C-(A)-S-H 和 UHD C-(A)-S-H 比例之和仅为 18.1%。HPHP 受两种温度与腐蚀环境影响 420d 后,LD C-(A)-S-H 比例明显降低,而 HD C-(A)-S-H 和 UHD C-(A)-S-H 的总比例增加至 28.1%~58.1%。HSTHP-SC 的 LD C-(A)-S-H 比例也高达 64.5%(HD C-(A)-S-H 和 UHD C-(A)-S-H 比例之和仅为 35.5%),28~420d 内经环境影响,HSTHP-SE1 和 HSTHP-SE2 中 HD C-(A)-S-H 和

UHD C-(A)-S-H 的总比例分别增加至 51.6% 和 75.9%。计算得到六种硬化净浆的平均弹性模量(图 10-26),可知 HPHP-SC 中 C-(A)-S-H 凝胶相的平均弹性模量为 22.13GPa,后增长至 24.02GPa(SE1) 和 30.32GPa(SE2);HSTHP-SC 中 C-(A)-S-H 凝胶相的平均弹性模量为 26.86GPa,后增长至 31.86GPa(SE1) 和 32.90GPa(SE2)。说明经温度和复合盐溶液环境影响后的 HSTHP 不但没有产生腐蚀性破坏,反而借助长期较高地温提升自身的水化和火山灰反应程度,且温度越高,纳米尺度力学性能提升越明显。

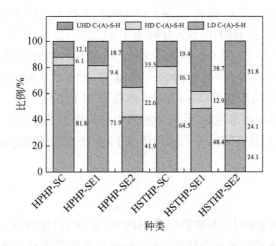

图 10-25　各密度 C-(A)-S-H 的比例

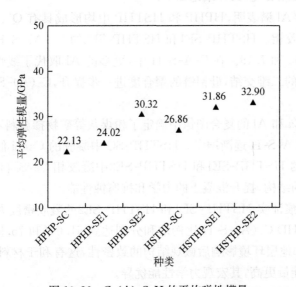

图 10-26　C-(A)-S-H 的平均弹性模量

采用 HPHP 作为参照组对比 HSTHP 的微观结构及性能变化行为,两种硬化净浆的区别在于 HSTHP 包含了更多的矿物掺合料(水泥用量较低),且水胶比较低。经养护 28d 后的 HPHP-SC 水化和火山灰反应程度(分别为 61.47% 和 69.33%)已经明显高于 HSTHP-SC(分别为 32.92% 和 40.73%),HPHP-SC 内部已含有大量的 C-(A)-S-H 凝胶相(占 56.74%),对整个基体产生支撑作用。HSTHP-SC 内部以大量未水化水泥与矿物掺合料为主,反应生成的 C-(A)-S-H 凝胶相仍极少(占 38.61%)。HSTHP-SC 中 C-(A)-S-H 凝胶的 Ca/Si(1.05)、平均主链长度(3.88)、平均弹性模量(26.86GPa)和 C-A-S-H 占总凝胶比例(25.35%)明显要优于 HPHP-SC(分别为 1.51、2.59、22.13GPa 和 13.79%)。因此,HSTHP-SC 中的 C-(A)-S-H 凝胶相虽少,但其结构致密(抗腐蚀能力强)、纳米尺度的力学性能优异,并且两种硬化净浆在养护 28d 时的孔结构特征相近,HSTCC-SC 的宏观抗压强度(85.8MPa)略高于 SFRC-SC(78.7MPa)。这也对应于 HSTCC 优异的抗冲击性能,其基体的微观结构更为致密,破坏这种微观结构所需要的能量越高,并且在较低冲击能量情况下,无法对该结构造成实质影响。

10.5 小　　结

在前期研究的基础上,本章获得了 HPHP 和 HSTHP 中 C-(A)-S-H 的分子结构演变特征和纳米尺度力学性能,进一步揭示了相关井壁混凝土在滨海超深部矿山工程中的性能变化,具体结论如下:

(1)^{29}Si 和 ^{27}Al 谱表明,HPHP 和 HSTHP 中均形成具有 Q^1、Q^2 和 Q^3 结构的 C-(A)-S-H 凝胶相。HSTHP-SE1 和 HSTHP-SE2 的 C-(A)-S-H 平均主链长度分别增加到 5.65 和 7.19。在 C-A-S-H 中,更多的 Al 取代了线性硅链中的桥联硅,有利于链间的二维交结,硅铝链的聚合度进一步提升,C-(A)-S-H 在微结构尺度更加致密。

(2)在 Si、Ca 和 Al 的复合图像中确定了粉煤灰等矿物掺合料不同结构形式的存在,并发现 C-A-S-H 逐渐增多。HSTHP-SC 中凝胶的 Ca/Si 低于 HPHP-SC,经环境影响后的 HSTHP-SE1 和 HSTHP-SE2 中凝胶相 Ca/Si 再次降低,形成具有类似"云状"的结构,提升混凝土的力学和抗腐蚀性能。

(3)纳米压痕证实 HSTHP-SE1 和 HSTHP-SE2 的凝胶密度大大提高,HD C-(A)-S-H 和 UHD C-(A)-S-H 比例之和分别达到 51.6% 和 75.9%,同样证明了 HSTHP 受深部地层环境影响后微观结构的致密性,这有利于材料的稳定,破坏这种结构需要的能量更高,其宏观力学性能优异。

深部地层温度和复合盐腐蚀两种因素共存的环境对混凝土有亦正亦负的影

响,腐蚀离子的渗入可能导致混凝土强度的迅速退化,而长期高于常温的温度可能加速混凝土的反应行为,提升其抗离子渗入能力。常用的 SFRC 经过一定的服役时间最终失效,而 HSTCC 通过消耗环境中的热量提升自身反应程度,如不锈钢的氧化性质,由于环境提供氧,其在氧化钢表面形成钝化膜而保持不锈性,类似这种具有环境适应性的材料称为"智能材料"。从试验的结果出发,HSTCC 在 1500m 以下的部位服役,其早期的 C-（A）-S-H 凝胶结构便已经较为致密,整体孔结构优异,化学离子渗入能力较弱。经过长期的温度环境影响后,HSTCC 的水化和火山灰反应程度大幅增加,并且生成了纳米尺度力学和抗腐蚀性能优异的致密 C-（A）-S-H 凝胶（温度越高,相关现象越明显）,进一步阻断了离子在混凝土中流动的可能,反映了 HSTCC 在深部地层极强的自我调节和抗外部离子侵入的性能,对深地的应用具有极为重要的意义。

参 考 文 献

[1] Bahafid S, Ghabezloo S, Duc M, et al. Effect of the hydration temperature on the microstructure of class G cement: CSH composition and density[J]. Cement and Concrete Research, 2017, 95: 270-281.

[2] Walkley B, Provis J L. Solid-state nuclear magnetic resonance spectroscopy of cements[J]. Materials Today Advances, 2019, 1: 100007.

[3] Gajewicz A M, Gartner E, Kang K, et al. A ^{1}H NMR relaxometry investigation of gel-pore drying shrinkage in cement pastes[J]. Cement and Concrete Research, 2016, 86: 12-19.

[4] Sevelsted T F, Skibsted J. Carbonation of C-S-H and C-A-S-H samples studied by ^{13}C, ^{27}Al and ^{29}Si MAS NMR spectroscopy[J]. Cement and Concrete Research, 2015, 71: 56-65.

[5] Cong X D, Kirkpatrick R J. ^{29}Si and ^{17}O NMR investigation of the structure of some crystalline calcium silicate hydrates[J]. Advanced Cement Based Materials, 1996, 3(3-4): 133-143.

[6] Garcia-Lodeiro I, Aparicio-Rebollo E, Fernández-Jimenez A, et al. Effect of calcium on the alkaline activation of aluminosilicate glass[J]. Ceramics International, 2016, 42 (6): 7697-7707.

[7] Bo Q. Temperature effect on performance of Portland cement versus advanced hybrid cements and alkali-fly ash cement[D]. Madrid: Universidad Politécnica de Madrid, 2008.

[8] Gartner E M, Jennings H M. Thermodynamics of calcium silicate hydrates and their solutions[J]. Journal of the American Ceramic Society, 1987, 70(10): 743-749.

[9] Andersen M D, Jakobsen H J, Skibsted J. Characterization of white Portland cement hydration and the C-S-H structure in the presence of sodium aluminate by ^{27}Al and ^{29}Si MAS NMR spectroscopy[J]. Cement and Concrete Research, 2004, 34(5): 857-868.

[10] Scrivener K, Ouzia A, Juilland P, et al. Advances in understanding cement hydration mechanisms[J]. Cement and Concrete Research, 2019, 124: 105823.

[11] Oertel T, Helbig U, Hutter F, et al. Influence of amorphous silica on the hydration in ultra-high performance concrete[J]. Cement and Concrete Research, 2014, 58: 121-130.

[12] Oertel T, Hutter F, Helbig U, et al. Amorphous silica in ultra-high performance concrete: Firsthour of hydration[J]. Cement and Concrete Research, 2014, 58: 131-142.

[13] Peng G F, Niu X J, Shang Y J, et al. Combined curing as a novel approach to improve resistance of ultra-high performance concrete to explosive spalling under high temperature and its mechanical properties[J]. Cement and Concrete Research, 2018, 109: 147-158.

[14] Shen P L, Lu L N, He Y J, et al. The effect of curing regimes on the mechanical properties, nano-mechanical properties and microstructure of ultra-high performance concrete[J]. Cement and Concrete Research, 2019, 118: 1-13.

[15] Wang L, Yang H Q, Zhou S H, et al. Hydration, mechanical property and C-S-H structure of early-strength low-heat cement-based materials[J]. Materials Letters, 2018, 217: 151-154.

[16] Taylor H F W. Proposed structure for calcium silicate hydrate gel[J]. Journal of the American Ceramic Society, 1986, 69(6): 464-467.

[17] Kwan S, LaRosa J, Grutzeck M W. ^{29}Si and ^{27}Al MASNMR study of stratlingite[J]. Journal of the American Ceramic Society, 1995, 78(7): 1921-1926.

[18] Skibsted J, Henderson E, Jakobsen H J. Characterization of calcium aluminate phases in cements by aluminum-27 MAS NMR spectroscopy[J]. Inorganic Chemistry, 1993, 32(6): 1013-1027.

[19] L'Hôpital E, Lothenbach B, Le Saout G, et al. Incorporation of aluminium in calcium-silicate-hydrates[J]. Cement and Concrete Research, 2015, 75: 91-103.

[20] Jones M R, MacPhee D E, Chudek J A, et al. Studies using ^{27}Al MAS NMR of AFm and AFt phases and the formation of Friedel's salt[J]. Cement and Concrete Research, 2003, 33(2): 177-182.

[21] Lognot I, Klur I, Nonat A. NMR and infrared spectroscopies of C-S-H and Al-substituted C-S-H synthesised in alkaline solutions[C]//Nuclear Magnetic Resonance Spectroscopy of Cement-Based Materials. Berlin: Springer, 1998: 189-196.

[22] Faucon P, Jacquinot J F, Adenot F, et al. ^{27}Al MAS NMR study on cement paste degradation by water[C]//Nuclear Magnetic Resonance Spectroscopy of Cement-Based Materials. Berlin: Springer, 1998: 403-409.

[23] Irbe L, Beddoe R E, Heinz D. The role of aluminium in C-A-S-H during sulfate attack on concrete[J]. Cement and Concrete Research, 2019, 116: 71-80.

[24] Sun G K, Young J F, Kirkpatrick R J. The role of Al in C-S-H: NMR, XRD, and compositional results for precipitated samples[J]. Cement and Concrete Research, 2006, 36(1): 18-29.

[25] Schneider C A, Rasband W S, Eliceiri K W. NIH Image to Image J: 25 years of image analysis[J]. Nature Methods, 2012, 9(7): 671-675.

[26] 孙水发，董方敏. Image J 图像处理与实践[M]. 北京：国防工业出版社，2013.

[27] Wilson W, Rivera-Torres J M, Sorelli L, et al. The micromechanical signature of high-volume natural pozzolan concrete by combined statistical nanoindentation and SEM-EDS analyses[J]. Cement and Concrete Research, 2017, 91: 1-12.

[28] Liu J H, Song S M. Effects of curing systems on properties of high volume fine mineral powder RPC and appearance of hydrates[J]. Journal of Wuhan University of Technology (Materials Science Edition), 2010, 25(4): 619-623.

[29] Li Y, Wang P, Wang Z G. Evaluation of elastic modulus of cement paste corroded in bring solution with advanced homogenization method[J]. Construction and Building Materials, 2017, 157: 600-609.

[30] Gautham S, Sasmal S. Recent advances in evaluation of intrinsic mechanical properties of cementitious composites using nanoindentation technique[J]. Construction and Building Materials, 2019, 223: 883-897.

[31] Hou D, Li H, Zhang L, et al. Nano-scale mechanical properties investigation of C-S-H from hydrated tri-calcium silicate by nano-indentation and molecular dynamics simulation[J]. Construction and Building Materials, 2018, 189: 265-275.

[32] Jiang B Z, Doi K, Tsuchiya K, et al. Micromechanical properties of steel corrosion products in concrete studied by nano-indentation technique[J]. Corrosion Science, 2020, 163: 108304.

[33] Xiao J Z, Li W G, Sun Z H, et al. Properties of interfacial transition zones in recycled aggregate concrete tested by nanoindentation[J]. Cement and Concrete Composites, 2013, 37: 276-292.

[34] Liu J H, Zeng Q, Xu S L. The state-of-art in characterizing the micro/nano-structure and mechanical properties of cement-based materials via scratch test[J]. Construction and Building Materials, 2020, 254: 119255.

[35] Jennings H M. A model for the microstructure of calcium silicate hydrate in cement paste[J]. Cement and Concrete Research, 2000, 30(1): 101-116.

[36] Constantinides G, Ulm F J. The effect of two types of C-S-H on the elasticity of cement-based materials: Results from nanoindentation and micromechanical modeling[J]. Cement and Concrete Research, 2004, 34(1): 67-80.

[37] Vandamme M, Ulm F J, Fonollosa P. Nanogranular packing of C-S-H at substochiometric conditions[J]. Cement and Concrete Research, 2010, 40(1): 14-26.

[38] Ulm F J, Vandamme M. Probing nano-structure of C-S-H by micro-mechanics based indentation techniques[C]//Nanotechnology in Construction 3. Berlin: Springer, 2009: 43-53.

[39] Zhao S J, Sun W. Nano-mechanical behavior of a green ultra-high performance concrete[J]. Construction and Building Materials, 2014, 63: 150-160.

[40] Sorelli L, Constantinides G, Ulm F J, et al. The nano-mechanical signature of ultra high

performance concrete by statistical nanoindentation techniques[J]. Cement and Concrete Research, 2008, 38(12): 1447-1456.

[41] Sakulich A R, Li V C. Nanoscale characterization of engineered cementitious composites (ECC)[J]. Cement and Concrete Research, 2011, 41(2): 169-175.

[42] Nath S, Dey A, Mukhopadhyay A K, et al. Nanoindentation response of novel hydroxyapatite-mullite composites[J]. Materials Science and Engineering: A, 2009, 513-514: 197-201.

第 11 章　高韧性高抗蚀井壁混凝土在深地结构工程中的应用

11.1　山东省纱岭金矿

随着社会与经济发展需求的日益增长,我国对矿产资源的需求急速增长,浅部资源逐渐枯竭,开发深部资源便成为化解资源紧缺的唯一途径。同时,经过深地探测和找矿计划,在 2000m 深度范围内发现有若干大型矿床。例如,山东的三山岛金矿西岭矿区,矿体埋深达到 2000m,金属储量超过 400t。更有一批埋深在 3000~5000m 的优质矿产资源被"透明化"。然而,由于深部地层应力高、水压大、地质构造复杂,建井与提升遇到很大困难。国家"十三五"科技规划中将"深部金属矿建井与提升关键技术"列为重点研发计划项目,纱岭金矿被列入"十三五"重大专项的工程示范地点。

纱岭金矿位于山东省莱州市境内,设计生产能力 12000t/d。主井井筒净直径为 6.8m,井筒深度为 1551.8m,采用双箕斗提升矿石和废石,该主井是建设中的中国第一深井。副井井筒净直径为 8.2m,井筒深度为 1459m。进风井井筒净直径为 6.5m,井筒深度为 1431m。回风井井筒净直径为 8m,井筒深度为 1347m。目前我国金属矿竖井深度普遍在 800m 以浅,纱岭金矿拟建的主井深度超过 1500m,在我国尚属先例,面临的是高地应力、高地温、高渗水压、强腐蚀等一系列工程难题。

11.2　纱岭金矿深部地层特点

1. 地应力场特征

纱岭金矿建井工程区 560~1532m 范围内应力场以构造应力场为主,实测最大主应力为 45.56MPa。地应力随深度线性增加,高地应力作用下赋予原位岩体高弹性应变能。

2. 孔隙水压特征

孔隙水压力随深度呈线性增加趋势,随着地应力的升高,孔隙水压力也在不断增大,深度 1425m 处高达 14.1MPa,超高的孔隙水压力会加剧水对岩石强度和变形的劣化效应,同时在施工过程中易发生涌水和突水危害。

3. 地层温度场分布特征

纱岭金矿竖井工程区地层中,温度梯度平均为 0.023℃/m,−1600m 深度地层中温度达到 51℃。在进风井−1300m 以下,水温高达 45℃。

11.3 高韧性高抗蚀井壁混凝土的工程应用

2020 年 9 月,课题组研制的适于"三高一腐蚀"环境的混凝土(HSTCC)在纱岭金矿进风井标高−1120m 的马头门已成功应用(图 11-1 和图 11-2)。进风井掘进断面 7.3m、净断面 6.5m 的井筒以及标高−1120m 掘进宽度、高度均为 5.4m 的

(a)混凝土输送   (b)混凝土的成型效果

图 11-1 HSTCC 在纱岭金矿中的应用

图 11-2 纱岭金矿的进风井

马头门结构，支护厚度 400mm，共计使用约 120m³ HSTCC 材料。拆模后的 HSTCC 表面平整度较好，光亮、密实。通过浇筑前埋入的应变计和测量锚杆进行实时测定，HSTCC 的温度应力低、变形小，取得了很好的工程应用效果。

　　高韧性高抗蚀井壁混凝土在纱岭金矿进风井马头门部位的成功应用有助于解决深地环境中混凝土在高地应力、高地温、高渗水压与强腐蚀环境中服役所面临的力学和化学问题，为深部地下工程混凝土材料"寻求"一条新的技术路线，为东部滨海区域深部矿产资源高效开发提供技术支撑和安全保障。